Novikov/Portnoj, Superplastizität von Legierungen

Superplastizität von Legierungen

Von I. I. Novikov und V. K. Portnoj

Übersetzung aus dem Russischen

Mit 56 Bildern und 20 Tabellen

VEB Deutscher Verlag für Grundstoffindustrie · Leipzig
Distributed by Springer-Verlag Wien – New York

Übersetzung: Dr. Peter Klimanek und Dr. Jürgen Bast

Lizenzausgabe der 1. Auflage der Originalausgabe
mit Genehmigung des Verlages „Metallurgiya", Moskau

И. И. Новиков
В. К. Портной

Сверхпластичность сплавов
с ультрамелким зерном

ISBN-13:978-3-211-95832-2 e-ISBN-13:978-3-7091-9521-5
DOI: 10.1007/978-3-7091-9521-5

1. Auflage

Distributed by Springer-Verlag Wien – New York

Redaktionsschluß: 30. 4. 1984

Vorwort

Das große Interesse der Metallkunde an der Superplastizität wurde anfangs durch das ungewöhnliche Verhalten von Werkstoffen im Zugversuch hervorgerufen und erhöhte sich aufgrund verschiedener Vorschläge für die praktische Anwendung der superplastischen Deformation. Inzwischen wurde klar, daß ganz unterschiedliche metallische Werkstoffe in den superplastischen Zustand übergeführt werden können. Der wissenschaftliche Wert von Untersuchungsergebnissen zur Superplastizität ist aber auch deshalb außerordentlich groß, weil sie zur Lösung des allgemeineren Problems der Warmumformung beitragen.

Bezüglich der Mechanismen der superplastischen Deformation wurden zahlreiche, einander teilweise ausschließende Vermutungen geäußert. Am meisten umstritten sind die Rolle des diffusionsbedingten Massentransports und des Versetzungsgleitens in verschiedenen Geschwindigkeitsintervallen. Ein rein phänomenologischer Ansatz vermag hier keine Lösung zu liefern, weil die für die Superplastizität charakteristische Abhängigkeit der Fließspannung von der Umformgeschwindigkeit bei völlig gegensätzlichen Annahmen über die wirksamen Deformationsmechanismen analytisch gleichgut beschrieben wird. Die Aufklärung der Elementarprozesse des superplastischen Fließens ist wie bei jeder anderen Umformung nur bei Einbeziehung von Methoden der Gefügeanalyse möglich, die direkte oder indirekte Beweise für das Auftreten konkreter Deformationsmechanismen geben. Im vorliegenden Buch werden Ergebnisse von Gefügeuntersuchungen behandelt, zu denen man in der Mehrzahl in den letzten 5 bis 10 Jahren gelangt ist. In anderen Monographien oder Übersichtsdarstellungen mitgeteilte Daten früherer Arbeiten werden hauptsächlich dann betrachtet, wenn das bei der Erörterung neuer Modelle oder Experimente notwendig ist.

Ein bedeutender Platz in den Ausführungen wird den Untersuchungsmethoden der Superplastizität eingeräumt, deren Unvollkommenheit häufig die Ursache von widersprüchlichen Aussagen verschiedener Autoren war und auch jetzt noch ist. Die Verfasser dieses Buches hielten es für unerläßlich, ein Kapitel für die Diskussion von Vorzügen und Nachteilen von Verfahren zur Bestimmung von Kennwerten der Superplastizität zu verwenden, die nicht allgemein gebräuchlich sind und oftmals schwer vergleichbare Resultate liefern. Beschrieben wird auch die bisher nur selten benutzte Methode der Spannungsrelaxation. Da jedes Verfahren zur Bestimmung von Parametern der Superplastizität auf der Mechanik des stabilen Fließens metallischer Werkstoffe basiert, wird zu Beginn auch eine kurze, wichtige theoretische Publikation der jüngsten Vergangenheit einschließende Darstellung jenes Gebietes gegeben.

Ein spezielles Kapitel des Buches geht auf industrielle Werkstoffe ein. Ihre technologischen Eigenschaften werden in einem breiten Bereich von Umformgeschwindigkeiten gegenübergestellt, der in einer Reihe von Fällen bereits mit Standardausrüstungen erreichbare Geschwindigkeiten einschließt. Dort, wo es wichtig ist, werden auch Maßnahmen der Gefügevorbereitung für die Erzielung optimaler Parameter der Superplastizität mitgeteilt. Die Niederschrift eines solchen Kapitels wäre noch unlängst nicht möglich gewesen, weil zu wenig Daten zur Superplastizität von Standardwerkstoffen publiziert wurden. Das verfügbare Material wurde zur Information von Metallkundlern und Technologen zusammengestellt, die sich mit der industriellen Nutzung der Superplastizität beschäftigen.

Die Autoren haben Ergebnisse eigener Untersuchungen in die Darstellung einbezogen, die im Metallkunde-Laboratorium »A. M. Bočvar« des Moskauer Instituts für Stahl und Legierungen (MISiS) erhalten wurden. Sie bemühten sich jedoch darum, das Buch nicht in einen Bericht über ihre eigenen Arbeiten zu verwandeln, sondern hielten es für wichtiger, den gegenwärtigen Stand des Gebietes darzulegen. Einige allgemeine Ausführungen zu den im Buch behandelten Fragen wurden aufgenommen, um es nicht nur den Spezialisten, sondern allen an den Problemen der Superplastizität Interessierten zugänglich zu machen.

Die Autoren danken dem Akademiemitglied Prof. Dr. sc. A. A. Bočvar für sein beständiges Interesse an ihrer Arbeit sowie Prof. Dr. sc. V. M. Rosenberg und Prof. Dr. sc. V. S. Zolotarevskij für die Durchsicht des Manuskriptes und die wertvollen kritischen Anmerkungen, die das Buch verbessern halfen.

Die Autoren

Inhaltsverzeichnis

1. Einführung

Auf spezielle Erscheinungen der Superplastizität von Legierungen stießen die Forscher bereits in den zwanziger und dreißiger Jahren. 1934 beobachtete PEARSON [1], daß sich Proben von warmgepreßten Eutektika Pb—Sn und Bi—Sn bei kleinen Belastungen bis zu Dehnungen von etwa 2000 % verformten. Die Körner blieben dabei annähernd äquiaxial und erzeugten ein Relief auf der polierten Probenoberfläche. PEARSON zog daraus den Schluß, daß die große Dehnung das Ergebnis von Korngrenzengleitung ist. Sein Artikel fand damals jedoch kein großes Interesse bei den Metallkundlern, vermutlich deshalb, weil niedrigschmelzende Legierungen generell als sehr plastisch betrachtet wurden.

1945 bemerkten BOČVAR und SVIDERSKAJA [2] ein sehr merkwürdiges Verhalten von Gußlegierungen des Zinks mit 15 bis 20 Ma.% Aluminium bei der dilatometrischen Analyse: Abgeschreckte Proben wurden beim Erwärmen auf Temperaturen oberhalb 150 °C so weich, daß sie sich unter der Wirkung der schwachen Federn des optischen Dilatometers verbogen. Die Härte einer Legierung der eutektoiden Zusammensetzung war dabei um eine Größenordnung niedriger als bei reinem Zink oder Aluminium, und die Bruchdehnung betrug 450 %, was für einen Gußwerkstoff völlig ungewöhnlich war.

BOČVAR verstand als erster, daß die Analogie seiner Ergebnisse mit [1] die Existenz einer neuen Erscheinung anzeigte, die von ihm »Superplastizität« genannt wurde. Der Schlußsatz des Artikels [2] offenbart den Sinn, den dieser Begriff ursprünglich hatte: »Auf dem verwendeten Terminus ‚Superplastizität' keineswegs bestehend, möchten wir damit nur die bei den Zn-Al-Legierungen festgestellten Tatsachen einer sehr hohen Plastizität, die mehrfach größer als die der Legierungsbestandteile ist, und einer sehr geringen Härte, die einige Male kleiner als die der weicheren Komponente ist, hervorheben«. In der Folgezeit wurde der Terminus »Superplastizität« international.

In der Arbeit [2] wurde die Vermutung ausgesprochen, daß die Superplastizität für einen bestimmten Gefügezustand charakteristisch ist, und dieser Zustand wurde auch bald experimentell entdeckt [3]. Eine langsam abgekühlte eutektoide Zn-Al-Legierung, die keine Superplastizität aufwies, hatte ein Gefüge wie plattenförmiger Perlit beim Stahl. In einer abgeschreckten Legierung führte der Zerfall der übersättigten festen Lösung beim Erwärmen auf 100 bis 250 °C zur Bildung eines feinkörnigen Phasengemenges, das nun Superplastizität zeigte. Die Notwendigkeit der Einstellung eines feinen, globularen Korns für den Übergang des Materials in den superplastischen Zustand wurde damit erklärt, daß sie die Verschiebung der Körner erleichtert.

Bočvar [3] wies auch als erster darauf hin, daß bei der superplastischen Deformation noch ein Prozeß ablaufen muß, der von ihm als Ausheilung von Störstellen bei den Verschiebungen der Körner bezeichnet wurde. Man nahm an [3, 4, 5], daß eine solche Ausheilung in den zweiphasigen Zn-Al-Legierungen durch diffusionsgesteuerten Massentransport und in einphasigen Werkstoffen durch rekristallisationsbedingtes Kornwachstum realisiert wird In der Arbeit [4] wurde die Aufmerksamkeit darauf gelenkt, daß für die Ausbildung der Superplastizität im zweiphasigen Gefüge ein Verhältnis der Volumenanteile der Phasen von etwa 50:50 am günstigsten ist, weil dabei die Phasengrenzfläche ein Maximum wird.

In der skizzierten Weise wurde in den Arbeiten von Bočvar [2, 3, 4, 5] in den vierziger Jahren das Wesen der Superplastizität von Zn-Al-Legierungen enthüllt und der Begriff selbst in die Wissenschaft eingeführt. Der Verfasser formulierte die Hauptanforderungen an das Gefüge zweiphasiger superplastischer Legierungen und stellte eine Hypothese über den Mechanismus der superplastischen Deformation auf. In Untersuchungen der Gegenwart wurde der Diffusionsmechanismus der Akkomodation des Korngrenzengleitens experimentell bewiesen.

Gegen Ende der fünfziger bzw. zu Beginn der sechziger Jahre stellten Presnjakov und Mitarbeiter [6] die Superplastizität bei vielen Legierungssystemen fest. Presnjakov und Starikova [7] entdeckten auch die prinzipiell wichtige Tatsache, daß die Dehnung bei Erhöhung der Umformgeschwindigkeit über ein Maximum verläuft.

1964 erklärten Backofen, Turner und Avery [8] den großen Widerstand gegen die Bildung einer Einschnürung bei der Zugumformung eines superplastischen Werkstoffs als Folge einer hohen Empfindlichkeit der Fließspannung R gegenüber der Formänderungsgeschwindigkeit $\dot{\varphi}$:

$$R = \text{const}\ \dot{\varphi}^m \qquad (1)$$

Bei NEWTONschem (viskosem) Fließen hat der Exponent der Geschwindigkeitsabhängigkeit der Fließspannung den Wert $m = 1$; bei der normalen plastischen Deformation ist $m = 0{,}01$ bis $0{,}2$, und bei der superplastischen Deformation gilt $m \geqq 0{,}2$ bis $0{,}3$. In einem Teil der Probe, in dem eine Lokalisierung der superplastischen Deformation einsetzt, wächst $\dot{\varphi}$. Wegen des hohen Exponenten m vergrößert sich dadurch der Fließwiderstand, so daß die Lokalisierung der Deformation wieder aufhört. In späteren Arbeiten wurde gezeigt, daß sich dieser Prozeß an verschiedenen Stellen der Meßlänge einer Zerreißprobe vielfach wiederholt und zur Bildung schwacher (diffuser) Einschnürungen führt. Das Ergebnis ist eine quasi- gleichmäßige Deformation, bei der ungewöhnlich große Dehnungen erzielt werden können. Aufgrund des hohen Exponenten m erinnert ein superplastischer Werkstoff in seinem Verhalten bei einer Umformung an Pech, erhitztes Glas, Thermoplaste und andere viskose Körper.

In der Arbeit [8] wurde über ein als erstaunlich empfundenes Experiment berichtet, bei dem man ein kuppelförmiges Werkstück aus einer Legierung ZnAl 22 durch Ausblasen mit geringem Gasdruck hergestellt hatte. Bald nach dieser Publikation gab es zahlreiche Vorschläge für die technologische Nutzung der Superplastizität: pneumatische Formung komplizierter Formen aus Blechen (analog zur Herstellung von Waren aus Thermoplasten), isothermisches Gesenkschmieden von schwerumformbaren Werkstoffen usw. Das sehr große Interesse von Wissenschaftlern und Technologen an der Superplastizität seit dem Ende der sechziger Jahre dokumentiert sich im raschen Anwachsen der Zahl der Publikationen zu diesem Problem (Bild 1). Jährlich wurden etwa

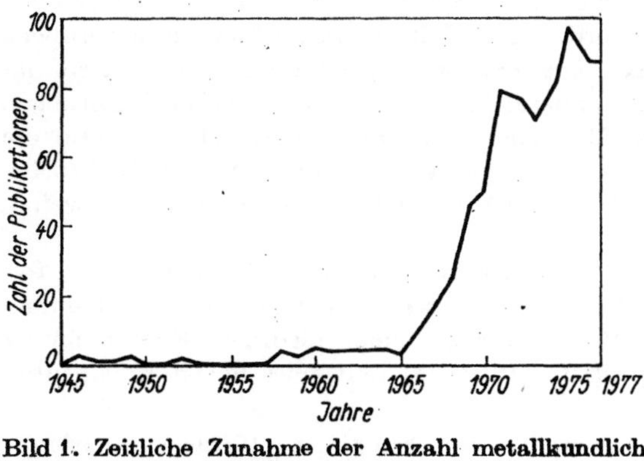

Bild 1. Zeitliche Zunahme der Anzahl metallkundlicher Publikationen zu Problemen der Superplastizität

80 bis 100 metallkundliche Arbeiten veröffentlicht. Zahlreiche Untersuchungsergebnisse zur Superplastizität faßte man in einer Reihe von Monographien und Übersichtsdarstellungen [6, 9—14] zusammen.

Man hat zwei Formen der Superplastizität festgestellt: die gefügebedingte (isothermische) Superplastizität von Werkstoffen mit ultrafeinem Korn und die umwandlungsbedingte Superplastizität, die mit Phasenumwandlungen verknüpft ist und am klarsten bei zyklischen Temperaturänderungen in Erscheinung tritt. Hier wird allerdings nur die erste Form der Superplastizität betrachtet.

Die gefügebedingte Superplastizität findet man bei Temperaturen $T \geqq 0{,}5\ T_s$ und relativ kleinen Formänderungsgeschwindigkeiten ($\dot{\varphi} = 10^{-5}$ bis $10^{-1}\ s^{-1}$) bei ganz verschiedenartigen Werkstoffen mit extrem feinem Korn: bei Eutektika, Eutektoiden, Mischkristallen, reinen Metallen usw. Der charakteristische Bereich der Korngröße superplastischer Materialien liegt bei etwa 0,5 bis 10 μm. Praktisch wurde eine obere Schranke jedoch noch nicht bestimmt. Im Verlauf der superplastischen Deformation vergröbert sich das Korn – das wurde erstmalig von Elagina bemerkt[1]), und seine Größe kann den Wert 10 μm überschreiten.

Bei einigen technischen Legierungen beträgt die Korngröße auch schon vor der superplastischen Deformation 10 bis 15 μm. Nach der Gefügeausbildung kann man die beiden folgenden Typen superplastischer Werkstoffe unterscheiden: Materialien mit Mikroduplexgefüge und Materialien mit Matrix- bzw. Dispersionsgefüge. Legierungen mit Duplexgefüge (z. B. warmumgeformte Eutektika oder Eutektoide) sind Mischungen von zwei Phasen, bei denen kein zusammenhängendes Netz von Grenzflächen einer der beiden Phasen existiert. Wenn beide Phasen sehr kleine Kornabmessungen haben, nennt man ihre Anordnung ein Mikroduplexgefüge. In Legierungen mit Mikroduplexgefüge erschwert jede der beiden Phasen das Kornwachstum der anderen Phase. In superplastischen Legierungen mit Dispersionsgefüge bildet die Hauptphase (Matrixphase) ein zusammenhängendes Netz von Korngrenzen aus, aber das Wachstum der Matrixkörner wird durch kleine Teilchen einer zweiten Phase gehemmt.

Für superplastische Werkstoffe ist die Kombination der drei folgenden Eigenschaften charakteristisch: einer großen Bruchdehnung (Größenordnung 10^2 bis 10^3%), einer niedrigen Fließspannung (Größenordnung 10^0 bis 10^1 MPa) und eines hohen Exponenten

[1]) *L. A. Elagina:* Autorreferat der Dissertation »Issledovanie javlenija sverchplastičnosti splavov cinka s aluminiem«, MATI, Moskau 1954

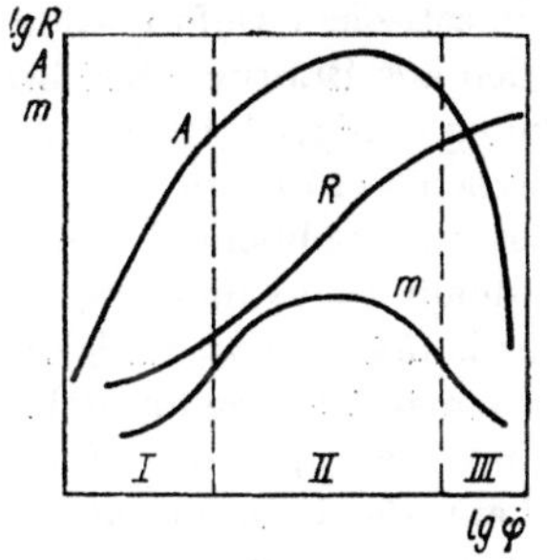

Bild 2. Schematische Darstellung der Geschwindigkeitsabhängigkeit der Fließspannung R, des Exponenten m und der Dehnung A

der Geschwindigkeitsempfindlichkeit ($m > 0{,}2$ bis $0{,}3$). Ein superplastisches Material unterscheidet sich von anderen Werkstoffen dadurch, daß die Abhängigkeit der Fließspannung R von der Formänderungsgeschwindigkeit $\dot{\varphi}$ in logarithmischen Koordinaten eine sigmoidale Kurve ergibt (Bild 2). Auf dieser Kurve treten ersichtlich drei Geschwindigkeitsintervalle hervor. Im zweiten Intervall wird die deutlichste Abhängigkeit der Fließspannung von der Umformgeschwindigkeit beobachtet, und die Dehnung A hat ein Maximum, während die Parameter m und A im ersten und im dritten Geschwindigkeitsbereich bedeutend kleiner sind. Bei einer Verringerung der Korngröße oder bei einer Erhöhung der Umformtemperatur vergrößert sich die (dem Maximum des Exponenten m entsprechende) optimale Geschwindigkeit der superplastischen Deformation, und das gesamte zweite Geschwindigkeitsintervall verschiebt sich in Richtung höherer Formänderungsgeschwindigkeiten (Bild 3).

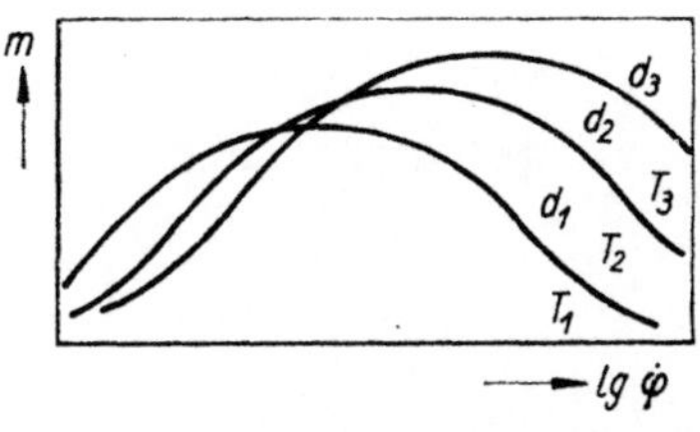

Bild 3. Geschwindigkeitsabhängigkeit des Exponenten m bei verschiedenen Korngrößen ($d_1 > d_2 > d_3$) oder Umformtemperaturen ($T_1 < T_2 < T_3$).

Der Begriff »Superplastizität« reicht inzwischen über den Rahmen seines ursprünglichen Inhalts [2] hinaus. Eine allgemein anerkannte Begriffsbestimmung gibt es jedoch nicht. Die große Dehnung stellt an und für sich nicht das bestimmende Merkmal der Superplastizität dar; bei der gewöhnlichen Umformung von Einkristallen werden ebenfalls Probenverlängerungen von mehreren hundert Prozent erhalten. Auch die sehr kleine Fließspannung ist kein spezifisches Kennzeichen der superplastischen Deformation: Nach dem Zonenreinigen von Einkristallen aus Buntmetallen hat die Fließgrenze ebenfalls die Größenordnung weniger MPa. Als der wesentliche Unterschied der superplastischen Deformation gegenüber einer normalen Umformung erweist sich vielmehr die hohe Stabilität des Fließens. In Verbindung damit ist es möglich, die folgende Definition zu geben: Superplastizität ist die Fähigkeit eines metallischen Objekts zur Quasi-Gleichmaßdehnung mit hoher Geschwindigkeitsempfindlichkeit ($m > 0{,}2$ bis $0{,}3$) der Fließspannung. Dank dem großen Wert m kann die Dehnung außerordentlich hohe Beträge erreichen, eventuell aber auch aufgrund frühzeitig eintretenden Bruchs der Probe aus verschiedenen Gründen (z. B. wegen Porenbildung) sehr eingeschränkt werden.

2. Methoden zur Bestimmung von Kennwerten der Superplastizität

2.1. Die Stabilität des Fließens

Das stabile, gleichmäßige (d. h. unter Hemmung der Einschnürung erfolgende) Fließen eines Werkstoffes kann unter Zuhilfenahme der Begriffe der verformungsbedingten und der geschwindigkeitsbedingten Verfestigung beschrieben werden[1]) [15].

Die Stabilität des Fließens von Werkstoffen, die verformungs- und geschwindigkeitsbedingter Verfestigung im Zugversuch unterzogen werden, betrachtet Hart [16]. Er definierte entsprechende phänomenologische Materialkennwerte und verwendete sie zur Aufstellung von Kriterien für den Übergang von stabilem (gleichmäßigem) zu instabilem (lokalisiertem) Fließen.

Davon ausgehend, daß bei der Zugverformung einer idealen Probe die Fließspannung R eine Funktion der Formänderung φ, der Formänderungsgeschwindigkeit $\dot{\varphi}$ und der Temperatur T ist, läßt sich annehmen, daß in jedem beliebigen Stadium der Umformung die Spannung R von der Verformungsvorgeschichte abhängt, kleine Änderungen von R aber linear mit kleinen Änderungen von φ und $\dot{\varphi}$ verknüpft sind. Bei konstanter Temperatur gilt dann

$$\mathrm{d}R = R_{\varphi}\,\mathrm{d}\varphi + R_{\dot{\varphi}}\,\mathrm{d}\dot{\varphi} \tag{2}$$

Die Größen $R_{\varphi} = \partial R/\partial \varphi$ und $R\dot{\varphi} = \partial R/\partial \dot{\varphi}$ sind fundamentale Werkstoffparameter, die ebenfalls von der Verformungsvorgeschichte der Probe abhängen. Drückt man diese phänomenologischen Größen durch im Zugversuch meßbare Parameter aus, läßt sich als verallgemeinerte Form der Gleichung für die Verfestigung

$$\mathrm{d}R = \gamma R\,\mathrm{d}\varphi + mR\,\mathrm{d}\dot{\varphi}/\dot{\varphi} \tag{3}$$

[1]) Unter geschwindigkeitsbedingter Verfestigung versteht man die bei einer Steigerung der Formänderungsgeschwindigkeit eintretende Zunahme der Fließspannung. Sie trägt nicht zur strukturell (d. h. durch Gitterfehlordnung) bedingten Verfestigung bzw. Härtung eines Werkstoffs bei.

schreiben, wobei γ und m werkstoffspezifisch und die wesentlichen Variablen während der Deformation sind. Der dimensionslose Koeffizient der Verformungsverfestigung, $\gamma = R_\varphi/R = (1/R) \cdot \partial R/\partial \varphi$, kann bei Materialien, die unempfindlich gegenüber der Formänderungsgeschwindigkeit sind, in der Form

$$\gamma = \mathrm{d} \ln R/\mathrm{d}\varphi \tag{4}$$

dargestellt werden. Der dimensionslose Faktor m der geschwindigkeitsbedingten Verfestigung bzw. der Dehnungsgeschwindigkeitsempfindlichkeit lautet

$$m = (R_\varphi/R)\,(\dot{L}/L) = (\partial R/\partial \dot{\varphi})\,(\dot{\varphi}/R)$$

Hier ist L die Meßlänge der Probe und $\dot{L}$ die Geschwindigkeit der Bewegung der Einspannvorrichtung. Bei der Deformation unverfestigter Werkstoffe kann der Faktor m auch in der Form

$$m = \mathrm{d} \ln R/\mathrm{d} \ln \dot{\varphi} \tag{5}$$

geschrieben werden. Die Gleichung (3) stützt sich auf keinerlei empirische Beziehungen zwischen der Spannung und dem Grad oder der Geschwindigkeit der Umformung.

Die Bedeutung der von Hart [16] eingeführten phänomenologischen Parameter kann am Beispiel eines Zugversuchs mit konstanter Geschwindigkeit der Querhauptverschiebung ($\dot{L}$ = const) aufgezeigt werden. In diesem Falle gilt (P ist die Last)

$$(\mathrm{d} \ln P/\mathrm{d} \ln L)_{\dot{L} = \mathrm{const}} = \gamma - 1 - m \tag{6}$$

Die Änderung des Formänderungswiderstands der Probe wird vollständig durch die Beträge der Parameter γ und m bestimmt. Eben dieser Ansatz wurde in [16] zur Aufstellung eines Kriteriums für die Grenze des stabilen Fließens realer Zugproben verwendet. Im Unterschied zu idealen Proben weisen reale Objekte stets lokale Fehler auf, die man in zwei Arten einteilen kann, nämlich in

- Fehler der Geometrie (z. B. lokale Querschnittsunterschiede oder im Volumen verteilte Poren) und
- gefügebedingte (metallurgische) oder deformationsbedingte (lokale Verfestigung) Störungen.

Hart [16] nahm an, daß die Deformation stabil ist, wenn die Geschwindigkeit der Querschnittsänderung an der Stelle einer vorhandenen geometrischen Störung die Geschwindigkeit der Querschnittsänderung im homogenen Teil der Probe nicht übersteigt. Im entgegengesetzten Falle lokalisiert sich die Deformation mit nachfolgendem Bruch der Probe im Gebiet der Einschnürung; es ist

$$\Delta \ln \dot{S} / \Delta \ln S = (\gamma + m - 1)/m \geqq 0 \quad (7)$$

In der Formel ist S die Querschnittsfläche der Probe an einer bestimmten Stelle und $\dot{S}$ die Geschwindigkeit der Querschnittsänderung bei der Umformung. Dem Ansatz zufolge ist die Deformation bei Werten

$$\gamma + m \geqq 1 \quad (8)$$

stabil, und die Lokalisierung des Fließens beginnt wegen der Beziehung

$$\gamma = n/\varphi, \quad (9)$$

in der

$$n = \mathrm{d} \ln R / \mathrm{d} \ln \varphi = (\mathrm{d}R/R)\,(\varphi/\mathrm{d}\varphi) \quad (10)$$

den Koeffizienten der Verformungsverfestigung darstellt, bei einer Formänderung:

$$\varphi = n/1 - m \quad (11)$$

Die nach dem Kriterium von HART [16] bestimmte Bedingung für die Lokalisierung des Fließens erscheint auf den ersten Blick universell. Sie genügt der bereits 1885 formulierten klassischen Bedingung für den Beginn der Einschnürung bei Werkstoffen, die unempfindlich gegenüber der Umformgeschwindigkeit sind [17], und erlaubt die qualitative Erklärung der Rolle des Exponenten m bei der Erhöhung der Fließstabilität bei Werkstoffen mit Geschwindigkeitsempfindlichkeit. Tatsächlich entsteht im ersten Falle ($m \to 0$) keine Einschnürung, bevor $\gamma > 1$ ist (d. h. vor dem Maximum der Spannungs-Dehnungskurve, wo die Beträge der Formänderung φ zahlenmäßig etwa mit dem Exponenten n der Verformungsverfestigung übereinstimmen: $\varphi \approx n \approx 0{,}2$ bis $0{,}5$ [11]). Bei viskos-plastischen Werkstoffen beginnt die Lokalisierung des Fließens bei einer Formänderung, die um so größer ist, je höher der Exponent m bei gegebenem $n =$ const. ausfällt. Daraus resultiert die große Bedeutung des Exponenten m für die Superplastizität.

Ungeachtet dessen, daß die mit Hilfe des Kriteriums (8) von HART [16] möglichen Aussagen bezüglich der Lokalisierung der Dehnung bei realen Proben anscheinend folgerichtig sind, entsprechen sie doch nicht ganz dem tatsächlichen Lokalisierungsprozeß. Bei der Superplastizität wird die Lokalisierung visuell bei Formänderungen festgestellt, welche die durch die Bedingung (11) bestimmte Gleichmaßdehnung weit übersteigen; und außerdem erfolgt die Zunahme der Einschnürung bei negativen Werten von (8) sehr langsam nach einem Exponentialgesetz [18]. Wie in [19] betont wird, spiegelt sich in den vorangehenden Ausführungen auch der Einfluß des anfänglichen Ausmaßes der geometrischen Probeninhomogenität nicht ausreichend wider. Die Stabilitätsbedingung von HART sollte daher strenger durch die Formel [20]

$$\gamma \geqq (1 - m)/1 - (\Delta \ln S_0/\Delta \ln S) \tag{12}$$

ausgedrückt werden, wo im Nenner das anfängliche Ausmaß der Fehler der Probengeometrie berücksichtigt wird. Wenn man davon ausgeht, daß sich der Gesamtquerschnitt der Probe und der Querschnitt an der Stelle eines Geometriefehlers zu Beginn der gleichmäßigen Deformation einheitlich ändern (d. h., wenn $\Delta \ln S_0 = \Delta \ln S$ ist), müßte der Parameter γ dort unendlich groß sein. Weil das aber nicht möglich ist, erfolgt die Umformung realer Proben von Anfang an inhomogen, d. h., bei $m \neq 1$ muß die Lokalisierung mit zunehmender Geschwindigkeit schon zu Beginn der Deformation einsetzen. In den Arbeiten [21, 22, 243] wurde diese Schlußfolgerung experimentell bestätigt.

Als Parameter für die Abschätzung der Probeninhomogenität benutzte HART [16] die Differenz der Geschwindigkeiten, mit denen die Querschnittsverminderung an der Einschnürung und im homogenen Teil der Probe erfolgt. In [19] wurde in der gleichen Weise verfahren, und zur Analyse der Lokalisierung bei Flachproben diente in der Arbeit [23] die Geschwindigkeitsdifferenz der Längenänderungen von Markierungsrastern im geometrisch fehlerhaften und im homogenen Teil der Proben. In allen Fällen ging der Übergang von der stabilen zur instabilen Deformation bei Gleichheit der zur Abschätzung der Probeninhomogenität verwendeten Geschwindigkeitsänderungen vor sich. Die aus der Gleichung von HART [16] abgeleiteten Bedingungen für den Übergang zur instabilen Deformation waren verschieden, und die für den Übergang erforderlichen Formänderungen unterschieden sich in Abhängigkeit von der Wahl der Parameter für die Abschätzung der Fließstabilität [24]. Analoge Ergebnisse werden in [25] mitgeteilt.

In [25] wird mit Hilfe von Computersimulation gezeigt, wie sich die Geschwindigkeitsgradienten der Querschnittsabnahme von Proben mit geometrischen und mit deformationsbedingten Fehlern ändern (Bild 4). Obwohl der Beginn der Lokalisierung nach dem Kriterium von HART [16] für beide Fehlertypen übereinstimmen sollte (φ_E im Bild 4), führt ein Geometriefehler in Wirklichkeit schneller zu intensiver Lokalisierung als ein deformationsbedingter

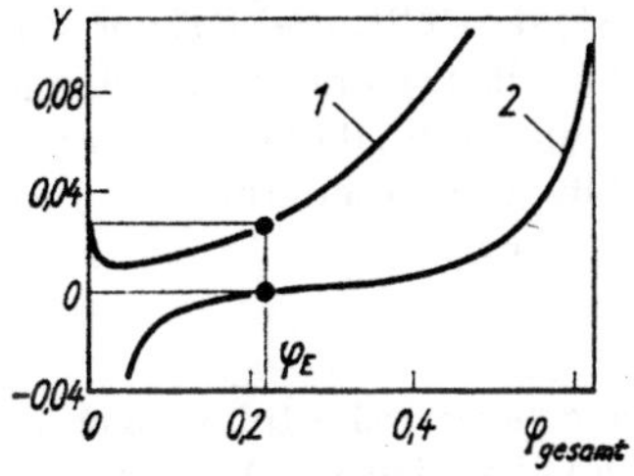

Bild 4. Der Gradient Y der Einschnürgeschwindigkeit von Proben mit geometrischem (1) und deformationsbedingtem (2) Querschnittsfehler f als Funktion des Umformgrades φ_E an der Einschnürung für $n = 0{,}2$, $m = 0{,}1$, $\dot{\varphi} = 10^{-3} s^{-1}$ und gleichwertige Abweichungen des Anfangsquerschnitts $f_{geom} = 1{,}5\%$ und $f_{def} = 5\%$ [25]

Defekt. Ferner wird deutlich, daß der Fließprozeß unabhängig von der Art des Probendefektes in allen Etappen der Umformung inhomogen ist und die erste, die Gleichmaßdehnung einbeziehende Periode der Umformung eigentlich durch eine verminderte, experimentell schwer feststellbare Geschwindigkeit der Lokalisierung gekennzeichnet wird. Stabilitätskriterien bestimmen daher nur den Zeitpunkt, zu dem die Lokalisierung des Fließens meßtechnisch erfaßt werden kann [25]. Inwieweit sich eine Einschnürung bei realen Proben von Anfang an schneller deformiert als der übrige Teil der Probe, wurde für das (bis zum Maximum des Spannungs-Dehnungs-Diagramms reichende) Gebiet der Gleichmaßdehnung in [20] genauer berechnet. Danach kann man die Deformation nach dem Belastungsmaximum, die durch gleichzeitiges Fließen im Gebiet der Einschnürung und im homogenen Teil der Probe realisiert wird, als quasistabil und die Deformation, bei der sich das Fließen bis zum Bruch auf die Einschnürung konzentriert, als instabil bzw. lokalisiert bezeichnen. Eine analoge Einteilung der superplastischen Deformation in drei Stadien (gleichmäßiges, quasigleichmäßiges und lokales Fließen) wurde in [244] vorgenommen.

Anhand von Stabilitätskriterien, die mit Hilfe der von Hart [16] definierten phänomenologischen Faktoren formuliert werden, ist es nicht möglich, den Verlauf der Lokalisierung der Deformation vorauszusagen. Es gelingt jedoch, die Gesetzmäßigkeiten der Lokalisierung unter Berücksichtigung jener Faktoren mit Hilfe der Computersimulation zu untersuchen. In den Arbeiten [18, 20, 25] basiert die Lösung dieser Aufgabe auf der empirischen Gleichung

$$R = C\,\varphi^n\,\dot{\varphi}^m, \tag{13}$$

die eine verallgemeinerte Form von (1) darstellt, und auf der Voraussetzung, daß die axiale Belastung in allen Querschnitten der gereckten Probe gleich ist. Man kann dann zeigen, daß nach einer gewissen Formänderung φ im gleichmäßig gedehnten Teil und φ_E in der Einschnürung der Probe die Beziehung

$$\varphi^{n/m} e^{-\varphi/m} \mathrm{d}\varphi = (1 - f)^{1/m} \varphi_E^{n/m} \cdot e^{-\varphi_E/m} \cdot \mathrm{d}\varphi_E \qquad (14)$$

gilt, wobei $f = \Delta S/S_0$ die anfängliche geometrische Inhomogenität kennzeichnet. Aus der Gleichung folgt die wichtige Aussage, daß die Bildung einer Einschnürung nicht unmittelbar von der Formänderungsgeschwindigkeit abhängt, sondern durch die phänomenologischen Größen n, m und f bestimmt wird.

Die numerische Lösung der transzendenten Gleichung (14) zeigt, daß die Beträge der Parameter n, m und f starken Einfluß auf die Ausdehnung der drei (fließend ineinander übergehenden) Stadien der Umformung im Verlauf der Bildung der Einschnürung nehmen. Das Ausmaß des Bereichs des gleichmäßigen Fließens (bis zum Maximum der Belastung) wird im wesentlichen durch den Betrag des Exponenten n bestimmt. Bei $m \neq 0$, $n = 0$ fehlt ein solches Stadium, das Maximum der Belastung liegt bei $\varphi = 0$, und die Dehnung ist von Anfang an quasistabil. Man beobachtet deshalb auch außerhalb der Einschnürung eine merkliche Deformation. Bei Zunahme des Exponenten n auf Werte von etwa 0,1 bis 0,2 wächst auch die Gleichmaßdehnung auf Beträge von etwa 0,1 bis 0,2 an, und die Geschwindigkeit der Bildung der Einschnürung verringert sich. Im Ergebnis davon vergrößert sich auch das Gebiet der quasistabilen Dehnung.

Das Ausmaß der gleichmäßigen Deformation hängt nur wenig vom Betrag des Exponenten m ab (Bild 5), der jedoch sehr stark die Kinetik der Einschnürung beeinflußt. Bei den Werten $n = 0{,}1$, $f = 0{,}01$, die für viele superplastische Werkstoffe typisch sind, hat die gleichmäßige Deformation schon bei $m = 0{,}3$ den Betrag $\varphi = 1$ ($\varepsilon = 170\,\%$). Die im homogenen Teil der Probe erreichbaren Formänderungen übersteigen dabei jene, die aufgrund des Exponenten n möglich sind, um Größenordnungen. Diese Erscheinung tritt ungeachtet dessen auf, daß sich der Querschnitt in der Einschnürung außer bei $m = 1$ selbst zu Beginn der Umformung rascher verringert als im homogenen Teil der Probe.

Visuell festgestellt wird eine Einschnürung bei einer bestimmten Größe des Gradienten Z ihres Profils, d. h. des Quotienten aus der Differenz ΔX zwischen dem minimalen Probendurchmesser D_E in der Einschnürung und dem Durchmesser D des homogenen Teils der Probe und der halben Länge $\Delta Y = L_E/2$ der Einschnürung.

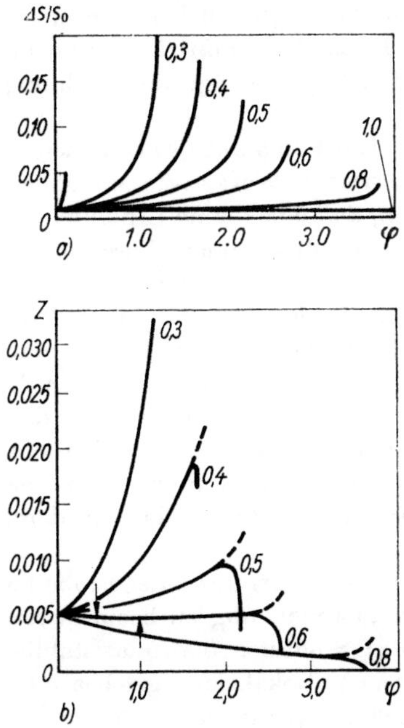

Bild 5. Einfluß des Exponenten m auf die Kinetik der Änderungen $\Delta S/S_0$ der Querschnittsabmessungen (a) und des Gradienten Z (b) Einschnürung für $n = 0,1$ und $f = 1\%$ [20]

Der Gradient Z des Profils sowie auch die Querschnittsverminderung $\Delta S/S_0$ wachsen beschleunigt, wenn $m \leqq 0,5$ ist (Bild 5a, b). Bei $m = 0,6$ kann eine zeitweilige (im Bild 5b durch Pfeile angezeigte) Stabilisierung des Gradienten des Einschnürungsprofils beobachtet werden, und bei $m > 0,6$ verringert sich der Gradient kontinuierlich. Das erklärt sich dadurch, daß die halbe Länge ΔY der Einschnürung rascher abnimmt als die Differenz $\Delta X = D - D_E$. Der schroffe Abfall des Profilgradienten bei großen Formänderungen hat keine realen Ursachen wie etwa die gerade einsetzende Lokalisierung der Deformation, sondern ist die Folge der bei seiner Berechnung verwendeten groben linearen Näherung. Die Verringerung des Gradienten des Einschnürungsprofils von superplastischen Materialien mit $m \geqq 0,6$ zeigt die reale Möglichkeit nicht nur für eine zeitweilige Stabilisierung, sondern auch für die Reduzierung der sichtbaren Einschnürung (bzw. für eine Zunahme der makroskopischen Unbestimmtheit der Einschnürung) an. Die superplastische Deformation erscheint daher stabil, obwohl die Einschnürung eine höhere Umformung aufnimmt und eine größere Querschnittsverminderung erfährt als der homogene Teil der Probe, und es verschwindet die äußerliche Grenze zwischen stabiler und quasistabiler Deformation. Weil jedoch bei superplastischen Werkstoffen n klein ist und das Maximum der Belastung immer bei geringen Umformgraden liegt, erfolgt ihre Dehnung quasistabil.

Die physikalische Bedeutung der Einflußnahme des Exponenten m auf die Fähigkeit der superplastischen Werkstoffe zur gleichmäßigen Deformation besteht darin, daß eine lokale Erhöhung der Formänderungsgeschwindigkeit in der entstehenden Einschnürung aufgrund der hohen Geschwindigkeitsempfindlichkeit der Fließspannung eine Spannungszunahme für den weiteren Ablauf des Vorgangs fordert (vgl. die Formel (1)). Die anliegende Spannung erweist sich jedoch als zu klein, und deshalb konzentriert sich die Dehnung in einem anderen Teil der Probe. Anders gesagt heißt das: Die superplastischen Werkstoffe gewährleisten ihre außerordentliche Dehnung nicht dadurch, daß sie Widerstand gegen eine beginnende Einschnürung leisten, sondern dadurch, daß sie deren Wachstum behindern.

Der Parameter f der Querschnittsinhomogenität einer Probe bewirkt, ohne das Ausmaß der Gleichmaßdehnung zu beeinflussen, eine empfindliche Reduzierung des Stadiums der quasistabilen Deformation, indem er das Auftreten von Lokalisierungen beschleunigt. Den effektiven Probenquerschnitt verringernde innere Störungen oder mechanische Schäden (z. B. Poren, Risse), darunter auch solche, die sich erst im Verlauf der Umformung bilden, üben die gleiche Wirkung auf die Dehnungslokalisierung aus wie äußere Inhomogenitäten der Probengeometrie [20]. In [27] wird gezeigt, daß die Entstehung von sphärischen Poren und ebenen Rissen die Bildung von Spannungskonzentrationen beschleunigt, und zwar unabhängig von der Größe der Faktoren γ und m.

Bei der Erklärung und der Vorhersage der Formänderungen von superplastischen Werkstoffen versucht man häufig, experimentell [28] oder auch rechnerisch [18, 29] über die Gleichung (14) einen funktionellen Zusammenhang zwischen der Dehnung und dem Parameter der geschwindigkeitsbedingten Verfestigung herzustellen. Obwohl die (z. B. in [28] zusammengefaßten) Ergebnisse solcher Rechnungen mit experimentellen Daten übereinstimmen, bedeutet das nicht, daß der Exponent m ein geeignetes Maß für die Plastizität von Materialien ohne verformungsbedingte Verfestigung ist. Bei einer allgemeinen Tendenz – je größer m, desto größer die Dehnung – gibt es doch unverkennbare Anomalien, deren Ursache darin liegt, daß m in Wirklichkeit ein strukturempfindlicher Faktor und keine Materialkonstante ist. Schon in den ersten Arbeiten wurde bemerkt, daß sich der Betrag von m bei niedriggekohltem Stahl

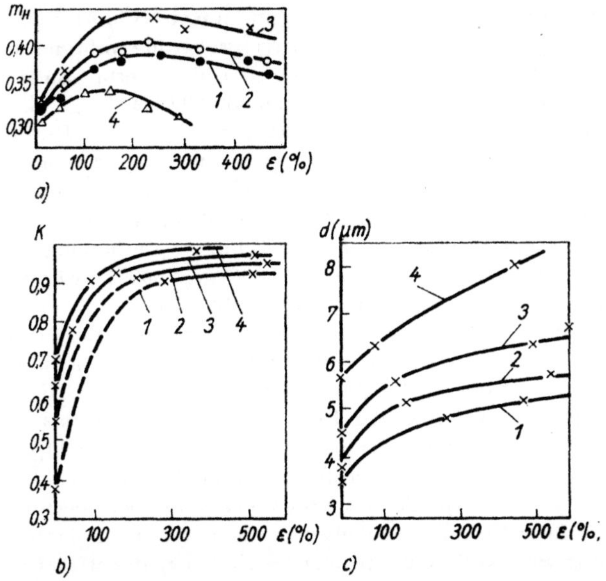

Bild 6. Abhängigkeit des Exponenten m_H (a), des Achsenverhältnisses K der Körner (b) und der Kristallitgröße d (c) von Messing CuZn 41 mit Eisen- und Manganzusatz vom Umformgrad bei 450 (1), 500 (2), 550 (3) und 600 °C (4) für $\dot{\varphi} = 7{,}2 \cdot 10^{-3}\ s^{-1}$ [34]

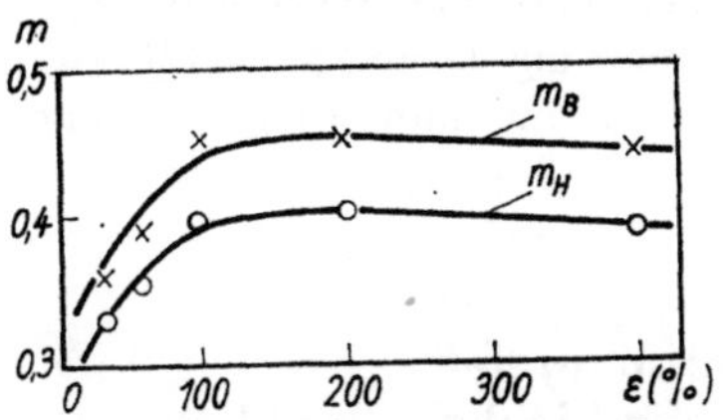

Bild 7. Abhängigkeit der Exponenten m_B und m_H (vgl. Abschnitt 1.2) der Legierung ZnAl 22 vom Umformgrad bei 250 °C und $\dot{\varphi} = 6{,}6 \cdot 10^{-3}\ s^{-1}$ [34]

[30] und beim Eutektikum Pb—Sn [31] mit der Zunahme des Umformgrades ändert. Bei der eutektischen Legierung AlCu33 änderte sich der Faktor m während der Umformung aufgrund von Kornwachstum, von dessen Kinetik auch die Dehnung abhing [32]. Änderungen von m wurden ferner bei der eutektischen Legierung Pb—Sn—Cd [33], bei zweiphasigem Messing CuZn41 [34] und bei der Legierung ZnAl22 [34] festgestellt. Bei den Werkstoffen Pb—Sn—Cd und CuZn41 geht der Exponent m bei höheren Umformgraden über ein Maximum. Der ansteigende Ast der Kurve $m = f(\varepsilon)$ (Bild 6a) fällt beim Messing mit dem Übergang von ge-

streckten zu globularen Kristallformen zusammen (Bild 6b), während der absteigende Ast mit einer Kornvergröberung während der Umformung erklärt werden kann (Bild 6c). Bei der Legierung ZnAl22 wächst der Exponent m bis zu Dehnungen von 100 bis 150 %, dann sinkt er geringfügig (Bild 7). Sein Anstieg zu Beginn der Umformung fällt zusammen mit dem Übergang von einem Ausgangsgefüge mit ebenen Phasengrenzen zu einem Gefüge mit gekrümmten Grenzflächen [34]. Die Legierung ZnAl22 zeichnet sich durch besonders hohe Dehnungen aus; bei einer Temperaturerhöhung von 130 auf 230 °C wächst die Dehnung von 1600 auf 2900 %, während der Faktor m im Bereich 0,44 bis 0,5 verbleibt [35].

Zu Anomalien neigt das Verhalten der eutektischen Legierung Al—Si [13], die bei 450 °C und $m = 0{,}3$ bis 0,4 eine Gesamtdehnung von nur 110 % aufweist [10]. Unter Berücksichtigung der Realstrukturänderungen während der Deformation kann man das wie folgt erklären [36]: Aufgrund der hohen Diffusionsgeschwindigkeit des Siliziums im Aluminium vergrößern sich die Siliziumkristallite sehr rasch (bis zum Zeitpunkt des Bruches etwa um den Faktor 2 bis 3), und in ihrer Umgebung bilden sich Poren, die ebenfalls stark zur Erhöhung von f und somit zu einer Verringerung des effektiven Wertes von m führen.

Die große Empfindlichkeit des Faktors m gegenüber Realstrukturänderungen erhärtet, daß er ein bestimmendes Merkmal des superplastischen Zustands darstellt. Bleibt zu betonen, daß der Exponent m ein Maß für den Widerstand eines Werkstoffs gegen die vorzeitige Bildung einer Einschnürung ist und kein Kriterium für die Plastizität duktiler Materialien sein kann, wie das zuweilen behauptet wird [28].

2.2. Verfahren zur Bestimmung der Geschwindigkeitsempfindlichkeit der Fließspannung

Allen Methoden zur Bestimmung des Exponenten m liegt ein Vergleich der Fließspannungen R bei mindestens zwei Formänderungsgeschwindigkeiten $\dot{\varphi}$ zugrunde. In Übereinstimmung mit der Formel (1) gilt dabei die Bestimmungsgleichung

$$m = (d \lg R / d \lg \dot{\varphi}) \quad \varphi = \mathrm{const}, \quad d = \mathrm{const}, \tag{15}$$

wenn sich der Faktor m im Bereich der Änderungen der Dehngeschwindigkeit nur wenig ändert oder aber einen konstanten Wert beibehält [8, 31, 37] und die Gefügeparameter (z. B. die Korngröße d) sowie auch die Formanderungen φ bei den verwendeten Geschwindigkeiten gleich sind [37].

Das experimentelle Verfahren zur Ermittlung von m besteht darin, daß man die Probe bis zum Maximum des Last-Verlängerungs-Diagramms reckt und anschließend nach einer teilweisen Entlastung die Dehngeschwindigkeit im sog. stationären Fließbereich schroff von v_1 auf v_2 erhöht (Bild 8). Nach Erreichen des neuen Lastmaximums und erneutem Beginn des stationären Fließens ändert (d. h. verringert oder erhöht) man die Dehngeschwindigkeit wiederum um einen Faktor 2 bis 2,5 ([11, 13], vgl. Bild 8).

Das Bestreben, die Forderungen nach Gleichheit der Deformationen und unveränderten Gefügeparametern besser zu erfüllen, führte zur Ausarbeitung verschiedener Varianten des gerade skizzierten Geschwindigkeitswechsel-Versuchs, bei denen unterschiedliche Punkte der im Bild 8 dargestellten Kurve für die Bestimmung von m verwendet werden. Das 1. Verfahren wurde von Backofen [8] vorgeschlagen:

$$m_B = \lg (P_A/P_B)/\lg (v_2/v_1) \qquad (16)$$

Hierbei ist P_A die Maximallast bei der Geschwindigkeit v_2 und P_B die Belastung, die durch Extrapolation des Abschnitts CD der Last-Zeit-Kurve von Bild 8 bis zur Abszisse des Punktes A erhalten wird. Der nach (16) berechnete Wert m_B entspricht einer gewissen mittleren Deformationsgeschwindigkeit, die sich wegen der Voraussetzung der Gleichmäßigkeit der Deformation aus v_1 und v_2 bestimmen läßt.

Die Methode von Backofen [8] ist aufgrund von Extrapolationsfehlern ungenau. Sie führt nach Erhöhung oder Erniedrigung der Dehngeschwindigkeit zu unterschiedlichen Resultaten [38], und der ermittelte Exponent m hängt von dem merklichen Deformationsbetrag ab, der nach dem Beginn des stationären Fließens aufgenommen wird. Im Wert m spiegeln sich dabei die Realstrukturänderungen bei der Speicherung der Deformation [31] und (oder), da die Umformung nach dem Lastmaximum quasi-gleichmäßig ist, die Dreiachsigkeit des Spannungszustandes in einer lokalen Einschnürung wider [39].

Ein 2. Verfahren zur Berechnung von m, das schon früher als die anderen von Morris [30, 31] verwendet wurde, erfordert keine Extrapolation. m wird nach der Gleichung

$$m_M = \lg (R_A/R_C)/\lg (\dot{\varphi}_A/\dot{\varphi}_C) \qquad (17)$$

bestimmt, wobei R_A und R_C die Fließspannungen in den Punkten

A und C der Belastungsmaxima und $\dot{\varphi}_A$ und $\dot{\varphi}_C$ die zugehörigen Formänderungsgeschwindigkeiten sind.

Da nicht extrapoliert wird, besteht auch keine Notwendigkeit, den Verlauf des Abschnitts CD aufzufinden. Das bedeutet, daß beim Versuch nur minimale Deformationsspeicherung eintritt [13].

Den Punkten A und C entsprechen jedoch verschiedene Deformationsbeträge, und die bei Erhöhung oder Erniedrigung der Dehngeschwindigkeit erhaltenen Werte m sind wiederum unterschiedlich. Die Differenz hängt vom Betrag der Geschwindigkeitsänderung ab. Außerdem gibt es bei einer Erniedrigung der Geschwindigkeit keinen Extremwert der Belastung, und der Punkt C′ kennzeichnet lediglich den Anfang eines linearen Astes der Last-Zeit-Kurve [38]. Die erhaltenen Zahlenwerte m beziehen sich wie beim 1. Verfahren auf eine gewisse mittlere Formänderungsgeschwindigkeit im verwendeten Intervall der Geschwindigkeitsänderungen.

Der nach einem 3. Verfahren von Hedworth und Stowell [38] bestimmte Wert m bezieht sich auf die Umformgeschwindigkeit vor dem Geschwindigkeitssprung. Das Verfahren, welches sich als eine Variante der Backofen-Methode erweist, wurde mit dem Ziel vorgeschlagen, vom Vorzeichen der Geschwindigkeitsänderung unabhängige Ergebnisse bei der Berechnung des Exponenten m zu gewährleisten:

$$m_{HS} = \lg (P_E/P_D)/\lg (v_2/v_1) \tag{18}$$

In diesem Falle führt man eine Extrapolation des stationären Fließbereichs bei der Geschwindigkeit v_2 bis zu den Formänderungen (Punkte E und E′) durch, bei denen der Geschwindigkeitswechsel erfolgte. Die Methode ist geometrisch besonders einfach und zeichnet sich durch gute Reproduzierbarkeit der bestimmten Exponenten m aus ($m \pm 0{,}02$; vgl. [13]), aber deren physikalische

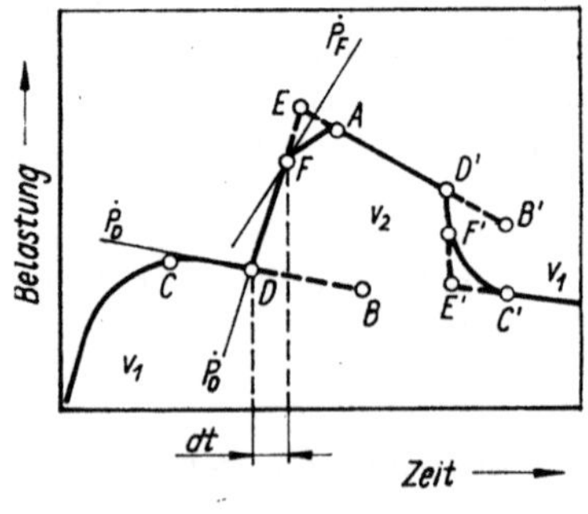

Bild 8. Schematische Darstellung der Belastungs-Zeit-Kurve zur Bestimmung des Exponenten m im Geschwindigkeitswechselversuch

Bedeutung ist – wie schon die Autoren bemerkten [38] – nicht völlig klar. Die Neigung der Kurve und das Lastniveau im Abschnitt AD′ der Kurve von Bild 8 wird auch durch Realstrukturänderungen bestimmt, die zum Zeitpunkt des Geschwindigkeitswechsels (Abschnitt D F A) in der Probe eintreten. Den Punkten D und E entsprechen deshalb, genau genommen, unterschiedliche Realstrukturen.

In der Annahme, daß im geradlinigen Abschnitt DF der Kurve von Bild 8 keine bedeutenden Realstrukturänderungen eintreten, schlugen HEDWORTH und STOWELL [38] noch ein 4. Verfahren zur Berechnung von m vor:

$$m_{\mathrm{H}} = \lg (P_{\mathrm{F}}/P_{\mathrm{D}})/\lg (v_2/v_1) \tag{19}$$

Der Zahlenwert m_{H} hängt von der Deformationsgeschwindigkeit vor dem Geschwindigkeitssprung ab.

Die Methode von HEDWORTH und STOWELL [38] wird den Forderungen der Gleichung (15) besser gerecht als die anderen Verfahren. Da die Deformation in den Punkten D und F praktisch gleich ist, gilt in der Beziehung (3) $d\varphi = 0$, und die berechneten Exponenten m haben eine definierte physikalische Bedeutung, die sich in Übereinstimmung mit den Überlegungen von HART befindet [11, 13, 38, 39].

Ein 5. Verfahren zur Bestimmung von m, das von den drei erstgenannten abgeleitet wurde, hat CUTLER vorgeschlagen (zitiert in [13]):

$$m_{\mathrm{C}} = \lg (R_{\mathrm{A}}/R_{\mathrm{D}})/\lg (\dot{\varphi}_2/\dot{\varphi}_1) \tag{20}$$

Hierbei werden die Fließspannungen und die Formänderungsgeschwindigkeiten im Lastmaximum bei der Dehngeschwindigkeit v_2 (Punkt A) und an der Stelle des Geschwindigkeitswechsels (Punkt D) in Beziehung gesetzt.

Mit Ausnahme des vierten liefern die zitierten Verfahren zur Bestimmung von m im Prinzip Ergebnisse mit ähnlicher physikalischer Bedeutung, weil sie alle mehr oder weniger deutlich von der Annahme ausgehen, daß sich bei einer Änderung der Deformationsgeschwindigkeit auch die Realstruktur ändert. Da das Experiment zu einem stationären Fließbereich mit quasistabiler Dehnung führt, schätzen sie den Widerstand eines Werkstoffs gegen die Bildung einer diffusen (d. h. nicht makroskopisch lokalisierten) Einschnürung ab. Dieser Widerstand resultiert nicht nur aus der Geschwindigkeitsempfindlichkeit des Deformationsmechanismus, sondern auch aus den Realstrukturänderungen und der Änderung des

Spannungszustandes in der diffusen Einschnürung. Die dargestellten Verfahren zur Ermittlung von m sind deshalb im wesentlichen für einen Vergleich von Werkstoffen oder auch für die Erklärung der Auswirkungen äußerer Faktoren (z. B. der Temperatur) auf die Geschwindigkeitsempfindlichkeit der Deformation eines Materials brauchbar, wenn man das gleiche Berechnungsschema bei gleichen Umformbeträgen verwendet [39]. Es empfiehlt sich [34], als Index des Exponenten m nicht nur die Bestimmungsmethode, sondern auch den Umformgrad an der Stelle des Geschwindigkeitswechsels anzugeben (z. B. m_{B20}, m_{H20} usw.). Zur Analyse der wirksamen Deformationsmechanismen kann nur der nach dem Verfahren von HEDWORTH und STOWELL [38] bestimmte Exponent m_H herangezogen werden; doch auch diese Methode ist nicht frei von Unzulänglichkeiten. Erstens hängt die im Experiment festgestellte Länge des geradlinigen Astes DF der Kurve von Bild 8 von den Werkstoffeigenschaften und von der Trägheit der registrierenden Apparatur ab. So wird z. B. bei der Legierung ZnAl22 die Ausdehnung des Abschnitts DF stark verkürzt, wenn man das Auflösungsvermögen der Registrierung erhöht. Beim Messing CuZn41 ist dieser Effekt etwas schwächer ausgeprägt. Zweitens hängt die nach der Formel (19) bestimmte Größe m_H vom Vorzeichen des Geschwindigkeitswechsels ab. Das ist die Folge davon, daß in der Gleichung (19) die beim Geschwindigkeitswechsel stattfindenden Änderungen der elastischen Deformationen im System Maschine-Probe nicht berücksichtigt werden [40]. Tatsächlich wächst die Belastung bei der Erhöhung der Geschwindigkeit im Verlauf einer Zeit dt (vgl. Bild 8) so schnell, daß zunächst eine elastische Deformation der Probe und der Maschine stattfindet. Anschließend wird bei verlangsamter Lastzunahme plastische Deformation beobachtet. Die plastische Deformation der Probe während des Geschwindigkeitswechsels ist folglich geringer als (aufgrund der Querhauptsverschiebung) erwartet, und die Formänderungsgeschwindigkeit im Punkt F ist kleiner als die aus dem Quotienten von v_2 und der Probenlänge berechnete. Wenn man m_H dagegen bei Verringerung der Querhauptsgeschwindigkeit bestimmt, relaxiert die von der Probe und der Maschine aufgenommene elastische Deformation, und die tatsächliche Formänderungsgeschwindigkeit ist größer als die berechnete. Anders gesagt heißt das: Bei Versuchen mit Vergrößerung der Dehngeschwindigkeit sind die Werte m_H zu niedrig, bei Versuchen mit Verringerung der Geschwindigkeit zu hoch. Eine Mittelung der beiden Werte m_H bedeutet jedoch, daß man die unterschiedliche Deformationsvorgeschichte vernachlässigt.

Ein 6. Verfahren zur Berechnung des Exponenten der geschwindigkeitsbedingten Verfestigung, das frei von dem gerade skizzierten Mangel der Methode von HEDWORTH und STOWELL [38] und korrekt in der physikalischen Bedeutung ist, schlug PAVOLO [40] vor. Dem Ansatz liegen die zulässigen Annahmen der Volumenkonstanz der Probe sowie der Unveränderlichkeit der Steifigkeitskonstanten des Systems Maschine-Probe während der kurzen Zeitspanne des Geschwindigkeitswechsels zugrunde. Sein wesentlicher Inhalt besteht darin, daß die wirksamen Geschwindigkeiten der plastischen Deformation der Probe aus den Änderungsgeschwindigkeiten des Deformationswiderstandes berechnet werden:

$$m_P = \frac{\lg (P_F/P_D)}{\lg (v_2/v_1)} \left[\frac{(\dot{P}_O - \dot{P}_D) - \dot{P}_D \lg (v_2/v_1)}{\dot{P}_O - \dot{P}_F}\right] \tag{21}$$

Dabei ist (vgl. Bild 8) $\dot{P}_D$ die Neigung der Tangente des Abschnitts CD im Punkt D, $\dot{P}_O$ die Neigung der Tangente an den Abschnitt DF im Punkt D und $\dot{P}_F$ die Neigung der Tangente der Linie DFA im Punkte F. Diese Neigungen entsprechen den Geschwindigkeiten, mit denen sich der Deformationswiderstand beim Geschwindigkeitswechsel ändert. Den Punkt F, das Ende des geradlinigen Kurvenastes DF, bestimmt man anhand des Tangentenanstiegs des Bereichs DFA. Da gewöhnlich $\dot{P}_O \gg \dot{P}_D$ ist, kann die Gleichung (21) vereinfacht werden:

$$m_P = \frac{\lg (P_F/P_D)}{\lg (v_2/v_1)} \left(\frac{\dot{P}_O}{P_O - P_F}\right) \tag{22}$$

Für die Abschätzung von m_P ist eine gute Qualität der Last-Zeit-Diagramme sehr wichtig. Es ist deshalb unerläßlich, eine trägheitsarme Registriereinrichtung zu verwenden.

In einigen Arbeiten [30, 39, 41, 42] wurde eine Methode zur Bestimmung von m aus der Neigung der Kurve $\lg R = f(\lg\dot{\varphi})$ beschrieben. In den weiteren Ausführungen fehlt deshalb bei der Angabe eines Exponenten m, der mit diesem (in der Literatur zuweilen fälschlicherweise DUNLOP und TAPLIN [39] zugeschriebenen) Verfahren bestimmt wurde, der Index zur Bezeichnung des Urhebers. Für die Aufnahme der Kurven $\lg R = f(\lg\dot{\varphi})$ sind zwei experimentelle Prozeduren bekannt, nämlich

- die Prüfung einer Probe bei sprunghafter Änderung der Dehngeschwindigkeit [30, 41, 43] oder
- die Untersuchung einer Probenserie mit verschiedenen Dehngeschwindigkeiten [39, 42].

Im ersten Falle benutzt man für die Berechnung von m die Spannung, die dem Lastmaximum bei jeder Geschwindigkeit entspricht [30], extrapoliert zu gleichen Werten des Umformgrades [41] oder wählt geeignete Punkte der stationären Fließbereiche aus [43]. Dieser Verfahrensweise eigentümlich sind die Mängel der Geschwindigkeitswechsel-Methoden 1, 2, 3 und 5, insbesondere der bei verschiedenen Geschwindigkeiten unterschiedliche Grad der aufgenommenen Deformation. Um die Wirkung dieses Faktors zu mildern, erhöht und erniedrigt man die Dehngeschwindigkeit in willkürlicher Reihenfolge [30, 43]. Das führt jedoch zu einer undefinierten Mittelung der Werte m, die zwar einheitlichen Geschwindigkeiten, aber unterschiedlichen Deformationen entspricht. In der Arbeit [43] blieb die Größe m deshalb bei verschiedenen Geschwindigkeiten konstant, was der realen Form der Kurve $\lg R = f(\lg \dot{\varphi})$ widerspricht.

Bei der Prüfung einer Probenserie mit verschiedenen Formänderungsgeschwindigkeiten ermittelt man die Abhängigkeit $\lg R = f(\lg \dot{\varphi})$ anhand der Spannungen, die den Punkten P_{max} der Last-Verlängerungs-Diagramme zugeordnet sind [37, 39, 42, 44], oder anhand von Spannungen, die gleichen Umformgraden entsprechen [42, 45]. Unter Berücksichtigung der früher dargelegten Vorstellungen zur Lokalisierung der Deformation bei der Zugumformung superplastischer Werkstoffe ist die letztgenannte Verfahrensweise nur bis zu solchen, nicht sehr großen Formänderungen empfehlenswert, bei denen der Krümmungsradius des Einschnürungsprofils so groß bleibt, daß er vernachlässigt und die wahre Spannung unter Voraussetzung von Gleichmaßdehnung berechnet werden darf. Die Grenzen für diese Formänderungen hängen von den Versuchsbedingungen, der Vorgeschichte und den Eigenschaften des Probenwerkstoffs ab, so daß ihre vorherige Abschätzung notwendig ist.

Die Konstruktion der Kurven $\lg R = f(\lg \dot{\varphi})$ aus den Punkten P_{max} erweist sich als genauer, weil das Anfangsgefüge aller Proben gleich ist und die Umformung bis zur Last P_{max} nur einen kleinen Beitrag zur Gesamtdehnung leistet. Gleichzeitig wurde jedoch experimentell festgestellt, daß der Umformungsbetrag bis P_{max} nicht konstant ist. Bei Verringerung der Formänderungsgeschwindigkeit wächst er merklich an [39], d. h., auch in diesem Falle wird die der Last P_{max} bei verschiedenen Geschwindigkeiten zugeordnete Spannung bei nicht ganz einheitlicher Gefügebeschaffenheit der Proben bestimmt. In einer Reihe von Untersuchungen [37, 39, 44] wurde allerdings gezeigt, daß das mit der skizzierten Methode ermittelte Maximum des Faktors m größer ist und bei höheren Formänderungsgeschwindigkeiten beobachtet wird als der Maximalwert m, der im Geschwindigkeitswechsel-Versuch bestimmt und nach Backofen [8] berechnet wurde. Dieser Befund belegt, daß der aus dem Anstieg der Kurve lg $R = f$ (lg$\dot{\varphi}$) bei Prüfung einer Probenserie bestimmte Wert m durch irreversible Gefügeänderungen bei der superplastischen Deformation weniger verfälscht ist als bei Verwendung der Methoden 1, 2 ,3 und 5. Zur Verringerung des Einflusses der gespeicherten Deformation kann bei der Untersuchung von Probenserien mit verschiedenen Formänderungsgeschwindigkeiten ein ähnlicher Ansatz wie bei der Methode 6 [40] verwendet werden:

$$m = \frac{(P_2 - P_1)\ P_1\ (v_1/L_1)\ (1 - \dot{P}_1/\dot{P}_{01})}{(v_2/L_2)\ (1 - \dot{P}_2/\dot{P}_{02}) - (v_1/L_1)\ (1 - \dot{P}_1/\dot{P}_{01})} \tag{23}$$

Darin sind P_1, P_2 und $\dot{P}_1$, $\dot{P}_2$ die Lasten und die Geschwindigkeiten der Laständerungen bei Fließbeginn, L_1, L_2 die für diesen Zeitpunkt berechneten Probenlängen und $\dot{P}_{01}$, $\dot{P}_{02}$ die Geschwindigkeiten der Lastzunahme im Anfangsstadium des Versuchs.

2.3. Zur Analyse der Merkmale der Superplastizität mit der Methode der Spannungsrelaxation

Bei einem Spannungsrelaxations-Versuch, bei dem die Elastizitätsgrenze überschritten wird, belastet man eine Probe durch Zug oder Druck bis zu einem gewissen Spannungsniveau, oberhalb dessen die bewegte Probenfassung der Prüfmaschine zum Stillstand gebracht wird. Die Registriereinrichtung der Maschine schreibt die Belastung als Funktion der Zeit im Anfangsstadium der Beanspruchung sowie auch bei fixierter Lage des beweglichen Querhauptes auf. Die grundlegenden Beziehungen zwischen den aus der resultierenden Last-Zeit-Kurve erhältlichen Parameter, die Anforderungen an die experimentelle Technik und die Leistungsgrenzen der Methode, die in den Arbeiten [16, 47, 48, 49] beschrieben wurden, ergeben sich aus Überlegungen zum Verhalten des geschlossenen Systems Prüfmaschine–Probe. In diesem System tritt zugleich mit der plastischen Deformation der Probe eine elastische Deformation der Kraftmeßeinrichtung, des Rahmens, der Verbindungselemente und der Probe selbst ein. Nach dem Anhalten der beweglichen Probenfassung geht die summierte elastische Deformation der gekoppelten Elemente in die plastische Deformation der Probe über, was eine Spannungsrelaxation auch in der Zeit hervorruft, in

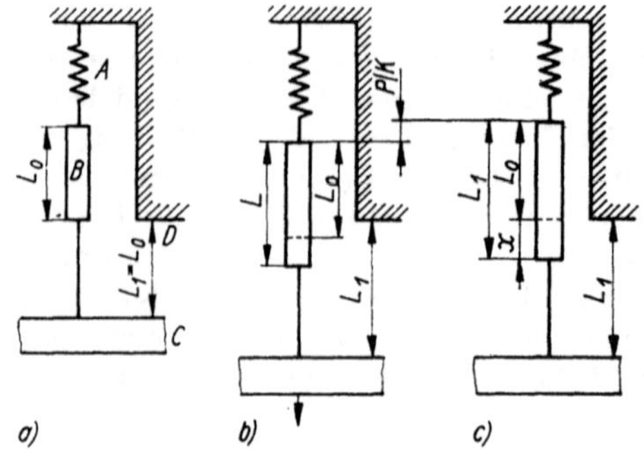

Bild 9. Schema des Spannungsrelaxations-Versuchs [49]

der die Dehngeschwindigkeit abklingt. Die Probe B (Bild 9a) soll nur plastische Deformation aufnehmen, während die summierte elastische Deformation der Probe und der Maschine von einer Feder F aufgenommen werden. Auf dem unbeweglichen Rahmen möge der Punkt D liegen, dessen Abstand vom beweglichen Querhaupt C vor Beginn der Beanspruchung gleich der anfänglichen Meßlänge L_0 der Probe sei. Der Abstand DC wird mit L_1 bezeichnet und als Hilfsgröße betrachtet. Nach einer Verschiebung des Querhauptes um die Strecke x bis zum Stillstand gilt

$$L_1 = L_0 + x \tag{24}$$

Dieselbe Probenlänge wird nur am Ende der Relaxation vorhanden sein, wenn die gesamte gespeicherte elastische Deformation in die plastische Formänderung übergegangen ist (Bild 9c). Während des Relaxationsvorganges ist die durch die plastische Deformation bedingte momentane Probenlänge L (Bild 9b) kleiner als L_1, und zwar um den Betrag der gesamten elastischen Deformation P/K, wobei P die Belastung unmittelbar nach dem Anhalten des Querhauptes und K den effektiven Steifigkeitsmodul des Systems Maschine–Probe bedeutet. Gemessen wird K als der Quotient aus der Kraft, die für die elastische Deformation des Systems notwendig ist, und dem Betrag dieser elastischen Deformation: $K = P/L_{\text{elast}}$. Man kann deshalb schreiben:

$$L = L_0 + x - P/K \tag{25}$$

$$P = K\,(L_1 - L) \tag{26}$$

Durch Differentiation der Gleichung (26) nach der Zeit erhält man

$$\dot{P} = K\left(\dot{L}_1 - \dot{L}\right) \tag{27}$$

Hier ist $\dot{P}$ die Geschwindigkeit der Belastung bzw. der Lastrelaxation, $\dot{L}_1$ die Geschwindigkeit der Querhauptsverschiebung bzw. die Umformgeschwindigkeit und $\dot{L}$ die Geschwindigkeit der plastischen Umformung der Probe. Letztere kann für jeden beliebigen Zeitpunkt anhand der Formel

$$\dot{L} = \dot{L}_1 - \dot{P}/K \tag{28}$$

bestimmt werden, weil die Registriereinrichtung während der gesamten Versuchsdauer P und x als Funktion der Zeit aufnimmt. Der Beginn der Relaxation entspricht dem Zeitpunkt des Querhauptsstillstandes, d. h., wenn $\dot{L}_1 = 0$ ist. Man kann deshalb

$$\dot{L} = -\dot{P}/\dot{K} \tag{29}$$

schreiben und erhält nach Division beider Seiten der Gleichung (29) und Einsetzen von L nach der Formel (25) den Ausdruck

$$\dot{\varphi} = |\dot{L}|/L = -|\dot{P}|/KL = -(K(L + x - P/K))^{-1}\,\mathrm{d}P/\mathrm{d}t, \tag{30}$$

wobei $\dot{\varphi}$ die Formänderungsgeschwindigkeit zu einem gegebenen Zeitpunkt der Relaxation darstellt.

Da die momentane, nur durch die plastische Deformation bedingte Probenlänge L nach (25) bekannt ist, kann man für jeden Punkt P der Relaxationskurve $P = P(t)$ die wahre Spannung

$$R = P/S = PL/S_0L_0 \tag{31}$$

und auch die Formänderungsgeschwindigkeit $\dot{\varphi}$ ermitteln. Dazu bestimmt man die Relaxationsgeschwindigkeit $\mathrm{d}P/\mathrm{d}t$ graphisch oder durch numerische Differentiation aus der Kurve $P = P(t)$, die in diesem Falle mit großer Sorgfalt stückweise durch ein Polynom [50, 51] anzunähern ist.

Bevor das Verfahren zur Bestimmung des Steifigkeitsmoduls K des Systems Prüfmaschine–Probe betrachtet wird, soll auf seine Merkmale eingegangen werden. Der Kehrwert dieses Moduls, die elastische Nachgiebigkeit K^{-1} des Systems, wird im Bild 9 durch die Feder F verkörpert. Sie umfaßt zwei Elemente: die eigentliche elastische Nachgiebigkeit C_M der Maschine und die elastische Verlängerung der Probe [48]. Daher ist

$$K^{-1} = C_M + L/SE, \tag{32}$$

wobei E den Elastizitätsmodul der Probe angibt. Anhand der Bedingung der Volumenkonstanz der Probe kann dieser Ausdruck in die Form

$$K^{-1} = C_M + (L/L_0)^2 (L_0/S_0E) \tag{33}$$

gebracht werden. Hieraus folgt, daß K keinen konstanten Wert besitzt und sich mit wachsendem Umformgrad der Probe verringert. Deshalb muß, obwohl mit jedem Relaxationsprozeß nur eine unbedeutende Deformation verbunden ist – und je kleiner diese Deformation, desto größer ist die Steifigkeit der Maschine –, bei der Durchführung einer Serie von aufeinanderfolgenden Relaxationsversuchen an einer Probe der Betrag von K korrigiert werden. Wenn die vom Hersteller ausgewiesene Steifigkeit C_M der Maschine und der Elastizitätsmodul der Probe bekannt sind, kann K nach der Formel (33) berechnet werden. Zweckmäßiger ist es jedoch, K experimentell zur Berücksichtigung der Wirkung von nichtstandardisierten Verbindungselementen (z. B. Gestängem, Probenfassungen usw.) für den Belastungsbereich aus den Kurven $P = P(t)$ und $L_1 = L_1(t)$ zu bestimmen. Wenn man solche Daten für einige Werte L hat, ist es leicht, die unbekannten Größen der Gleichung (33) zu ermitteln und den Betrag K in Abhängigkeit vom Umformgrad zu korrigieren.

Die oben beschriebene Methode erlaubt es, die Abhängigkeit der Fließspannung von der Deformationsgeschwindigkeit unabhängig von irgendeiner empirischen Gesetzmäßigkeit aufzufinden. Dabei ist es möglich, diese Abhängigkeit in einem Intervall von 5 bis 6 Größenordnungen der Geschwindigkeit mit Hilfe eines einzigen Relaxationsversuchs zu erfassen. Der Exponent m_R der Spannungsempfindlichkeit wird in Übereinstimmung mit der Gleichung (15) aus dem Anstieg der Tangente an die Kurve $\lg R = f(\lg\dot{\varphi})$ bestimmt.

Die maximale Formänderungsgeschwindigkeit $\dot{\varphi}$, welche sich mit Hilfe der Spannungsrelaxation untersuchen läßt, wird nach den Gleichungen (27, 30) durch die Geschwindigkeit der Querhauptsbewegung bei der Belastung festgelegt, weil der maximale Wert L im Relaxationsprozeß die Größe L_1 bei der Belastung nicht übersteigen kann. Die Wahl der Deformationsgeschwindigkeit $\dot{L}_1$ und der entsprechend höheren Formänderungsgeschwindigkeit $\dot{\varphi}$ hängt von der Trägheit der Registriereinrichtung ab. Die Benutzung einer digitalen Registriereinrichtung mit einer Auflösung von 10 Meßwerten je Sekunde erlaubte es den Autoren der Arbeit [48], in Verbindung mit einem Meßwertdrucker die Analyse der Geschwindigkeitsempfindlichkeit im Intervall 10^{-6} bis $1\ s^{-1}$ vorzunehmen. In der Arbeit [52] wurde mittels eines Schreibers bei einem Papier-

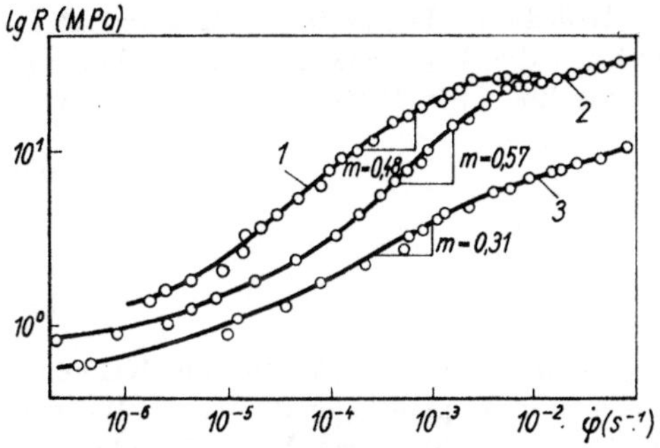

Bild 10. Nach der Methode der Spannungsrelaxation ermittelte Geschwindigkeitsabhängigkeiten der Fließspannung bei der superplastischen Deformation von Messing CuZn 41 bei 450 (1), 580 (2) und 675 °C [269]

vorschub von 0,83 cm s^{-1} ein Geschwindigkeitsintervall von 10^{-7} bis 10^{-4} s^{-1} untersucht.

Im Bild 10 werden Abhängigkeiten der Spannung von der Formänderungsgeschwindigkeit von superplastischem Zweiphasenmessing vorgestellt, die man mit Hilfe der Spannungsrelaxation an einer Probe bei verschiedenen Temperaturen erhalten hat. Das Signal des Dehnungsmeßstreifens wurde parallel dazu mit einem Schleifenoszillographen (Bereich der höheren Geschwindigkeiten; Papiervorschub 0,64 m s^{-1}) bzw. mit einem Kompensationsbandschreiber (Bereich kleiner Geschwindigkeiten; Papiergeschwindigkeit 1,5 cm s^{-1}) aufgenommen. Das Bild 10 verdeutlicht, wie die Methode der Spannungsrelaxation die Bestimmung der optimalen Temperatur und Geschwindigkeit der superplastischen Deformation mit einer einzigen Probe gestattet.

Ein Vorzug des Verfahrens besteht in der sehr geringen Deformation der Probe ($<$ 1,5 % [48]). Wenn jedoch die Untersuchung hoher Deformationsgeschwindigkeiten notwendig ist, kann man die Erhöhung des Umformgrades mit einer Erniedrigung der Steifigkeit K ausgleichen, um entsprechend der Gleichung (29) die Vergrößerung von L mit der gleichen Trägheit der Registrierung zu realisieren (P bleibt unverändert).

Ein anderes Vorgehen bei der Analyse von Relaxationskurven [16, 38, 53] stützt sich auf eine Reihe von Annahmen, die bei einer besonders starren Maschine und kleinen Deformationen der Probe zulässig sind. In diesem Falle läßt sich zeigen, daß unter den Bedingungen der Spannungsrelaxation

$$R = -M \dot{\varphi} \tag{34}$$

ist. Hierbei stellt M eine Konstante dar, in die der Koeffizient C_M der Steifigkeit der Maschine, die Anfangslänge und der Anfangsquerschnitt der Probe eingehen. Mit Hilfe von (34) erhält man

$$d \ln \dot{\varphi} = d \ln(-\dot{R}) \tag{35}$$

und nach Kombination mit (15)

$$m_R = d \ln R / d \ln(-\dot{R}) \tag{36}$$

Daraus folgt, daß der Exponent m_R aus dem Anstieg der Kurve bestimmt werden kann, die sich im doppeltlogarithmischen Maßstab bei Auftragung der Fließspannung über der Geschwindigkeit der Fließspannungsänderung während der Relaxation ergibt.

Bei der Anwendung der Methode der Spannungsrelaxation auf superplastische Werkstoffe muß eine mögliche Verfälschung der Ergebnisse durch Modifikation der Relaxationskurve infolge von Anelastizität berücksichtigt werden [16, 54]. In den Arbeiten [5, 56] wurde bei der Darstellung der Abhängigkeit der Spannung von der Formänderungsgeschwindigkeit im Gebiet $\dot{\varphi} < 10^{-6}\,s^{-1}$ ein Plateau in der Kurve $\lg R = f(\lg \dot{\varphi})$ bemerkt, und im Bereich $\dot{\varphi} \approx 10^{-9}\,s^{-1}$ wies die Kurve einen schroffen Abfall auf, wobei $m = 1$ galt. Die Autoren des Artikels [55] klassifizierten den letztgenannten Effekt als Erscheinung des Diffusionskriechens unterhalb einer gewissen Schwellspannung des Korngrenzengleitens, für deren Betrag sie die Spannung im Plateau bei Geschwindigkeiten $\dot{\varphi} \approx 10^{-8} \ldots 10^{-6}$ veranschlagten. In [54] wurde diese Auffassung kritisiert. Es konnte gezeigt werden, daß in einem Geschwindigkeitsbereich, in dem die Relaxation der elastischen Deformation nach Kinetik und Betrag ähnlich abläuft wie die Relaxation der plastischen Deformation, die Erscheinung der Anelastizität des Probenwerkstoffs zu einer Verzerrung der Kurve $\lg R = f(\lg \dot{\varphi})$ führen kann. Bei Werkstoffen mit merklichen Unterschieden in den Beträgen des relaxierten und des unrelaxierten Elastizitätsmoduls ist es deshalb im Zusammenhang mit der Darstellung der Abhängigkeit der Spannung von der Deformationsgeschwindigkeit unerläßlich, die Änderungen des Elastizitätsmoduls während der Relaxation zu berücksichtigen.

In der Arbeit [57] wurde eine Methode zur raschen Bestimmung der optimalen Temperatur der superplastischen Deformation vorgeschlagen, die auf der Spannungsrelaxation beruht und keine Schnellregistrierung erfordert. Die Probe wird im zu untersuchenden Temperaturintervall stufenweise aufgeheizt. Bei jeder Haltetemperatur führt man einen Spannungsrelaxations-Versuch durch.

Dabei wird die Querhauptsbewegung bei einer für alle Temperaturen gleichen Belastung P_1 gestoppt. Danach bestimmt man die Relaxationszeit, die für einen bei allen Temperaturen gleichen Betrag der Lastverringerung P charakteristisch ist. Die optimale Temperatur der superplastischen Deformation wird durch das Minimum der Relaxationszeit angezeigt.

Von den Verfassern dieses Buches gemeinsam mit KOZANOV durchgeführte Untersuchungen [269] zeigten, daß diese Methode aufgrund von Schwierigkeiten bei der Einhaltung der einheitlichen Belastung P_1 bei Relaxationsbeginn eine große Streuung der Meßpunkte aufweist. Das ist die Folge davon, daß sich bei Temperaturerhöhung der Modul der Steifigkeit des Systems Probe–Maschine ändert und u. a. eine gewisse Trägheit des Systems in Erscheinung tritt. Die Methode stützt sich im wesentlichen auf eine durch Kombination von (1) und (34) erhältliche Gleichung [52, 58], mit der es möglich ist, die Spannungsänderung während des Relaxationsversuchs anzugeben:

$$\lg R = \text{const.} + (m/m - 1) \lg (t + c) \tag{37}$$

c ist eine Integrationskonstante.
Die Beziehung (37) kann in Differentialform umgeschrieben werden:

$$\mathrm{d} \lg R = (m/m - 1)\, \mathrm{d} \lg (t + c) \tag{38}$$

bzw.

$$\mathrm{d}R/R = (m/m - 1)\, \mathrm{d} \lg (t + c)$$

Durch Übergang zu Differenzen erhält man

$$\begin{aligned} \Delta R/R &= (m/m - 1) \lg (t + c) \\ &= (m/m - 1) (\lg (t_2 + c_2) - \lg (t_1 + c_1)) \end{aligned} \tag{39}$$

Im Moment des Querhauptsstillstandes ist die Relaxationszeit t_1 in (39) gleich Null. Deshalb gilt

$$\Delta R/R = (m/m - 1) (\lg (t_2 + c_2) - \lg c_1) \tag{40}$$

Weil jedoch bei einer harten Maschine die Deformation während der Spannungsrelaxation sehr klein ist, kann man die Querschnittsänderungen der Probe vernachlässigen und die Gleichung (40) in der Form

$$\Delta P/P = (m/m - 1) (\lg (t_2 + c_2) - \lg c_1) \tag{41}$$

schreiben!

Durch Vorgabe einer konstanten Belastung P für den Beginn der Relaxation und Messung der Relaxationszeiten für die gleiche Laständerung ΔP hielten die Autoren der Arbeit [57] den linken Teil der Gleichung (41) bei verschiedenen Temperaturen faktisch konstant. In diesem Falle ist die Relaxationszeit klein bei einer Temperatur, bei der m groß ist. Bei Berücksichtigung der vorliegenden Behandlung des Verfahrens [57] lassen sich experimentelle Schwierigkeiten vermeiden, wenn man anhand der Relaxationskurven die Abhängigkeit der Größe $\Delta P/P_1 \cdot \lg t$ von der Temperatur darstellt. Das Maximum einer solchen Darstellung (d. h. das Maximum von m) zeigt die optimale Temperatur der superplastischen Deformation an. Die Abschätzung eines realistischen Wertes für die Last P_1 bei Relaxationsbeginn und die Wahl eines vernünftigen Betrages ΔP der Laständerung bei jeder Kurve gestattet es, die Anforderungen an die Reproduzierbarkeit von P_1 herabzusetzen.

Zahlenwerte des Exponenten m, die mit verschiedenen Methoden bestimmt wurden, sind in den Arbeiten [38, 43, 264] enthalten. Diese Arbeiten wurden allerdings mit verschiedenen Werkstoffen durchgeführt. Ihre Ergebnisse sind widersprüchlich und erlauben es nicht, eine abschließende Empfehlung für die Wahl der günstigsten Methode zur Bestimmung von m zu geben.

2.4. Fließkurven

Die traditionelle Grundlage für das Studium der verformungsbedingten Verfestigung ist die Aufnahme von Fließkurven $R = R(\varphi)$. Eine auf diesem Wege durchgeführte Analyse des Verhaltens von superplastischen Werkstoffen wird jedoch durch die Geschwindigkeitsempfindlichkeit der Fließspannung erschwert. Bei Anwendung einer Prüfmaschine mit konstanter Dehngeschwindigkeit v verringert sich die Formänderungsgeschwindigkeit $\dot{\varphi}$ wegen der Verlängerung der Probe nach der Beziehung

$$\dot{\varphi} = \mathrm{d}L/L\,\mathrm{d}t = v/L\ , \tag{42}$$

und die Spannung R sinkt ebenfalls infolge der Vergrößerung der Formänderung φ und der Verminderung der Formänderungsgeschwindigkeit $\dot{\varphi}$. Anhand der üblichen Fließkurven $R = R(\varphi)$ für die Zugumformung ist es deshalb möglich, das Verhalten eines superplastischen Werkstoffs im gesamten Geschwindigkeitsbereich der superplastischen Deformation fälschlicherweise als Entfestigung zu deuten.

Andere Gesetzmäßigkeiten ergeben sich, wenn man den Einfluß der Formänderungsgeschwindigkeit ausschaltet [59 bis 66]. Für die Lösung dieses Problems sind zwei experimentelle Verfahrensweisen bekannt:

- Im ersten Falle führt man den Zugversuch bei konstanter Formänderungsgeschwindigkeit durch. Dazu wird in Prüfmaschinen mit Antrieb eine zusätzliche positive Rückkopplung eingebaut, um die Geschwindigkeit der Querhauptsbewegung während des Zugversuchs proportional zur Probenlänge zu vergrößern [59, 60]. Bei einer Geschwindigkeitskonstanz von 1 bis 3 % lassen sich korrekte Fließkurven bis zu Umformgraden von 150 bis 200% aufnehmen. Der Krümmungsradius einer diffusen Einschnürung ist dann noch so groß, daß sein Einfluß vernachlässigt werden darf [59, 64, 65].
- Ein anderer Weg zur Aufnahme von Fließkurven für konstante Formänderungsgeschwindigkeiten besteht darin, daß man die Zugversuche mit einer gewöhnlichen Prüfmaschine bei konstanter Geschwindigkeit der Querhauptsverschiebung durchführt und beim Übergang von den Registrier- zu den Fließkurven mit Hilfe experimenteller Werte des Exponenten m der Geschwindigkeitsempfindlichkeit eine Korrektur vornimmt. Aus (1) folgt nämlich für die auf eine konstante Formänderungsgeschwindigkeit bezogene Fließspannung die Beziehung

$$R = R_i\,(\dot{\varphi}_0/\dot{\varphi}_i)^m = P_i/S_0\,(L_i/L_0)^{m+1} \qquad (43)$$

In [65] wurde gezeigt, daß die nach den beiden Verfahren bestimmten Fließkurven bei der eutektischen Legierung PbCd bis zu Formänderungen $\varphi = 1$ ($\varepsilon = 170\,\%$) übereinstimmen. Die benötigten Werte m wurden dabei aus der Neigung von Kurven $\lg R = f(\lg\dot{\varphi})$ bestimmt, die in Versuchen mit Einzelproben ermittelt worden waren.

Die Analyse von im Zugversuch aufgenommenen Fließkurven für konstante Formänderungsgeschwindigkeit zeigt bei zweiphasigem Messing [64], Messing mit Eisen [61], den Eutektika der Systeme Pb—Cd [65] und Pb—Sn [62] sowie auch den Legierungen CuP7 [61] und TiAl6V4 [261], daß bei der Superplastizität von Legierungen bei höheren Formänderungen sowohl ein (unbedeutender) Anstieg als auch eine Abnahme der Fließspannung festgestellt werden kann (vgl. Bild 11). Bei einer Deformation mit hoher Geschwindigkeit, deren Zeitspanne kurz ist, tritt eine Verbesserung des Gefüges ein: Die von einer vorangehenden Bearbeitung herrührende Zeiligkeit und Steifigkeit verschwinden, gestreckte Gefügebestand-

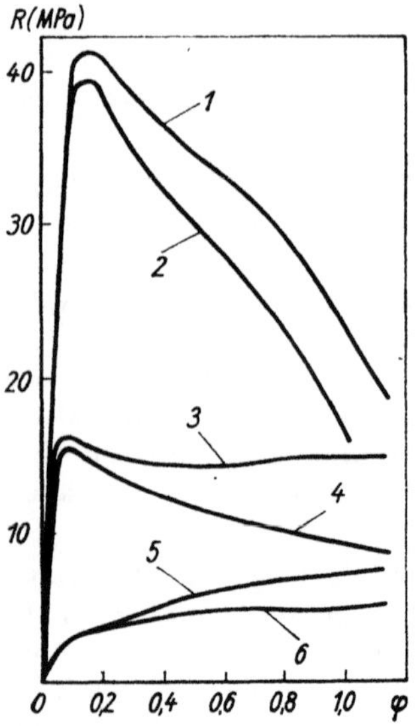

Bild 11. Fließkurven von Messing CuZn 41 bei 600 °C für Anfangs-Formänderungsgeschwindigkeiten $1 \cdot 10^{-1}$ (1,2), $1{,}1 \cdot 10^{-2}$ (3,4) und $4{,}3 \cdot 10^{-4}\,s^{-1}$ (5,6) nach Messungen von *Novikov*, *Portnoj* und *Kožanov* (Die Kurven 1, 3, 5 wurden bei konstanter Geschwindigkeit $\dot{\varphi}$ aufgenommen.)

teile zerfallen, und gerade Grenzen krümmen sich. Das alles bewirkt eine Verminderung der Fließspannung. Bei kleinen Umformgeschwindigkeiten tritt hingegen im Anschluß an die genannten Gefügeänderungen und auch parallel zu ihnen ein Kristallitwachstum der Phasen ein. Hier nimmt die Fließspannung geringfügig zu.

Im Falle einer abgeschreckten Legierung ZnAl22 wird die Fließspannung bei jeder Umformgeschwindigkeit [45] und folglich auch bei konstantem $\dot{\varphi}$ [67, 68] herabgesetzt. Wenn nach dem Abschrecken gewalzt wird, ist sie gewöhnlich noch niedriger. Der Einfluß der Formänderungsgeschwindigkeit auf den Charakter der Kurven $R = R(\varphi)$ ist jedoch der gleiche wie bei anderen Werkstoffen [67]. Die Besonderheit des Verhaltens der Legierung ZnAl22 wird durch die Zerstörung des an den Grenzen der Hochtemperaturphase gebildeten Netzes von Ausscheidungen erklärt, die beim Recken oder Walzen im Umformbereich bis $\approx 100\,\%$ eintritt (vgl. Abschnitt 3.2.).

Die erwähnte Erhöhung oder Verringerung der Fließspannung bei der Deformation superplastischer Legierungen mit konstanter Geschwindigkeit ist also ein realstrukturbedingter Effekt, der den Einfluß der Realstrukturparameter und der Kinetik ihrer Änderungen auf den Betrag des Exponenten m der Geschwindigkeitsempfindlichkeit widerspiegelt [34].

3. Die Mechanismen der superplastischen Deformation

Ein umfangreiches experimentelles Material, darunter auch die Ergebnisse direkter Gefügeuntersuchungen, belegt überzeugend, daß irgendein besonderer, bisher unbekannter und nur für die Superplastizität charakteristischer Mechanismus der Deformation kristalliner Körper nicht existiert. Es sind vielmehr die gleichen Mechanismen wirksam wie beim klassischen Kriechen, nämlich die Korngrenzengleitung, das Diffusionskriechen und das Versetzungskriechen. Die superplastische Deformation unterscheidet sich vom Kriechen nur durch eine besondere, hauptsächlich durch die geringe Korngröße des Werkstoffs bedingte Kombination dieser bekannten Mechanismen. Bei der Erklärung der Natur der Superplastizität besteht deshalb die Notwendigkeit, die beiden eng zusammenhängenden Fragen zu beantworten, welche von den genannten Mechanismen in den drei Geschwindigkeitsintervallen der superplastischen Deformation auftreten, und welche Rolle sie dort spielen.

3.1. Korngrenzengleitung

3.1.1. Grundbegriffe

Bereits in den ersten Arbeiten [1, 3] wurde die Vermutung ausgesprochen, daß die ungewöhnlich große Verlängerung der Probe bei der superplastischen Dehnung das Ergebnis einer interkristallinen Deformation in Werkstoffen mit kleinem, äquiaxialem Korn ist. Experimentell wurden folgende Merkmale der Korngrenzengleitung festgestellt: die gegenseitige Verschiebung benachbarter Körner längs der gemeinsamen Grenze, die Rotation von Nachbarkörnern und der Wechsel von Nachbarkristalliten. Der Wechsel der Nachbarkörner ist charakteristisch für die superplastische Deformation, während er unter den Bedingungen des klassischen Kriechens nur selten eintritt. Bei der normalen Umformung eines grobkörnigen Metalls ergibt sich die gesamte relativ kleine Gleichmaßdehnung der Probe (einige zehn Prozent) im Ergebnis der Streckung jedes einzelnen Korns, wobei sich die Zahl der Kristallite im Probenquerschnitt nicht verringert. Bei einer superplastischen Deformation unter optimalen Bedingungen ändert sich die Form des Einzelkorns dagegen nach Ausweis direkter Beobachtungen nur wenig. Wenn auch eine gewisse Streckung der Körner auftritt, so ist sie doch bedeutend kleiner als der Betrag der relativen Verlängerung der Probe. Im 2. Geschwindigkeitsbereich der superplastischen Deformation ist es nämlich möglich, gewaltige Dehnungen (von hunderten oder tausenden Prozent) bei konstanter oder nur wenig geänderter Kornform durch Nachbarwechsel der Kristallite zu erhalten, der zu einer Vergrößerung der Kornzahl längs der Zugachse und zu einer Verringerung der Kornzahl im Querschnitt senkrecht zur Zugachse führt.

Die gegenseitige Verschiebung von Kristalliten kann man sich als das Resultat einer lokalisierten Deformation in korngrenzennahen Bereichen [69] oder als starre Verschiebung eines Korns gegenüber einem Nachbarkristalliten (d. h. als echte Gleitung) vorstellen. Im ersten Falle muß sich eine anfänglich gerade Ritzmarke nahe einer Grenze krümmen, im zweiten Falle ohne Krümmung auf der Grenze verschieben. Der zweite Fall wurde bei der superplastischen Deformation verschiedener Legierungen mehrfach beobachtet; aber auch der erste Fall kann realisiert werden (vgl. Abschnitt 3.3.). Eine atomistische Beschreibung des Mechanismus der gegenseitigen Kornverschiebung bei der superplastischen Deformation wurde bisher nicht gegeben. Es gibt jedoch keinen Anlaß, damit zu rechnen, daß er sich prinzipiell vom Mechanismus der Gleitung beim Kriechen unterscheidet. Die sog. echte Korngrenzengleitung ist allem Anschein nach das Ergebnis der Bewegung von Korngrenzenversetzungen längs der Korngrenze [70, 71]. In Analogie zur Gleichung von Gitterversetzungen im Kristallinneren erfordert die Bewegung einer Korngrenzenversetzung in der Trennfläche benachbarter Körner deren gegenseitige Verschiebung um den Betrag eines Burgersvektors. Da der Burgersvektor von Korngrenzenversetzungen normalerweise nicht in der Korngrenzenebene liegt, erfolgt ihre Bewegung jedoch nicht nur durch Gleiten, sondern auch durch Klettern.

Das Klettern einer Korngrenzenversetzung mit einer Komponente des Burgersvektors senkrecht zur Korngrenzenebene ist (in Analogie zum Klettern von Stufenversetzungen im Gitter) mit der Emission oder Absorption von Leerstellen verbunden. Daraus folgt die wichtige Aussage, daß die Korngrenzengleitung zur Bildung von Überschußleerstellen führen kann.

Experimente mit Bikristallen [72] weisen darauf hin, daß es eine für den Beginn der Korngrenzengleitung unerläßliche Mindestspannung gibt, die als kritische Schubspannung für die Bewegung von Korngrenzenversetzungen gedeutet werden kann.

3.1.2. Modelle für den Wechsel der Nachbarkörner

Die von verschiedenen Autoren [73 bis 79] vorgeschlagenen topologischen Modelle für den Wechsel der Nachbarkörner beim Korngrenzengleiten lassen sich in zwei Gruppen zusammenfassen. Bei Modellen des ersten Typs (Permutationsmodell) erfolgt die Umordnung der Körner in einer Schicht der Probe ohne Vergrößerung der Fläche dieser Schicht; bei Modellen des zweiten Typs (Einschubmodell) wird zwischen Körnern einer gegebenen Schicht ein Korn aus einer Nachbarschicht eingebaut.

Das Permutationsmodell wurde zuerst von Rachinger [73] vorgeschlagen und an Hand der Verschiebungen von Seifenbläschen in der von ihnen zwischen zwei Glasplättchen gebildeten Schicht veranschaulicht. Im Bild 12 ist zu sehen, wie das »Korn« M im Verlaufe einer Deformation zum unmittelbaren Nachbarn des Kornes G und danach auch des Kornes C wird; die Partikeln B und H kommen in Berührung, und die ehemals benachbarten Körner C und D werden getrennt. Dabei bleiben alle Teilchen im Mittel äquiaxial. Geringfügige Änderungen ihrer Gestalt sind geometrisch unerläßlich, um den Zusammenhalt der Schicht ohne Rißbildung zu gewährleisten. Eine ähnlich geartete Kornumgruppierung, die sog. Akkomodation, wird in allen Modellen der Korngrenzengleitung angenommen.

Li [74] schlug für die superplastische Deformation ein Modell der Kornpermutation mit Beteiligung von Korngrenzenwanderung vor (Bild 13). Als wesentliches Element dieses Modells erweist sich

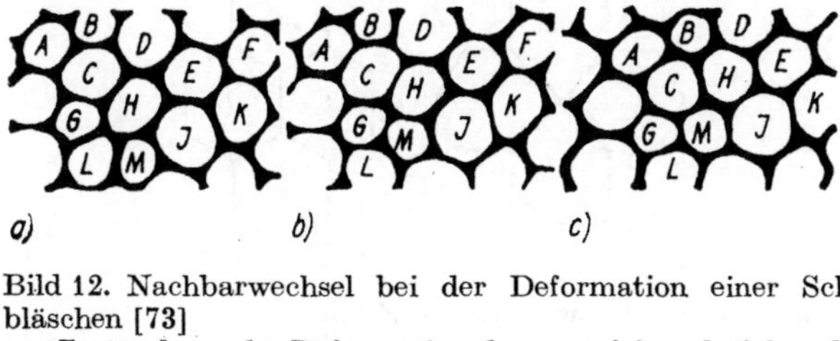

Bild 12. Nachbarwechsel bei der Deformation einer Schicht Seifenbläschen [73]
a – Zustand vor der Deformation, b, c – aufeinanderfolgende Stadien der Deformation

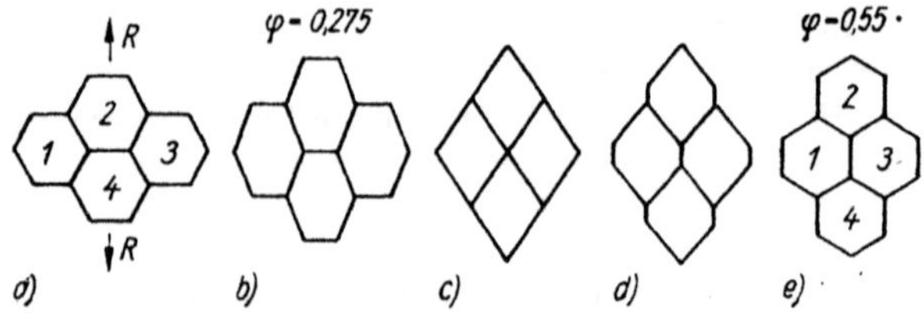

Bild 13. Permutationsmodell nach *Li* [74]

die Bildung eines Vierer-Kornzwickels aus zwei Dreierzwickeln (Bild 13a, b, c) und die anschließende Dissoziation des Viererzwickels in zwei Dreierzwickel (Bild 13d, e) infolge von Korngrenzenwanderung.

Eine solche Umgruppierung ist das Analogon zu den bekannten Änderungen der Geometrie von Kornzwickeln bei der gewöhnlichen Sammelrekristallisation (vgl. etwa das Bild 83 in der Publikation [80]). Ursache der Dissoziation des Viererzwickels ist das Ungleichgewicht der darin auftretenden Grenzflächenspannungen: Die Korngrenzen wandern, bis alle Winkel in den Zwickeln etwa 120° betragen. Im Ergebnis der Umgruppierung werden die Körner 1 und 3 im Bild 13 Nachbarn, während sich die Körner 2 und 4 voneinander entfernen. Das entspricht einer Vergrößerung der Länge der von den vier Körnern gebildeten Gruppe in der Dehnungsrichtung um 73 % ($\varphi = 0{,}55$).

Das Modell von Li [74] ist anwendbar bei einem einphasigen Werkstoff. In einer zweiphasigen Legierung mit Duplexgefüge (z. B. ZnAl 22) würde eine der im Bild 13 gezeigten ähnlichen Korngrenzenwanderung jedoch eine diffusionsgesteuerte Umverteilung der Legierungsbestandteile über Entfernungen erfordern, die vergleichbar mit der Korngröße wären.

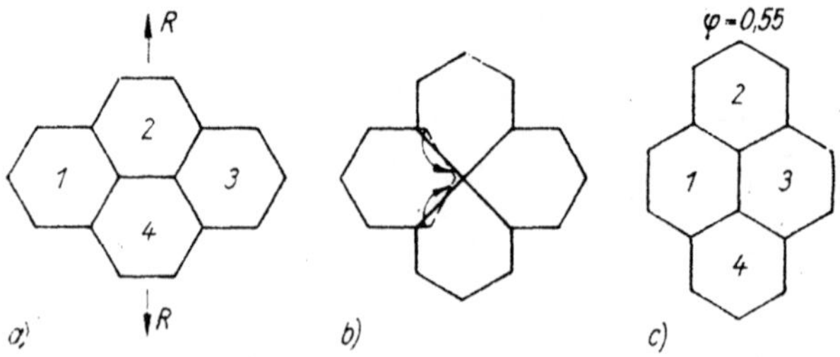

Bild 14. Permutationsmodell nach *Ashby – Verall* [75]
Die Pfeile kennzeichnen die Richtungen der Diffusionsströme, welche die Akkomodation der Körner gewährleisten.

Ein häufig zitiertes Modell, das in seinen topologischen Verhältnissen dem Modell Li [74] nahesteht, schlugen Ashby und Verrall [75] vor (Bild 14). Die Anfangs- und Endlagen der in diesem Falle als sechseckig angenommenen Körner und der Betrag der Verlängerung bei der Umordnung einer Vierergruppe von Körnern sind in beiden Modellen gleich. Der wesentliche Unterschied besteht im Akkomodationsmechanismus des Korngrenzengleitens: Im Modell von Ashby und Verrall wird sie durch einen diffusionsgesteuerten Massentransport längs der Grenzen oder durch das Volumen der Kristallite (vgl. die Pfeile im Bild 14b) gewährleistet. Später wurde unter Beteiligung dieser Autoren auch ein Permutationsmodell mit quadratischen Körnern entwickelt [78], das sich von dem in [74] behandelten in der Geometrie der Zwischenlagen (es wird ein quadratisches Korngrenzennetz angenommen) unterscheidet.

Wie im ursprünglichen Modell von Ashby und Verrall [75] wird auch hier die Akkomodation nicht durch Korngrenzenwanderung, sondern durch diffusionsgesteuerten Massentransport realisiert. Kurze Diffusionswege gewährleisten die Akkomodation bei der Permutation der Körner sowohl im einphasigen Werkstoff als auch in einer zweiphasigen Legierung mit Duplexgefüge.

Alle Modelle der Kornpermutation sind zweidimensional. Sie führen deshalb nicht zu der Oberflächenvergrößerung der Probe, die bei jeder Zugumformung eintritt. (Eine Formänderung $\varphi = 0{,}55$ bzw. Dehnung $\varepsilon = 73\,\%$ bewirkt z. B. eine Oberflächenzunahme von 31,6 %!) Modelle für den Korneinschub, der die Vergrößerung der Oberfläche hervorruft, wurden in den Arbeiten [76, 79] vorgeschlagen. Im Bild 15 werden Vorstellungen von Gifkins [79] verdeutlicht. Die Verschiebung der Körner 1 bis 4 führt zur Bildung eines Zwischenraumes (im Bild 15a gestrichelt). Im Verlauf der Deformation vergrößert sich dieser Zwischenraum und wird von einem Korn 5 ausgefüllt (Bild 15b), das aus einer Nachbarschicht

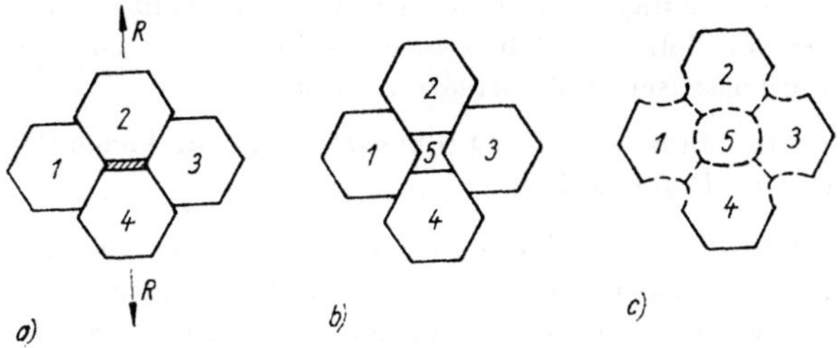

Bild 15. Modell des Korneinschubes nach *Gifkins* [79]

(außerhalb der Zeichenebene) in die Korngruppe eingebaut wird. Der anschließende Schritt ist eine Korngrenzenwanderung bis zu einer Konfiguration der Dreierzwickel, die dem Gleichgewicht nahekommt (Bild 15c). Das Modell des Korneinschubes funktioniert bei beliebiger Gestalt und Gruppierung der Kristallite (und nicht nur bei regulären Sechsecken) und gewährleistet stets die Vergrößerung der Probenoberfläche. Aus ihm geht unmittelbar hervor, daß je größer der Probenquerschnitt (d. h., je größer die Zahl der Körner in diesem Querschnitt) ist, desto größer die Dehnung der Probe wird.

Das Erscheinungsbild der komplizierten Umgruppierung von Körnern mit verschiedenartiger und irregulärer Gestalt wird natürlich in allen Fällen stark vereinfacht. Das Wichtigste, was die Modelle des Nachbarwechsels illustrieren, ist jedoch die Vergrößerung der Kornzahl längs der Zugachse, dank derer sich sehr große Verlängerungen der Probe erzielen lassen.

3.1.3. Experimentelle Ergebnisse zur Korngrenzengleitung

Die Korngrenzengleitung wurde sowohl an der Oberfläche als auch im Volumen von Probenkörpern untersucht. Die dabei verwendeten topographischen Methoden umfassen die Lichtmikroskopie [77, 81—83], die Abdruck-Elektronenmikroskopie [12, 84—86] und die Raster-Elektronenmikroskopie [76, 77, 87—89]. Die Lichtmikroskopie ist allerdings nur für das Studium der Korngrenzengleitung in Objekten mit relativ grobem Korn geeignet. Für die Untersuchung von Werkstoffen mit Kornabmessungen im μm-Bereich muß man die Elektronenmikroskopie anwenden. Hierbei sind zwei Verfahren gebräuchlich:

1. die Analyse des im statistischen Mittel vorliegenden Erscheinungsbildes des Gefüges durch fotografische Aufnahme einer genügend großen Zahl willkürlich ausgewählter Stellen vor und nach der superplastischen Deformation sowie
2. die gezielte Aufnahme derselben Probenstellen vor und nach der superplastischen Deformation.

Das erste Verfahren ist methodisch weniger schwierig. Die Zielpräparation eines Abdruckes liefert weitaus vollständigere Informationen über wichtige Details der gegenseitigen Kornverschiebung, ist aber äußerst aufwendig.

Eine Unzulänglichkeit der Abdrucktechnik besteht darin, daß die Möglichkeit einer quantitativen Analyse der Korngrenzengleitung nur bis zu relativ kleinen Umformgraden ($\varepsilon \approx 50...60\,\%$) gegeben ist; bei höheren Formänderungen stört das ausgeprägte Relief der Probenoberfläche eine solche Analyse.

Im Gegensatz zur Abdrucktechnik erlaubt es die Raster-Elektronenmikroskopie, die Korngrenzengleitung dynamisch, d. h. unmittelbar während der superplastischen Deformation der Probe unter dem Elektronenstrahl und bis zu sehr großen Dehnungen zu beobachten. Wegen ihrer geringen Auflösung liefert sie jedoch wichtige Details der Korngrenzengleitung nicht und wird deshalb hauptsächlich zur qualitativen Analyse herangezogen. Der wichtigste Vorzug der Abdruck-Elektronenmikroskopie ist ihre hohe Auflösung, die Klarheit ihrer Gefügebilder, die eine quantitative Analyse der Korngrenzengleitung in Legierungen mit Kornabmessungen der Größenordnung 1 μm erlaubt.

Bei der Anwendung von topographischen Untersuchungsverfahren entsteht natürlich die Frage, inwieweit die Korngrenzengleitung an der Oberfläche die Vorgänge im Probenvolumen widerspiegelt. Im Zusammenhang damit sind einige wenige Arbeiten sehr wichtig, in denen die Korngrenzengleitung im Volumen untersucht wurde. Die ersten Experimente solcher Art wurden an grobkörnigen Proben durchgeführt, deren Deformation durch Kriechen erfolgte und die innere Marken in Form von Reihen von Teilchen einer inerten Phase enthielten. In der Arbeit [90] wurden diese inneren Marken in Aluminium auf folgende Weise eingebracht: Eine aus polierten, durch Oxidschicht voneinander getrennten Stäben zusammengesetzte Probe wurde heißgepreßt, so daß sie verschweißte, und anschließend gewalzt und angelassen. Im Schliff verlief dann eine Zeile feindisperser Al_2O_3-Teilchen durch das Volumen und die Grenzen von Körnern. Nach einem Kriechvorgang bei 260 °C war die Oxidzeile an den Korngrenzen verschoben. Die Beträge der Verschiebungen nahe der Probenoberfläche und in weiterem Abstand von ihr unterschieden sich dabei nur wenig. In der Arbeit [91] ergaben die im Ergebnis eines Kriechens bei 400 °C bzw. 800 °C eingetretenen Verschiebungen von künstlich eingebrachten Zeilen von Aluminiumoxid in Aluminiumbronzen sowie auch von natürlichen Zeilen nichtmettallischer Einschlüsse in nichtrostendem Stahl die gleichen Beträge von Korngrenzengleitung wie Messungen von Stufenhöhen an der Probenoberfläche. In einer wasserstoffbeladenen Mg-Zr-Legierung mit 0,55 Ma.-% Zr und einer Korngröße von etwa 100 μm dienten als innere Marken Zeilen von Teilchen des Zirkonhydrids [92]. Während eines Kriechens dieser Legierung bei 450 °C wiesen die Verschiebungen der Hydridzeilen an den Korngrenzen im Volumen und die Verschiebungen von Ritzmarken an der Oberfläche der Probe die gleichen Beträge der Korngrenzengleitung aus.

Eine ähnliche Arbeit wurde mit einer superplastischen Legierung des Systems Al—Zn—Mg—Zr durchgeführt, die 9,3 Ma.-% Zn 1 Ma.-% Mg und 0,22 Ma.-% Zr enthielt [77]. Zwischen zwei polierte Plättchen des Werkstoffs wurde eine Aluminiumfolie eingeschoben. Durch Warmpreßschweißen bildete sich in der Probe eine Schicht aus Aluminiumoxid, die als innere Marke diente. Das so zusammengesetzte Probenmaterial wurde heißgepreßt, kaltgewalzt und danach bei 520 °C bis zur Einstellung einer Korngröße von 9,8 μm angelassen. Beim Ätzen eines Schliffes dieses Materials wurden ununterbrochene Zeilen diskreter Partikeln von Aluminiumoxid sichtbar, welche die Korngrenzen schnitten. Nach einer superplastischen Deformation, die mit verschiedenen Formänderungsgeschwindigkeiten bei 520 °C bis zu einem Umformgrad von 200 % durchgeführt wurde, war es an Hand von Schliffen lichtmikroskopisch möglich, aus den Lageänderungen der inneren Marken auf die Korngrenzengleitung im Probenvolumen zu schließen. Wie auch bei topographischen Untersuchungen (d. h. über die Verschiebung von Ritzmarken) wurde ein Maximum der Korngrenzengleitung bei Formänderungsgeschwindigkeiten beobachtet, die dem Maximum des Exponenten m entsprechen, und das allgemeine Erscheinungsbild der gegenseitigen Verschiebungen von Kristalliten war dasselbe wie an der Oberfläche.

Sehr wertvolle Informationen über das Korngrenzengleiten im Volumen lieferten bisher einmalige Versuche zur Zugumformung von dicken Folien (Dicke 4 μm) einer Legierung ZnAl22, die bei 100 °C in einem Durchstrahlungs-Elektronenmikroskop mit einer Beschleunigungsspannung von 1000 kV vorgenommen wurden [93, 94]. Unmittelbar während der superplastischen Deformation aufgenommene Fotografien desselben Folienbereiches wiesen die gleichen Grundmerkmale der Korngrenzengleitung aus, die bei oberflächentopografischen Untersuchungen in Erscheinung treten. Die Ergebnisse der Untersuchungen des Korngrenzengleitens mit Hilfe von inneren Marken und der Durchstrahlung dicker Folien lassen daher die Feststellung zu, daß die universeller einsetzbaren oberflächentopographischen Methoden für das Studium der Gesetzmäßigkeiten der Korngrenzengleitung bei superplastischer Deformation völlig ausreichen.

Gegenwärtig liegen bereits zahlreiche direkte Beweise für die bedeutende Rolle der Korngrenzengleitung bei der superplastischen

Deformation vor. Die gegenseitige Verschiebung von Körnern wurde quantitativ an Hand der Verschiebungen von Ritzmarken an Korngrenzen sowie an Hand der Höhen von Oberflächenstufen untersucht. Die Verschiebungen von Ritzmarken wurden dabei lichtmikroskopisch [81, 82] und auch elektronenmikroskopisch an Abdrücken [12, 81, 86] gemessen. Die Höhe von Oberflächenstufen ermittelte man bei verhältnismäßig grobem Korn mit Hilfe der Interferenzmikroskopie [83, 95], bei ultrafeinem Korn an Hand der Schattenbreite auf Abdrücken, die unter einem Winkel von 20° bedampft wurden [85, 96], oder mit einer Stereo-Abdrucktechnik [86, 97] (Bild 16). Die Verschiebungen der Ritzmarken und die Stufenhöhen nehmen mit der Vergrößerung des Umformgrades zu.

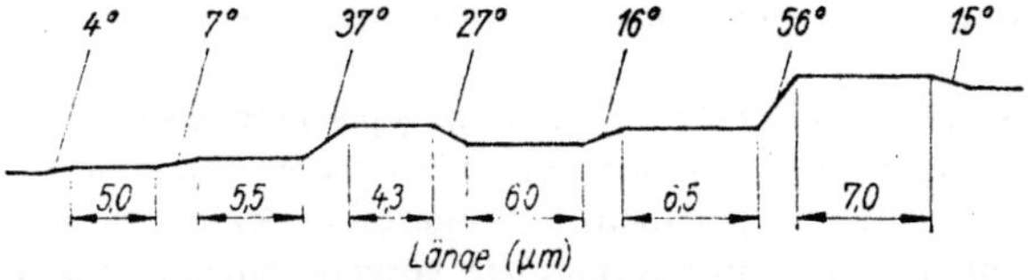

Bild 16. Oberflächenprofil einer Probe der Legierung ZnAl 22 nach superplastischer Deformation bei 250 °C unter optimalen Bedingungen [97]
Die Abschnitte mit Angabe des Neigungswinkels sind Streifenbänder.

In den Arbeiten [83, 96] wurde eine Anisotropie der Korngrenzengleitung festgestellt. Die Vertikalkomponente der Kornverschiebung ist im ersten Geschwindigkeitsbereich der superplastischen Deformation bei Grenzen quer zur Zugrichtung größer als bei solchen, die längs zur Zugachse orientiert sind oder einen Winkel von 45° mit ihr einschließen. Im zweiten und dritten Geschwindigkeitsbereich verringert sich die Differenz, und die Maximalverschiebung wird bei den 45°- Grenzen beobachtet.

In einer zweiphasigen Legierung mit Duplexgefüge findet Korngrenzengleitung an Grenzen verschiedenen Typs in unterschiedlichem Maße statt. Bei der Legierung ZnAl 22 und bei $(\alpha + \beta)$-Messing ist die Korngrenzengleitung über Phasengrenzen stärker ausgeprägt als die über die Korngrenzen einer Phase. Man beobachtete das während der Deformation einer Folie der Legierung ZnAl 22 im Elektronenmikroskop [94] sowie bei der Messung von Stufenhöhen an der Probenoberfläche von α/β-Messing mit 40,5 Ma.-% Zn [98]. Bei 600 °C und einer Formänderungsgeschwindigkeit $\dot{\varphi} = 7{,}7 \cdot 10^{-5}\ \mathrm{s}^{-1}$ nahm die aus den mittleren Stufenhöhen während der Umformung abgeschätzte Geschwindigkeit der Korngrenzengleitung von zweiphasigem Messing [98] folgende Werte an:

Grenzflächentyp	α/β	α/α	β/β
v_{KGGl}/cm s^{-1}	$15 \cdot 10^{-8}$	$8{,}6 \cdot 10^{-8}$	$6{,}8 \cdot 10^{-8}$

In der Legierung SnPb 38 tritt die Korngrenzengleitung stärker an den Sn/Sn-Grenzen, weniger an den Sn/Pb-Phasengrenzen und nur selten an Pb/Pb-Korngrenzen in Erscheinung [99].

Mit der erhöhten Geschwindigkeit der Korngrenzengleitung an Grenzflächen eines bestimmten Typs kann man die in der Arbeit [100] bei der Torsion von Proben der eutektischen Legierungen Pb—Sn und Cd—Sn festgestellte merkwürdige räumliche Verteilung der Phasen erklären, bei der sich gleichartige Körner in Konglomeraten vereinigen und das Gefüge sehr inhomogen wird.

Der Wechsel der Nachbarkörner, die wohl typischste Erscheinung der Korngrenzengleitung bei der superplastischen Deformation, wurde in verschiedenen Experimenten festgestellt. Bei der während einer Umformung bei Raumtemperatur vorgenommenen rasterelektronenmikroskopischen Analyse einer Pb-Sn-Legierung wurde deutlich sichtbar, wie sich die Körner um große Abstände voneinander entfernen [89]. Gleichzeitig kamen Körner aus dem Probeninneren an die Oberfläche. Bei geringen Formänderungen treten zwischen benachbarten Kristalliten kleine spaltenförmige Hohlräume auf, die sich allmählich öffnen und mit Körnern aus Schichten unterhalb der Probenoberfläche ausgefüllt werden. (Hier besteht völlige Übereinstimmung mit dem Modell von Gifkins [79], vgl. Bild 15.) Körner, deren Grenzen annähernd senkrecht oder parallel zur Zugachse liegen, entfernen sich dabei voneinander mit kleineren Geschwindigkeiten als Kristallite, die Grenzen mit anderen Orientierungen haben.

Bei großen Beträgen der superplastischen Deformation beobachtete man im Raster-Elektronenmikroskop die Tendenz zur Ansammlung einer bedeutenden Zahl von Körnern in Gruppen, innerhalb derer keine Korngrenzengleitung auftritt [87, 88]. In einer massiven, bei 100 °C im Durchstrahlungs-Elektronenmikroskop gereckten Folie der Legierung ZnAl 22 war zu erkennen, wie sich die Körner der α-Phase voneinander entfernen und zwischen ihnen Kristallite der β-Phase in Erscheinung traten. Ein solcher Wechsel der Nachbarkörner entspricht dem Modell des Kristalliteinschubes (vgl. Bild 15 sowie die Ausführungen im Abschnitt 3.2.). An derselben Folie wurde deutlich, wie sich benachbarte Kristallite der α-Phase trennten, um in Kontakt mit Körnern der β-Phase zu kommen. Diese Art des Nachbarwechsels entspricht dem Permutationsmodell (vgl. etwa Bild 14).

Gifkins [79] machte darauf aufmerksam, daß die Umgruppierung der Körner in der Folie der Legierung ZnAl 22 (Bild 9 der Publikation [94]) unter Bedingungen vor sich ging, bei denen die Foliendicke 1 bis 1,5 Korndurchmesser betrug. Die Probe ist in diesem Falle praktisch zweidimensional, und außer der Permutation gibt es keinen anderen Mechanismus des Nachbarwechsels, bei dem die Größe und die Form der Körner unverändert bleiben. Das Permutationsmodell von Ashby und Verrall [75] sollte deshalb nach [79] nicht typisch für massives Material sein, wo das Hauptmerkmal der Korngrenzengleitung im Korneinschub aus Nachbarschichten bestehen müßte. Diese Behauptung wird allerdings durch Beobachtungen von Kornumgruppierungen widerlegt, die mit Hilfe der Zielpräparation von Oberflächenabdrücken einer massiven Legierung ZnAl 22 durchgeführt wurden. Bei der Gegenüberstellung von nacheinander bei verschiedenen Umformgraden aufgenommenen Bildern desselben Oberflächenbereiches der gereckten Probe läßt sich ein Nachbarwechsel direkt nachweisen, der die grundlegenden topologischen Merkmale der Permutationsmodelle zeigt. Im Bild 17 haben sich z. B. die Nachbarkörner 1 und 3 der α-Phase längs der Zugachse voneinander entfernt, während sich die Körner 2 und 4 in der dazu senkrechten Richtung unter Bildung einer neuen β/β-Grenze annäherten. Auch die Zielpräparation der Oberfläche einer Berylliumprobe in aufeinanderfolgenden Stadien der superplastischen Deformation bei 600 °C (Korngröße 12 μm) zeigt eine Umlagerung der Körner, die dem Permutationsmodell entspricht [101]. Ein Einbau von Körnern aus tiefliegenden Schichten in die Probenoberfläche, wie ihn das Modell von Gifkins [74] annimmt, wurde von den Autoren des vorliegenden Buches bei der Anwendung der Zielpräparation von Oberflächenabdrücken auf die Legierung ZnAl 22 nach Zugumformung bei 150 °C bis 250 °C bis zu Umformgraden von etwa 60 % nicht beobachtet [116]. Der Wechsel der Nachbarkörner bei der superplastischen Deformation erfolgt demnach bei den einen Werkstoffen (Pb—Sn bei 20 °C, vgl. [89]) in Übereinstimmung mit dem Modell des Korneinschubes, bei anderen dagegen (ZnAl 22 bei 150 °C und 250 °C) in Übereinstimmung mit dem Permutationsmodell. Die Gründe dafür werden im Abschnitt 3.6. diskutiert. Man kann annehmen, daß in Abhängigkeit von der Art des Werkstoffs und den Umformbedingungen beide Typen des Nachbarwechsels auftreten. Die tatsächlichen Vorgänge werden allerdings wegen der unterschiedlichen und irregulären Kornform, der Deformationsinhomogenität in den Mikrovolumina und auch

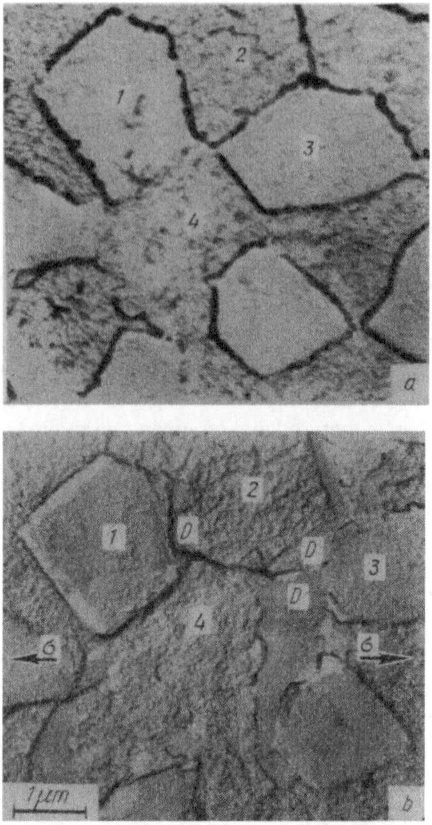

Bild 17. Gefügebilder derselben Stelle einer Probenoberfläche der Legierung ZnAl 22 vor (a) und nach (b) superplastischer Deformation ($\varepsilon = 24\%$) mit optimaler Geschwindigkeit bei 250 °C (D – Deformationszone bzw. Streifenband) nach Untersuchungen von *Novikov*, *Portnoj* und *Levčenko*

auf Grund unterschiedlicher Akkomodationsbedingungen sehr vielschichtig und kaum modellierbar sein.

3.1.4. Korndrehungen

Die gegenseitigen Verschiebungen und die Umgruppierungen der Körner bei der superplastischen Deformation sind stets von Kristallitdrehungen begleitet, die man schon lange an Hand der

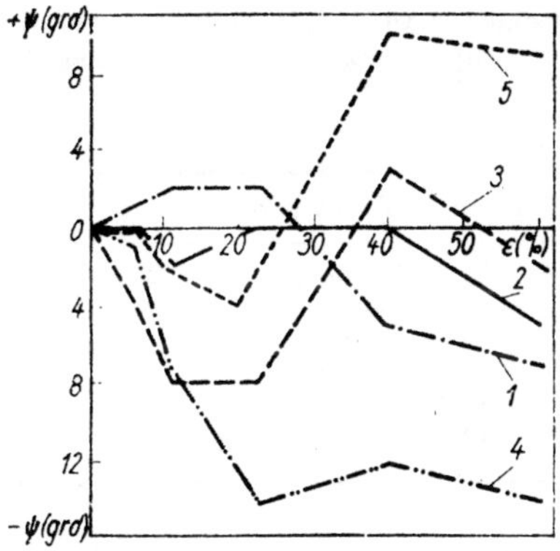

Bild 18. Abhängigkeit des Verdrehwinkels ψ von Körnern der Legierung ZnAl 22 (vgl. Bild 17) vom Umformgrad bei 250 °C und optimaler Geschwindigkeit [116]
(1, 4, 5 – Körner der α-Phase; 2, 3 – Körner der β-Phase)

Krümmung von Ritzmarken auf der Werkstoffoberfläche bemerkt hatte. Die Zielpräparation von Abdrücken erlaubte es, die Drehungen spezieller Körner bei der Zunahme des Umformgrades zu verfolgen (Bild 18). Die Beurteilung der Kornrotation erfolgte über Messungen des Winkels zwischen der Zugachse und einer Sehne, die zwei willkürlich ausgewählte Punkte des Kornes verband. Dieser Winkel wurde mit einer Genauigkeit von $\pm$ 2° gemessen und diente als quantitatives Maß für die Drehung des Korns in der Ebene der Probenoberfläche.

Die Zunahme der Korndrehung mit dem Umformgrad erfolgt chaotisch und ungleichmäßig. Es ist jedoch möglich, die Änderung der Richtung der Drehung zu beobachten (Bild 18). Bei geringen Umformgraden bleibt eine bedeutende Zahl von Körnern unverdreht oder, genauer gesagt, der Winkel ihrer möglichen Rotation übersteigt 2° nicht. Mit der Zunahme des Umformgrades wächst die Zahl der Kristallite mit größeren Verdrehungswinkeln, und die Zahl der nicht an der Rotation teilnehmenden Körner wird kleiner. In den Tabellen 1 und 2 werden Meßergebnisse der Korndrehung in der Legierung ZnAl 22 ohne Berücksichtigung ihrer Zugehörigkeit zu verschiedenen Phasen vorgestellt, da sich die allgemeinen Gesetzmäßigkeiten der Rotation von α- und β-Körnern als gleich erwiesen.

Der maximale Winkel der Korndrehung bei der Legierung ZnAl22 betrug etwa 30° bei Umformgraden von 40 bis 60 %. Bei einer Legierung des Systems Al—Zn—Mg—Zr [77] erreichte er nach einer Deformation um 200 % etwa 45°. Es ist einleuchtend, daß eine solche kräftige, statistisch regellose Drehung der Körner zum Verschwinden einer im Ausgangsmaterial vorhandenen Textur führen muß. Die Schwächung der Ausgangstextur durch eine superplastische

Tabelle 1. Anteil der Körner mit einem bestimmten Drehwinkel ψ bei verschiedenen Umformgraden einer superplastischen Deformation der Legierung ZnAl 22 ($T = 250\,°C$; $\dot{\varphi} = 1{,}7\ 10^{-3}s^{-1}$) nach *Novikov, Portnoj* und *Levčenko*

ε (%)	Anteil der Körner [%] mit einem Drehwinkel ψ [°] =						
	0	0...5	5...10	10...15	15...20	20...25	25...30
10	22,8	68	8	1	0,2	—	—
20	20	56,8	20	2,9	0,3	—	—
40	11,4	35,2	31,5	16,2	3,7	1,8	0,2
60	15,3	30,3	34,2	14,5	3,1	1,8	0,8

Tabelle 2. Anteil der Körner mit einem bestimmten Drehwinkel ψ bei verschiedenen Geschwindigkeiten $\dot{\varphi}$ einer superplastischen Dehnung der Legierung ZnAl 22 um 25% (*Novikov, Portnoj* und *Levčenko*)

$\dot{\varphi}$ (s^{-1})	m	Anteil der Körner [%] mit einem Drehwinkel ψ [°] =					
		0	0...5	5...10	10...15	15...20	20...25
*Temperatur 250°*C							
$7 \cdot 10^{-5}$	0,32	26	59	13	2	—	—
$1{,}7 \cdot 10^{-3}$	0,45	23	63	12	2	—	—
$2{,}4 \cdot 10^{-1}$	0,33	33	40	22	4,5	0,5	—
*Temperatur 150°*C							
$7 \cdot 10^{-5}$	0,32	38	45	17	—	—	—
$7 \cdot 10^{-4}$	0,41	37	28	29	5	1	—
$7 \cdot 10^{-3}$	0,17	32	25	28	9	5	1

Deformation unter optimalen Bedingungen wurde auch tatsächlich in zahlreichen Arbeiten beobachtet (vgl. die Übersichtsdarstellungen [11, 13]).

Die Rotation der Körner kann man sowohl als ein spezifisches Element der Korngrenzengleitung als auch als Begleitprozeß der Akkomodation betrachten, der die Erhaltung des Zusammenhaltes des Werkstoffes vermittelt. Wenn alle Kristallite Parallelepipede mit Grenzen parallel zur Zugachse wären, dann brauchte die gegenseitige Verschiebung der Körner nicht von einer Drehung begleitet zu sein. Bei irregulärem Verlauf der Kristallitgrenzen hilft die Korndrehung der Entstehung von Mikro-Hohlräumen an den Grenzen vorzubeugen. Die Regellosigkeit der Drehungen ist dadurch bedingt, daß sich während der superplastischen Deformation ständig die nächste Umgebung der Körner ändert. Dementsprechend verändern sich auch der Betrag und die Richtung der für die Akkomodation unerläßlichen Kornrotationen.

Die gesamte Akkomodation kann die Korndrehung allerdings nicht gewährleisten. Dafür sind noch andere Prozesse notwendig. Einer davon ist der diffusionsgesteuerte Massentransport (vgl. Abschnitt 3.2.). In dem Maße, wie sich sein Beitrag zur Akkomodation der Korngrenzengleitung mit einer Zunahme der Formänderungsgeschwindigkeit und/oder einer Herabsetzung der Temperatur verringert, steigt die Intensität der Akkomodation durch Kornrotation an (Tabelle 2).

3.2. Gerichteter diffusionsgesteuerter Massetransport

Die bedeutende Rolle der Korngrenzengleitung bei der superplastischen Deformation ist längst allgemein anerkannt; die Frage nach dem Mechanismus der Akkomodation beim Korngrenzengleiten ist dagegen noch sehr umstritten und wird gegenwärtig in der Literatur aktiv diskutiert.

Die erste Hypothese des Akkomodationsmechanismus der Korngrenzengleitung (Ausheilen von Störstellen) legte Bočvar [3] vor und behandelte ihn als diffusionsgesteuerten Massentransport. Avery und Backofen [113] entwickelten die Hypothese des Diffusionskriechens bei der superplastischen Deformation. In zahlreichen nachfolgenden Artikeln verschiedener Autoren wurde dieses Diffusionskriechen als der wesentliche Akkomodationsprozeß der Korngrenzengleitung und ein selbständiger Mechanismus der superplastischen Deformation diskutiert. Quantitativ und am meisten ins Detail gehend wurde der Diffusionsmechanismus der Akkomodation beim Korngrenzengleiten in den Arbeiten von Ashby und Mitarbeitern [75, 78] analysiert. Die Verfasser der Monographien [11, 12] sowie auch einer Reihe neuerer Publikationen, wie z. B. [79, 102], leugnen dagegen die bestimmende Rolle reiner Diffusionsprozesse bei der Akkomodation der Korngrenzengleitung und der superplastischen Deformation.

Die modernen Vorstellungen über das Diffusionskriechen laufen auf folgendes hinaus: An Korngrenzen, die sich unter der Wirkung einer Zugspannung R befinden, ist die Energie der Leerstellenbildung um den Betrag $R \cdot \Omega$ (Ω-Atomvolumen) erniedrigt und die Leerstellenkonzentration höher als an einer Grenze, die unter der Wirkung einer Druckspannung steht, und wo die Leerstellenbildungsenergie um den Betrag $R \cdot \Omega$ erhöht ist. Der Gradient der Leerstellenkonzentration ruft eine gerichtete Wanderung der

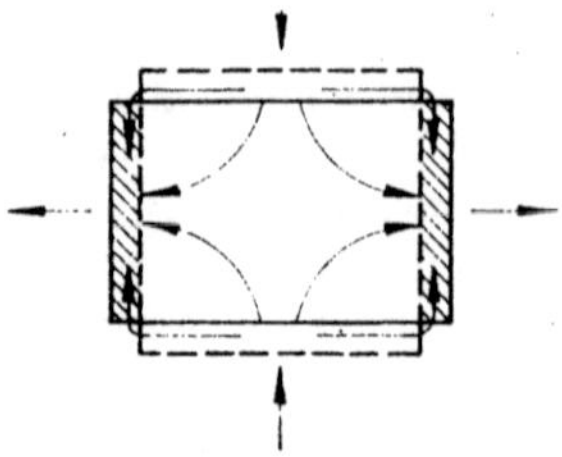

Bild 19. Schematische Darstellung eines Kornes im Vielkristall vor (Punktierung) und nach dem Diffusionskriechen

Defekte hervor. Dem Leerstellenstrom äquivalent ist dabei ein entgegengerichteter Strom von Atomen (vgl. die Pfeile im Bild 19) von den unter Druck stehenden zu den unter Zugspannung befindlichen Korngrenzen. Das führt zu einem Materialzuwachs (vgl. die Schraffur im Bild 19) an den gereckten Grenzen bei gleichzeitiger Verkürzung des Kornes in anderer Richtung. Auf Grund des gerichteten diffusionsgesteuerten Massetransports innerhalb jedes Kornes und der damit verbundenen Vergrößerung der Abmessungen einer Vielzahl von Kristalliten längs der Zugachse verlängert sich die gesamte polykristalline Probe; sie erfährt Diffusionskriechen. Man unterscheidet zwei Formen des Diffusionskriechens:

- das NABARRO-HERRING-Triechen, bei dem die Diffusionsströme durch das Kornvolumen verlaufen, und
- das COBLE-Kriechen, wo diese Ströme über die Korngrenzen gehen.

Die Geschwindigkeit des NABARRO-HERRING-Kriechens ist

$$\dot{\varphi}_{\mathrm{NH}} = B\,(R\Omega/\mathrm{k}T)\,(D_{\mathrm{vol}}/d^2) \tag{44}$$

Hierbei ist D_{vol} der Koeffizient der Volumendiffusion, d die mittlere Korngröße, k die BOLTZMANN-Konstante, T die Temperatur und B eine von der Kornform abhängende numerische Konstante [104]. Die Geschwindigkeit des COBLE-Kriechens lautet:

$$\dot{\varphi}_{\mathrm{C}} = B'\,(R\Omega/\mathrm{k}T)\,(\omega D_{\mathrm{KG}}/\mathrm{d}^3) \tag{45}$$

In dieser Formel bezeichnet D_{KG} den Koeffizienten der Korngrenzendiffusion, und ω ist die den Querschnitt für den Diffusionsstrom bestimmende Breite der Korngrenze.

Die Diffusionsströme durch das Volumen und über die Korngrenzen sind gleichzeitig vorhanden. In Abhängigkeit von den Umformbedingungen und der Realstruktur kann jedoch eine der beiden Formen des Diffusionskriechens überwiegen. Das folgt auch aus einer Gegenüberstellung der Gleichungen (44) und (45).

Die Temperaturabhängigkeit des Diffusionskoeffizienten wird durch die Aktivierungsenergie Q der Diffusion bestimmt:

$$D = D_0 \exp(-Q/kT) \tag{46}$$

Die Aktivierungsenergie der Korngrenzendiffusion ist kleiner als die der Volumendiffusion: $Q_{KG} \approx (0{,}35 \ldots 0{,}70) \cdot Q_{vol}$ [105]. Der Koeffizient der Volumendiffusion wird daher durch eine Temperaturerniedrigung stärker verringert als der Koeffizient der Korngrenzendiffusion, und bei hinreichend niedrigen Temperaturen sollte das COBLE-Kriechen dominieren.

In der Arbeit [106] wurde gezeigt, daß bei Metallen mit hexagonalem Gitter und einem weit vom Idealwert der hexagonal-dichtesten Kugelpackung entfernten Achsenverhältnis (z. B. Zn, Cd) die (in homologen Temperaturen T/T_s ausgedrückte) Temperaturgrenze für ein überwiegendes NABARRO-HERRING-Kriechen niedriger liegt als bei Werkstoffen mit kfz. Struktur. Bei einer Korngröße von 32 μm beträgt die untere Grenze für dominierendes NABARRO-HERRING-Kriechen z. B. beim Nickel etwa 0,9 T_s, beim Kadmium jedoch nur etwa 0,65 T_s.

Ein weiteres wichtiges Merkmal des COBLE-Kriechens ist die stärkere Abhängigkeit seiner Geschwindigkeit von der Korngröße. Das COBLE-Kriechen ist deshalb besonders wahrscheinlich bei Werkstoffen mit ultrafeinem Korn.

Bis in die jüngere Vergangenheit war die Ansicht verbreitet, daß das Diffusionskriechen für die Betriebspraxis von beanspruchten Teilen wenig interessant sei, weil es nur im Gebiet sehr hoher homologer Temperaturen auftreten kann (vgl. etwa das Kriechdiagramm von WEERTMANN [107, S. 219]). Nachdem jedoch bei verschiedenen Metallen und Legierungen (Fe, Cu, Ni, Ag, Zr, Mg, Pb, Cd u. a.) Beweise für das Auftreten von COBLE-Kriechen bei relativ niedrigen homologen Temperaturen (0,4 T_s bis 0,6 T_s; [104, 108]) gefunden wurden, begann sich die Einstellung zum Diffusionskriechen als einer Form des Diffusionsmechanismus zu verändern. Es wurde klar, daß das Diffusionskriechen nicht weniger wichtig ist als das Versetzungskriechen und daß es sich unter realen Betriebsbedingungen als bestimmender Faktor für das Verhalten vieler technischer Werkstoffe erweisen kann.

Das Diffusionskriechen wird stets von echter Korngrenzengleitung (d. h. von gegenseitigen Verschiebungen der Körner entlang ihrer Grenzen) begleitet. Im entgegengesetzten Falle, d. h. ohne Beteiligung des Korngrenzengleitens, würde es unvermeidlich zur Dekohäsion an den Korngrenzen kommen [109]. Schematisch ist das im Bild 20 dargestellt. In den zunächst als reguläre Sechsecke

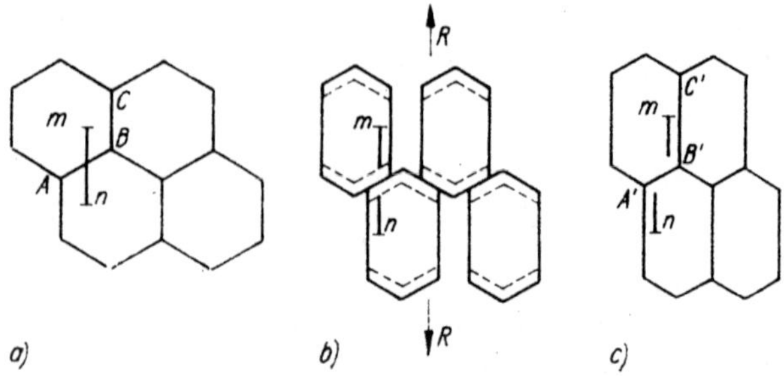

Bild 20. Vier Körner im Anfangszustand (a) sowie nach einem Diffusionskriechen ohne (b) und mit (c) Korngrenzengleitung

abgebildeten Körnern (Bild 20a) findet beim Diffusionskriechen ein Massentransport von den Grenzen des Typs BC (Donatorgrenzen) zu den Grenzen des Typs AB (Akzeptorgrenzen) statt, und die Körner verlängern sich in Richtung der Zugachse (Bild 20b). Auf Grund des Abwanderns von Atomen entstehen dabei an den Donatorgrenzen Lücken. Letztere treten jedoch nicht auf, wenn sich die Kristallite längs der Akzeptorengrenzen gegeneinander verschieben (Bild 20c).

Wenn durch die Grenze AB im Ausgangszustand eine Ritzmarke mn gelegt wird (Bild 20a), so würde diese bei alleinigem Diffusionskriechen (ohne Korngrenzengleitung) durch die Materialschicht unterbrochen werden, die zu beiden Seiten der Grenze durch Massentransport hinzukommt. (Die Anfangskonturen der Akzeptorgrenzen sind im Bild 20b strichliert angegeben.)

Wenn jedoch gleichzeitig mit dem Diffusionskriechen Korngrenzengleitung stattfindet, dann werden die beiden Hälften der Ritzmarke mn längs der Grenze A'B' verschoben. Die Erhaltung der Kontinuität des Werkstoffes beim Diffusionskriechen wird auf diese Weise durch wechselseitige Anpassung, durch Akkomodation der Körner auf Grund von Korngrenzengleitung gewährleistet. Die Akkomodation erweist sich damit als Bestandteil des allgemeinen Deformationsprozesses durch Diffusionskriechen.

Das Diffusionskriechen wird oft für einen klassischen Vorgang ohne Schwellenwert gehalten, der im Gegensatz zur Deformation durch Versetzungen bei beliebig kleinen Spannungen einsetzt. Das geht auch aus den Formeln (44) und (45) hervor, denen zufolge das Diffusionskriechen dem Newtonschen Gesetz des viskosen Fließens gehorcht: Die Fließgeschwindigkeit ist der Spannung direkt proportional. In den klassischen Experimenten zur Verifizierung der Gleichung von Nabarro-Herring, die bei hohen homologen Temperaturen und mit grobkörnigen Proben durchgeführt wurden, konnte keine Schwellspannung des Kriechens festgestellt werden. Beim Studium des Vorganges im Gebiet nicht so hoher homologer Temperaturen erhielt man jedoch Belege dafür, daß unterhalb einer gewissen anliegenden Spannung im allgemeinen kein Diffusionskriechen eintritt.

Die Existenz einer Schwellspannung R_s bezeichnete man lange Zeit als anomal und schrieb sie z. T. der Anwesenheit feindispener Teilchen an den Korngrenzen zu [104]. Jetzt, wo sie mit Hilfe empfindlicher Methoden beim Diffusionskriechen vieler hochreiner Metalle [110] nachgewiesen worden ist, muß man die Schwellspannung R_0 allerdings als ein spezifisches Merkmal des Diffusionskriechens anerkennen. Ihre Abhängigkeit von der Temperatur und der Korngröße läßt sich mit Hilfe der folgenden empirischen Gleichung beschreiben [104]:

$$R_s = (\mathrm{C}/d) \exp(\mathrm{U}/\mathrm{k}T) \tag{47}$$

C und U sind Konstanten. Die Schwellspannung R_0 nimmt mit wachsender Temperatur stark ab und wird bei hohen homologen Temperaturen winzig klein. Sie wurde deshalb experimentell zunächst auch nicht gefunden. Bei Verringerung der Korngröße d nimmt R_s jedoch zu, was besonders wichtig für die Analyse des Verhaltens von superplastischen Legierungen mit ultrafeinem Korn ist.

Wenn die Fließgeschwindigkeit nicht der anliegenden Spannung R, sondern nach der Gleichung

$$\dot{\varphi} = \text{const.}\,(R - R_s) \tag{48}$$

der Differenz $R - R_s$ proportional ist, gehorcht das Diffusionskriechen keinem NEWTONschen, sondern einem BINGHAMschen Fließgesetz. Diese Aussage befindet sich nicht im Widerspruch zu den Kriechgesetzen von NABARRO-HERRING und COBLE; man braucht in den Gleichungen (44) und (45) $\bar{R}$ nur durch die Differenz $R - R_s$ zu ersetzen und alle anderen Bestandteile in der Konstanten zusammenzufassen.

Die Mehrheit der modernen Theorien der Schwellspannung R_0 geht davon aus, daß die Quellen und Senken von Leerstellen an den Korngrenzen unvollkommen sind, und fordert eine gewisse kritische Spannung für ihre Aktivierung.

Es sollen nun experimentelle Beweise für die Mitwirkung des Diffusionskriechens bei der superplastischen Deformation (sowie auch gegen diese Beweise sprechende Argumente) betrachtet werden. Der erste solcher strukturellen Beweise war die Beobachtung von Zonen, die frei von Ausscheidungen einer zweiten Phase waren, an Korngrenzen quer zur Zugrichtung einer gereckten Probe [111]. Die ersten Gebiete dieser Art wurden nach dem Kriechen einer grobkörnigen (nicht superplastischen), wasserstoffbeladenen Legierung Mg mit 0,5 % Zr entdeckt, die im Ausgangszustand gleichmäßig im Kornvolumen der Matrix verteilte, feindisperse Teilchen von ZrH_2 enthielt [112, 113]. Die von Zirkonhydrid freien Zonen lagen auf geätzten Schliffen als helle Bänder zu beiden Seiten von Korngrenzen vor, die ungefähr senkrecht zur Zugachse orientiert waren. Entlang von Grenzen, die annähernd parallel zur Zugrichtung lagen, war eine erhöhte Dichte der Hydridpartikel sichtbar.

Bei Stauchversuchen lagen die von Hydridausscheidungen freien Zonen an Grenzen parallel zur Stauchrichtung [114]. Die Elektronenstrahl-Mikroanalyse bestätigte das Fehlen von Zr in den von Hydridteilchen freien Gebieten. Alle diese Effekte sind unmöglich anders zu erklären als durch Diffusionskriechen, bei dem die Matrixatome (Magnesium) zu den Grenzen mit erhöhter Leerstellenkonzentration diffundieren, während sich die ZrH_2-Teilchen wie inerte innere Marken verhalten (vgl. [104]). Als Folge davon bilden sich in einer gereckten Probe zu beiden Seiten einer querliegenden Korngrenze Aufwüchse von herandiffundierenden Matrixatomen, und es fehlen die ZrH_2-Teilchen, die nicht am gerichteten diffusionsgesteuerten Massentransport beteiligt sind (Bild 21). Die Abwanderung der Magnesiumatome von den parallel zur Zugachse orientierten Grenzen führt dagegen zur Anhäufung von ZrH_2 an diesen. Im Korninneren bleiben die Teilchen an ihren Stellen.

Die experimentell gemessene Formänderungsgeschwindigkeit der Probe lag nahe bei der Geschwindigkeit des Diffusionskriechens, die sich nach der Gleichung (44) von Nabarro-Herring ergibt, und der

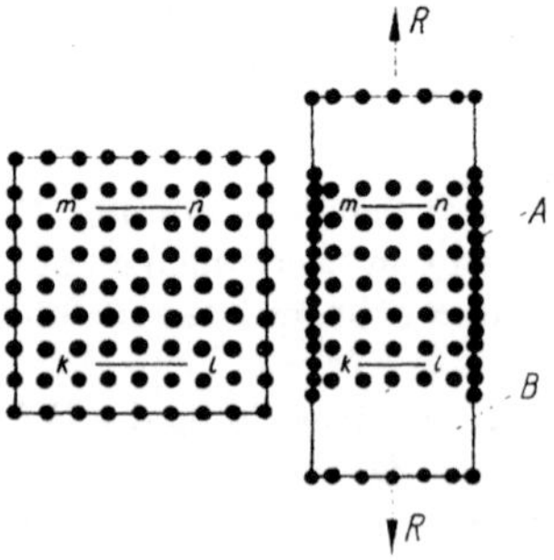

Bild 21. Schematische Darstellung der Bildung ausscheidungsfreier Zonen beim Diffusionskriechen
A – Anhäufung von Ausscheidungen
B – ausscheidungsfreie Zone;

Geschwindigkeit der Probenverlängerung, die aus der Breite der von ZrH_2-Partikeln freien Zonen abgeschätzt wurde.

Von Ausscheidungen einer zweiten Phase freie Gebiete an den quer zur Zugrichtung gelegenen Grenzen wurden auch nach dem Kriechen einer Magnesiumlegierung mit 0,7 % Mn und eines Werkstoffes MgZn6Zr gefunden. Man betrachtet diese Zonen nunmehr als ein direktes Merkmal des klassischen Diffusionskriechens [104]. Bei einem superplastischen Werkstoff wurden analoge Zonen erstmalig in der Arbeit [111] festgestellt. Die Magnesiumlegierung MgZn 6 mit 0,5 % Zr hatte nach einer Glühung in Wasserstoffatmosphäre bei 495 °C/16 h eine Korngröße von 18 μm und enthielt disperse ZrH_2-Teilchen. Nach einer Zugumformung bei 450 °C traten an den Quergrenzen von Hydridpartikeln freie Gebiete in Erscheinung (Bild 22). Die Breite dieser Zonen wuchs bei vorgegebener Deformationsgeschwindigkeit direkt proportional zur Probenverlängerung, und bei vorgegebener Dehnung verringerte sie sich bei einer Vergrößerung der Umformgeschwindigkeit von $3{,}3 \cdot 10^{-5}$ auf $3{,}3 \cdot 10^{-3}$ s^{-1} [115].

Bild 22. Von Zirkonhydrid-Ausscheidungen freie Zonen in einer Legierung MgZn 6 mit 0,5 Ma.-% Zr nach superplastischer Deformation bei 450 °C [111]

In einer Magnesiumlegierung mit 1,5 % Mn und 0,3 % Ce und einer Anfangskorngröße von 15 μm ergab die Röntgenmikroanalyse nach einer superplastischen Deformation an Mangan verarmte Bereiche senkrecht zur Zugachse und Mangananreicherungen in der Längsrichtung von Zugproben [12]. Später wurde auch berichtet [116, S. 74], daß die Elektronenmikroskopie bei analogen Untersuchungen an den Quergrenzen die Existenz von Gebieten auswies, die frei von Ausscheidungen einer manganhaltigen Phase waren.

Bei Kornvergrößerung und Erhöhung der Umformgeschwindigkeit wurde die mit der Röntgenmikroanalyse festgestellte Umverteilung des Mangans in der Legierung MgMn2Ce weniger deutlich [12], was sich vollständig durch Abschwächung des Diffusionskriechens erklären läßt. In [12] wurde daraus jedoch die Schlußfolgerung gezogen, daß das Auftreten von Diffusionskriechen bei der superplastischen Deformation der Legierung MgMn2Ce durch Gefügedaten nicht erhärtet wird und die wirkliche Ursache für die Bildung der manganarmen Zonen die Korngrenzenwanderung ist. Eine ähnliche Behauptung war schon früher bei der Diskussion der Natur der von ZrH_2-Ausscheidungen freien Gebiete in [117] aufgestellt worden.

Eine wandernde Korngrenze kann auf ihrem Wege disperse Teilchen eliminieren und dabei eine von Partikeln freie Zone hinter sich zurücklassen. Eine solche Zone darf sich aber dann natürlich nur an einer Seite der wandernden Grenze befinden. Wie im Bild 22 zu sehen ist, treten die von den Ausscheidungen einer zweiten Phase freien Gebiete jedoch meist zu beiden Seiten der Korngrenzen auf. Die Korngrenzenwanderung ist folglich nicht die Ursache für die Bildung von an Legierungselementen verarmten Gebieten an den Quergrenzen von gereckten Proben.

Ein anderer Einwand der Arbeit [12] gegen das Diffusionskriechen als Ursache der Umverteilung des Mangans in der Legierung MgMn2Ce lautet: Ein Teil der mit Mangan angereicherten Gebiete parallel zur Zugachse befindet sich nicht unmittelbar an den entsprechend orientierten Korngrenzen, wo sich nach der Theorie des Diffusionskriechens die Ausscheidungen der manganhaltigen Phase ansammeln sollten (vgl. das schematische Bild 21). Wenn man berücksichtigt, daß die Längsgrenzen bei der superplastischen Deformation wandern (und darauf weist eine Kornvergrößerung in der Querrichtung von 15 μm auf 18 μm direkt hin), liegt darin jedoch keinerlei Widerspruch zum Modell des Diffusionskriechens. Die wandernde Korngrenze kann sich nämlich von einer Anhäufung von Teilchen der manganhaltigen Phase losreißen, so daß diese im Korninneren erscheint.

Die Annahme der Möglichkeit eines gleichzeitigen Auftretens von Diffusionskriechen, das den Kornquerschnitt verringern muß, und Korngrenzenwanderung, die im Endresultat zu einer Vergrößerung dieses Querschnittes führt, betrachten die Autoren der Publikationen [11, 12, 83] als einen inneren Widerspruch auf Grund dessen, daß dann bei der Deformation zwei Leerstellenströme mit entgegengesetzten Richtungen existieren müßten. Aus den bekannten Modellen der Korngrenzenwanderungen und des Diffusionskriechens geht das jedoch nicht hervor. Die Korngrenzenwanderung vollzieht sich über Atomübergänge unmittelbar an der Grenze selbst, während sich die Atome beim Diffusionskriechen gerichtet über Distanzen verlagern, die mit der Korngröße vergleichbar sind. Beide Prozesse können durchaus gemeinsam ablaufen. Ein Kornwachstum in allen

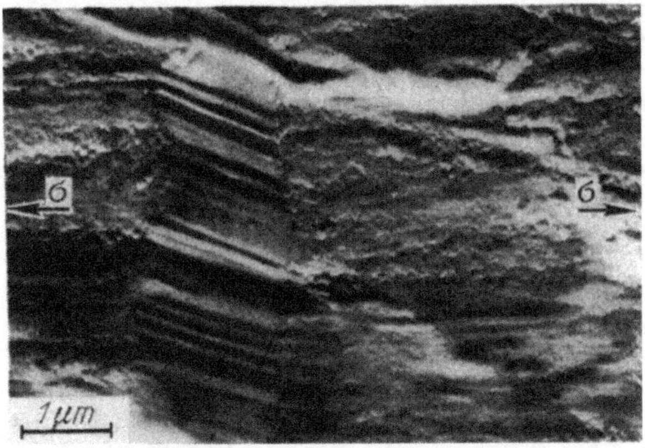

Bild 23. Streifenband an Korngrenzen einer Legierung ZnAl 22 nach superplastischer Deformation mit optimaler Geschwindigkeit bei 250 °C (Ungeätzte Probenoberfläche; [119])

Richtungen ist eine bekannte Begleiterscheinung des klassischen Diffusionskriechens und verringert dessen Geschwindigkeit [104]. Alle Einwände in der Literatur über die Superplastizität gegen das Diffusionskriechen als Ursache der Bildung von ausscheidungsfreien Zonen an den querliegenden Korngrenzen gereckter Proben sind also nicht stichhaltig. Man muß solche Zonen folglich als eindeutiges Gefügemerkmal des Diffusionskriechens bei der superplastischen Deformation betrachten. In dieser Eigenschaft haben die ausscheidungsfreien Zonen allerdings einen ernsthaften Mangel: Superplastische Werkstoffe enthalten selten Partikeln, die beim Diffusionskriechen als inerte Marken dienen könnten.

Ein anderes, allgemeineres Gefügemerkmal für das Diffusionskriechen bei superplastischen Werkstoffen sind die sog. Streifenbänder an der Oberfläche einer deformierten Probe (Bild 23). Solche Zonen mit charakteristischem furchenartigem Streifenrelief wurden mit Hilfe der Abdruck-Elektronenmikroskopie auf der polierten Oberfläche von Zugproben ganz verschiedener superplastischer Werkstoffe (z. B. Legierungen des Al, Mg, Zn, Ni und Cu; niedrigschmelzender Legierungen; Stähle; Werkstoffe mit Duplex- und Matrixgefüge) in großer Zahl festgestellt. Für ihren Nachweis ist keine Ätzung erforderlich. Sie werden auf Grund der Bildung eines Oberflächenreliefs bei der Deformation sichtbar.

In [118] wurde gezeigt, daß bei Deformation einer Magnesiumlegierung mit 6 % Zn und 0,5 % Zr unter Kriechbedingungen Streifenbänder an der Probenoberfläche auftreten, die näherungsweise quer zur Zugrichtung liegen. Nach elektrolytischem Polieren einer gereckten Probe mit einem Abtrag von 3 bis 4 μm kamen gestreckte Körner zum Vorschein. Es erwies sich, daß die Zunahme der Kornabmessungen parallel zur Zugachse mit der übereinstimmt, welche unter der Voraussetzung auftreten muß, daß die Streifenbänder auf der Probenoberfläche aus beim Diffusionskriechen zu den Quergrenzen transportiertem Material bestehen. In der Arbeit [118] wurde auch gezeigt, daß nach der Deformation einer wasserstoffbeladenen Magnesiumlegierung mit 0,5 % Zr auf einer polierten Probenoberfläche ohne Ätzen Streifenbänder zu erkennen waren und auf geätzten Schliffen derselben Probe von ZrH_2-Ausscheidungen freie Zonen. Sowohl die einen als auch die anderen Gebiete waren annähernd quer zur Zugachse orientiert und wiesen im Mittel die gleiche, mit wachsendem Umformgrad im selben Maße zunehmende Breite auf. Daraus wurde die logische Schlußfolgerung gezogen, daß die primäre Ursache für die Bildung beider Typen von Zonen dieselbe ist. Da sich von Ausscheidungen freie Gebiete an den Quergrenzen einer gereckten Probe nur durch Diffusionskriechen bilden können, entstehen auch die Streifenbänder aus diesem Grunde. Wenn in einer superplastischen Legierung keine feindispersen Ausscheidungen vorhanden sind, die als inerte innere Marken dienen könnten, dann sind die Streifenbänder auf der Probenoberfläche das einzige Gefügemerkmal für das Diffusionskriechen.

Im Zusammenhang mit dem Gesagten erhält die Analyse der Gesetzmäßigkeiten der Bildung und des Wachstums der Streifenzonen bei der superplastischen Deformation große Bedeutung. Nachfolgend werden dazu Ergebnisse elektronenmikroskopischer Untersuchungen vorgestellt, die am klassischen Objekt für das Studium der Superplastizität – der Legierung ZnAl 22 – vorgenommen wurden. Die Ausgangskorngröße des Werkstoffes betrug 1,25 bis 1,6 μm und wurde durch Glühung des Vormaterials bei 250 °C/15 h eingestellt.

Ein in [86, 97, 119] publizierter Teil der Experimente wurde an Abdrücken durchgeführt, die nach der Standardmethode von willkürlich ausgewählten Oberflächenbereichen gereckter Proben in verschiedenen Stadien der Deformation abgenommen worden waren; das heißt, es wurden im Vakuum Kohlenstoff-Platin-Schichten unter einem Winkel von 20° zur Probenoberfläche aufgedampft und elektrolytisch abgelöst. Aussagen über den Materialzustand wurden an Hand einer statistischen Auswertung der Gefügeparameter abgeleitet. Auf jeden Punkt entfielen dabei 200 bis 1000 Meßwerte.

Einen anderen Teil der Untersuchungen nahm man mit Hilfe einer Zielpräparation von Abdrücken vor [116], welche das Studium der Gefügeänderungen bei verschiedenen Umformgraden an einem ausgewählten Mikrobereich erlaubte. Dazu wurde folgende Methodik entwickelt: Auf die polierte Meßlänge einer ebenen Zerreißprobe wurde eine Markierung in Form des Buchstabens λ aufgebracht, deren längere Linie parallel zur Zugachse orientiert war. Zur Anwendung kamen zweistufige Abdrücke, die unter einem Stereomikroskop auf ein entsprechend den Markierungslinien orientiertes Netz aufgefischt wurden.

Von bestimmten Stellen längs der Markierungslinie wurden vor und nach der superplastischen Deformation eine Serie fotografischer Aufnahmen angefertigt, die zur Zusammenstellung von Bildtafeln für die Analyse der Gefügeänderungen dienten. Es entsteht vielleicht die Frage, warum gerade die Abdrucktechnik für das Studium des Diffusionskriechens bei der superplastischen Deformation ausgewählt wurde. Tatsache ist, daß andere Methoden der Gefügeanalyse dafür nicht geeignet sind. Die elektronenmikroskopische Durchstrahlung von Folien, die im Hochspannungs-Elektronenmikroskop gereckt werden [94], gestattet es nicht, das Diffusionskriechen nachzuweisen. Das Verfahren der inneren Markierung durch Zeilen feindisperser Teilchen auf Schliffen gibt Auskunft nur über das Korngrenzengleiten. Die Lichtmikroskopie mit Zielpräparation oder auch eine Rasterelektronenmikroskopie der Probenoberfläche während der Umformung sind nicht geeignet wegen ihres unzureichenden Auflösungsvermögens und ihrer Unfähigkeit, viele wichtige Details der Gefügeänderungen in einem Werkstoff mit ultrafeinem Korn wiederzugeben.

Für die Untersuchung der Streifenbänder, deren universelle Bedeutung als Gefügemerkmal des Diffusionskriechens erwähnt wurde, erweist sich die Abdruckelektronenmikroskopie, insbesondere in der Variante mit Zielpräparation, als am besten geeignet. Das Verfahren gestattet es, an ein- und demselben Mikrobereich der Probe gleichzeitig mit dem Diffusionskriechen auch das Korngrenzengleiten sowie in gewissem Umfang noch das Versetzungsgleiten im Kornimneren zu untersuchen.

Ein mit Kornvergrößerung verbundenes Anlassen der Legierung ZnAl 22 bei 250 °C führt nicht zum Auftreten von Streifenbändern auf der polierten Probenoberfläche. Diese Bänder sind demnach nicht das Ergebnis von reiner Korngrenzenwanderung, wie in [117] vermutet worden ist. Sie entstehen infolge der Deformation in allen drei Geschwindigkeitsintervallen der Superplastizität.

Aus der Erscheinungsform eines Streifenbandes (vgl. Bild 23) kann man den Schluß ziehen, daß es ein frisch entstandener Materialbereich mit gewellter Oberfläche ist. Dank der Korngrenzengleitung treten die Korngrenzen auf der ungeätzten Probenoberfläche zutage, und man kann gut erkennen, daß sich die Streifenbänder entlang den quer zur Zugachse orientierten Korngrenzen erstrecken.

Die Streifenbänder sind von den Körnern durch deutliche, in erster Näherung geometrisch ähnliche Grenzen getrennt. Die Streifen im Inneren eines Bandes bzw. genauer die Kämme und Täler des Oberflächenreliefs sind dabei nicht senkrecht zu jenen Grenzen und unter spitzen Winkeln zur Zugachse der Probe orientiert. So betrugen z. B. bei einem Umformgrad von 20 % die an den Abdrücken bestimmten mittleren Winkel zwischen den Streifen und der Zugrichtung in einem breiten Geschwindigkeitsintervall 20 bis 26° [86, 119].

Zur räumlichen Darstellung der Geometrie der Streifenbänder wurde eine Stereo-Abdrucktechnik [97] verwendet. Hierbei wurde derselbe Bereich eines Abdruckes mit einem Streifenband in drei Lagen aufgenommen, nämlich in der horizontalen Ebene und in zwei zu dieser unter Winkeln mit verschiedenen Vorzeichen geneigten Ebenen. Der Neigungswinkel der Oberfläche einer Streifenzone zur horizontalen Ebene ist

$$\Theta = \operatorname{arc\,tan} [(B \cos \gamma - A)/B \sin \gamma]$$

Hier sind A und B die Projektionen der Streifenbandbreite auf der Probenoberfläche bei geneigter und bei horizontaler Lage des Abdruckes, und γ ist der mit Hilfe des Goniometers am Mikroskop vorgegebene Neigungswinkel der Abdruckebene. Das Rotationszentrum des Abdrucks wurde durch azimutale Drehung des Goniometers bestimmt, und alle Messungen erfolgten in einem nahe dem Zentrum gelegenen Bereich mit etwa 100 × 100 μm^2 Ausdehnung. Die Grenzen eines Streifenbandes wurden parallel zur Kippachse des Goniometers orientiert, und die Projektion seiner Breite auf die Probenoberfläche wurde in der Richtung senkrecht zur Kippachse bestimmt. Alle Messungen erfolgten an Negativen mit Hilfe eines Mikrophotometers.

Wenn ein Streifenband nicht zur Probenoberfläche geneigt ist, dann müssen seine Projektionen bei im Vorzeichen verschiedenen, dem Betrage nach aber gleichen Winkeln übereinstimmen. Die Stereotechnik zeigte, daß diese Projektionen bei geeigneten Abdrücken nicht gleich ausfielen, d. h., die Streifenzonen erwiesen sich selbst gegenüber der Probenoberfläche als verkippt (Bild 24).

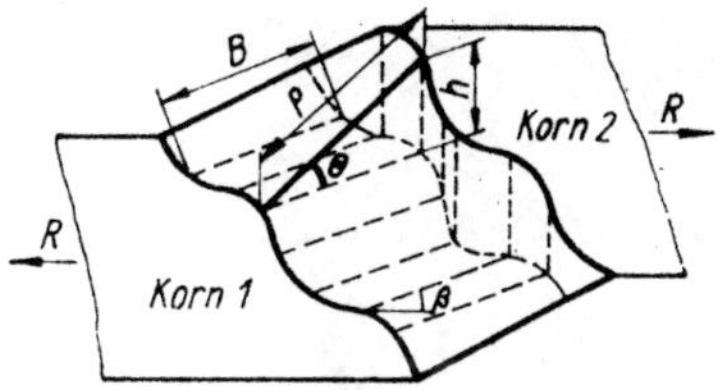

Bild 24. Räumliches Schema eines Streifenbandes [119]
B Projektion der Zonenbreite auf die horizontale Probenoberfläche, *h* Stufenhöhe der Korngrenzengleitung, Θ Neigungswinkel des Bandes gegen die Probenoberfläche, β Winkel zwischen der Projektion der Zonenbreite und der Zugachse

Die Bestimmung des Neigungswinkels der Streifenzonen erlaubte mit Hilfe eines Panorama-Stereoverfahrens die Konstruktion des Profils eines Oberflächengebietes von etwa 100 μm Länge (vgl. Bild 16). In diesem Diagramm sind die Abstände der Streifenbänder größer als die Kornabmessungen, weil die Bänder nicht an allen Korngrenzen auftreten.

Die Neigungswinkel Θ der Streifenbänder gegenüber der Probenoberfläche sind nach Betrag und Vorzeichen verschieden. Ihre Maximalwerte überschreiten niemals $\approx 50°$; ihre Mittelwerte sind kleiner als 10 bis 12° und durchlaufen in Abhängigkeit von der Umformgeschwindigkeit ein Maximum [86].

Ritzmarken, welche die Streifenbänder schneiden, sind gewöhnlich verschoben und häufig aufgefächert, was seinerzeit auch die Grundlage für die Schlußfolgerung über den Zusammenhang der Streifenbänder mit der Korngrenzengleitung gebildet hat [97, 120]. Die mit Hilfe des Stereoverfahrens festgestellte Neigung der Streifenzonen gegenüber der Probenoberfläche beweist, daß an ihrer Entstehung die Korngrenzengleitung beteiligt ist. Das bedeutet allerdings nicht, daß die Streifenzonen allein durch Korngrenzengleitung hervorgerufen werden.

Bei abgestufter Deformation bis zu Gesamtdehnungen von 6, 11, 20 und 40 % beobachtete man mit Hilfe einer etappenweisen Zielpräparation von Oberflächenabdrücken eine sukzessive Vergrößerung der Breite der Streifenzonen und Zwischenlagen ihrer Grenzen. Das dem Endzustand einer vierstufigen Umformung entsprechende Bild 25 zeigt, daß sich ein Streifenband am Rand eines α-Kornes entwickelt hat. Wenn man zuläßt, daß das Band im vorliegenden Falle während des Korngrenzengleitens bei der Freilegung der Oberfläche eines β-Kornes zum Vorschein kommt und die Grenzen innerhalb des Bandes Zwischenlagen einer α/β-Grenze bei Unterbrechungen der gegenseitigen Kornverschiebung widerspiegeln,

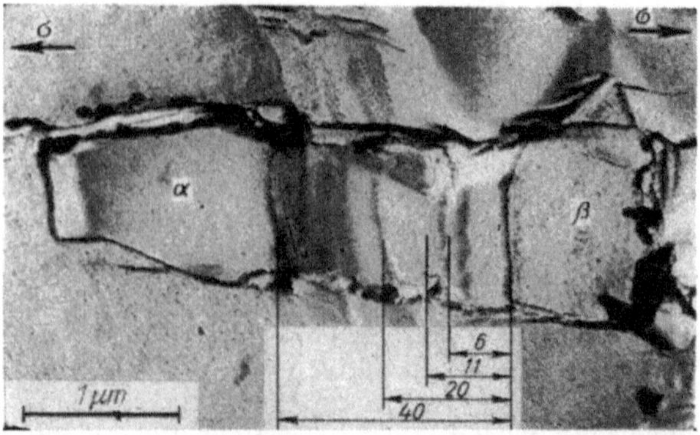

Bild 25. Deformationszone mit Zwischenlagen einer Phasengrenze nach stufenweiser superplastischer Deformation [116], Gesamtumformung $\varepsilon = 40\%$. Die Zwischenlagen der α/β-Phasengrenze entsprechen Umformgraden von 6, 11 und 20%.

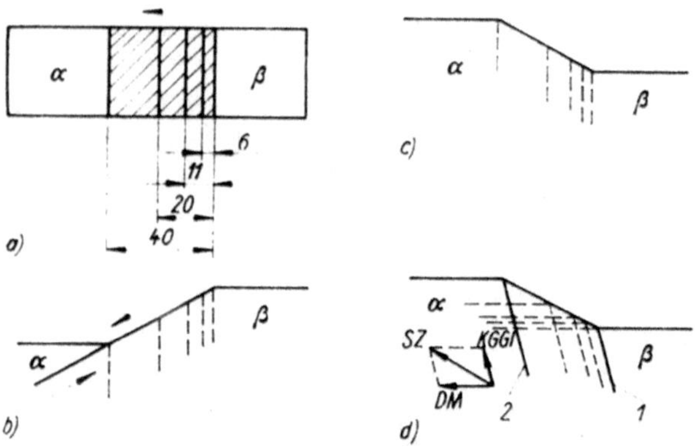

Bild 26. Schema zur Erklärung von Bild 25:

(a) aufeinanderfolgende Breiten des Streifenbandes
(b) Relief bei der Bildung des Streifenbandes infolge von Korngrenzengleitung
(c) beobachtbares Relief
(d) Modell der Streifenzonenbildung im Bild 25 (*1* Anfangslage, *2* Endlage der α/β-Phasengrenze)

dann sollte das β-Korn unbedingt über das α-Korn erhoben sein (Bild 26a, b). Wie die Abschattung zweistufiger Abdrücke von links nach rechts in der Richtung der Zugachse zeigt (Bild 26c), liegt jedoch das α-Korn höher. Reine Korngrenzengleitung kann daher ein solches Streifenband wie im Bild 25 oder 26c nicht hervorbringen. Seine sukzessive Entstehung durch gleichzeitiges Auftreten von Korngrenzengleitung und diffusionsgesteuertem Massentransport wird im Bild 26d verdeutlicht.

Wenn die Streifenbänder nur durch gegenseitige Verschiebung der Körner entstehen würden, dann müßten sie mit der Probenoberfläche Winkel einschließen, die nahe (oder gleich) den Austrittswinkeln der Korngrenzenebenen an der Probenoberfläche sind. Diese Kristallitgrenzen müssen auf einer beliebigen, frisch präparierten Oberfläche unter verschiedenen Winkeln im Intervall von 0 bis 90° auftreten. Die mittleren Neigungswinkel der Streifenbänder sind jedoch nicht größer als 10 bis 12°, und die Maximalwerte übersteigen nicht 50°. Daraus folgt, daß neben der Korngrenzengleitung noch ein weiterer Prozeß zur Bildung der Streifenbänder beitragen muß. Ein derartiger Vorgang könnte vielleicht die Korngrenzenwanderung sein. Wenn sich die Streifenbänder jedoch an Phasengrenzen bilden, dann kann eine reine (der Korngrenzenwanderung im einphasigen Material analoge) Verschiebung dieser Grenzen nicht stattfinden, weil die Körner zu beiden Seiten einer Phasengrenze unterschiedliche Kristallgitter und eine deutlich verschiedene Zusammensetzung (α – aluminiumreicher Mischkristall; β – zinkreicher Mischkristall) haben. Die Verschiebung einer Phasengrenze muß daher zwangsläufig von einer diffusionsgesteuerten Umverteilung der Legierungskomponenten über bedeutende Entfernungen begleitet sein.

Um herauszufinden, an welchen Typen von Grenzen Streifenbänder entstehen, muß man an den Abdrücken neben den Bändern selbst unbedingt auch einen Kontrast der Phasen beobachten. Zu diesem Zweck wurden die Proben vor dem Recken mit einer alkoholischen HCl-Lösung elektrolytisch geätzt. Die Körner der β-Phase hatten dann eine charakteristische Rauhigkeit, während die α-Körner verhältnismäßig glatt blieben (vgl. Bild 17). Eine statistische Auswertung zeigte, daß Streifenbänder vor allem an α/β-Phasengrenzen auftraten, bedeutend seltener an β/β-Grenzen und nur ganz selten an α/α-Grenzen (Tabelle 3). Bei einer Umformgeschwindigkeit $1{,}7 \cdot 10^{-3}\,s^{-1}$ hatten z. B. 62 % der Körner Streifenbänder, von denen 65 % an α/β-Grenzen, 29 % an β/β-Grenzen und 6 % an α/α-Grenzen lagen. Eine reine Grenzflächenwanderung kann folglich für den Bildungsprozeß der überwiegenden Mehrheit von Streifenbändern nicht ausschlaggebend sein. Gerade in solchen Fällen, wo die Zielpräparation Korngrenzenwanderung innerhalb einer Phase nachwies, wurden keine Streifenbänder festgestellt (Bild 27).

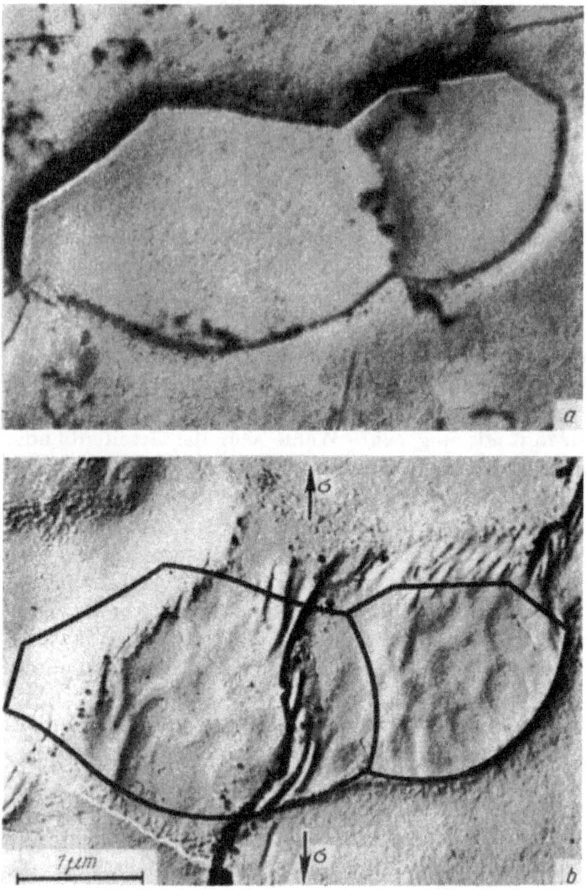

Bild 27. Wanderung einer α/β-Grenze bei superplastischer Deformation der Legierung ZnAl 22 (*Novikov, Portnoj* und *Levčenko*)
Zustand vor (a) und nach (b) der Deformation. Die ausgezogenen Linien kennzeichnen die Anfangslage der Grenzen.

Die Gesamtheit der experimentell ermittelten Daten über Streifenbänder kann mit der bedeutenden Rolle erklärt werden, die das in organischem Zusammenhang mit der Korngrenzengleitung auftretende Diffusionskriechen bei ihrer Bildung spielt. In den Legierungen MgZr 1 und MgZn6Zr entstehen sie, wie schon erwähnt, als Ergebnis von klassischem Diffusionskriechen [118]. Dabei muß betont werden, daß die Legierungen ein Matrixgefüge aufweisen;

Tabelle 3. Einfluß der Formänderungsgeschwindigkeit $\dot{\varphi}$ einer superplastischen Deformation ($T = 250\,°C$; $\varepsilon = 25\%$) der Legierung ZnAl 22 bei einer Anfangskorngröße von 1,25 μm auf den Anteil N von Körnern mit Deformationszonen, die Breite B dieser Zonen und ihre prozentuale Verteilung auf die verschiedenen Typen von Korngrenzen (*Novikov*, *Portnoj* und *Levčenko*)

$\dot{\varphi}$ (s^{-1})	m_H	ΔN [%] an Grenzen des Typs			B	N
		α/β	β/β	α/α	μm	%
$7 \cdot 10^{-5}$	0,32	56,4	36,0	7,6	0,73	33
$1{,}7 \cdot 10^{-3}$	0,45	65	29	6	0,49	62
$2{,}4 \cdot 10^{-1}$	0,33	65,8	31,7	2,5	0,38	47

Matrixphase, in der Ausscheidungen einer anderen Phase feindispers verteilt sind, ist der magnesiumreiche Mischkristall. Die Streifenbänder treten an den Quergrenzen der Matrix auf, zu denen Atome von den Längsgrenzen hindiffundieren. Die Legierung ZnAl 22 besitzt demgegenüber ein von einem Matrixgefüge sehr verschiedenes Duplexgefüge, das aus statistisch verteilten Körnern zweier Phasen mit vergleichbaren Abmessungen besteht. Hier bilden sich Streifenbänder bevorzugt an den Phasengrenzen.

In den vierziger Jahren stellte Bočvar [3, 5] die Hypothese auf, daß bei der superplastischen Deformation der Legierung ZnAl 22 Umlösungsprozesse (d. h. Auflösung und Wiederausscheidung einer Phase) eine wichtige Rolle spielen: Bei Temperaturschwankungen begünstigt der Übergang von Atomen aus dem Mischkristall in die Phasengrenzen die Ausheilung von Korngrenzendefekten während der gegenseitigen Verschiebung der Kristallite. Bedeutend später, in den sechziger Jahren wurden, bei der superplastischen Deformation der Legierung ZnAl 22 und anderer Werkstoffe mit Duplexgefüge tatsächlich Gefügeänderungen entdeckt [86, 119], die man nur als Resultat von Umlösungsprozessen (aber nicht unbedingt im Zusammenhang mit Temperaturschwankungen) diskutierten kann. Es ist wohlbekannt, daß bei der superplastischen Deformation das Korn wächst, und zwar im beanspruchten Teil einer Zugprobe bedeutend schneller als in den unbeanspruchten Probenköpfen. Ein anderer bekannter Fakt ist die Änderung einer Krümmung der Phasengrenzen. In einer angelassenen Legierung ZnAl 22 kann man alle Korngrenzen als eben betrachten. Nach einer superplastischen Deformation sind die α/α- und die β/β-Grenzen weiterhin eben, während die α/β-Grenzen konvex werden [11, 94]. In einem Duplexgefüge, das aus Phasen mit unterschiedlicher chemischer Zusammensetzung und verschiedenem Strukturtyp besteht, kann eine Vergrößerung der Kristallite beider Phasen nur infolge von Lösungs-Wiederausscheidungs-Vorgängen bei einem Massentransport durch das Kornvolumen (in Analogie zur Koagulation des Zementits im Stahl) oder über die Phasengrenzen eintreten.

Die Verfasser dieses Buches stellten gemeinsam mit TERENTEVA [86, 119] die Hypothese auf, daß es eine besondere Form des Diffusionskriechens – mit Beteiligung von Lösungs-Wiederausscheidungs-Vorgängen – gibt. Nach dieser Hypothese sind die Streifenbänder Gebiete, in die Material von sich auflösenden Nachbarkörnern fließt. Wie im Falle des HERRING-NABARRO-Kriechens (oder auch des COBLER-Kriechens) ist die Ursache des gerichteten diffusionsgesteuerten Massentransports eine Erhöhung der Leerstellenkonzentration an den Quergrenzen, die unter der Wirkung der anliegenden Zugspannung stehen. Im Gegensatz zum Modell des klassischen Diffusionskriechens wird jedoch angenommen, daß zu einer Quergrenze nicht Atome von den Längsgrenzen desselben Kornes, sondern Atome anderer Kristallite diffundieren. Ein solches Diffusionskriechen schließt folglich die Auflösung einzelner Körner, einen diffusionsgesteuerten Massentransport und die Abscheidung von Atomen an den Quergrenzen von Nachbarkörnern ein. Die Diffusionswege brauchen dabei nicht größer zu sein als im klassischen Modell des Diffusionskriechens. So kann sich z. B. in unmittelbarer Nähe einer α/β-Grenze noch ein β-Korn befinden und der Gradient der Leerstellenkonzentration zwischen der α/β-Grenze und diesem Korn einen Atomstrom hervorrufen.

Im Unterschied zum Modell des klassischen Diffusionskriechens muß der gerichtete Massentransport zu einer Quergrenze zwischen zwei Körnern deren Abmessungen nach den hier skizzierten Vorstellungen nicht ändern. Im Prinzip ist es möglich, sich zwei Varianten der Gefügeänderungen beim Diffusionskriechen mit Beteiligung von Lösungs-Wiederausscheidungs-Vorgängen vorzustellen:

- Erstens kann man ein Streifenband als Auswuchs auf einem Korn betrachten, der eine Vergrößerung der Kristallitabmessung längs der Zugachse hervorruft, ohne daß sich die Korngröße in der Querrichtung ändert.
- Zweitens ist es möglich, das Streifenband als selbständiges, neues Korn zu behandeln, das sich (ohne Änderung der Längsausdehnung der Körner zu beiden Seiten der Grenze) durch den Stofftransport zu einer Quergrenze bildet.

Die Neigung der Streifenbänder gegenüber der Probenoberfläche ist folgerichtig, weil das Diffusionskriechen gleichzeitig mit Korngrenzengleitung auftritt, die zur Formierung der Bänder beiträgt. Dabei muß betont werden, daß ein Streifenband ein spezifisches Merkmal des Diffusionskriechens ist, welches aufgrund der Kopplung mit der Korngrenzengleitung (d. h. wegen der gegenseitigen Verschiebung der Körner und des entstehenden Bandes) nur an der Probenoberfläche in Erscheinung tritt. Im Probenvolumen muß der diffusionsgesteuerte Stofffluß zu den Quergrenzen die Körner verlängern oder aber an diesen Grenzen neue Kristallite hervorbringen.

Die Streifigkeit ist ein nicht unbedingt erforderliches Merkmal der gerade betrachteten Zonen auf der Probenoberfläche. Die Streifen bzw. genauer die Höhen und Senken des Reliefs innerhalb eines Streifenbandes gehen nämlich aus entsprechenden Erhebungen und Furchen der ursprünglichen Kornoberfläche an derjenigen Grenze hervor, aus der das Band herauswächst. Das ist z. B. im Bild 23 sichtbar. Die Orientierung der Streifen innerhalb eines Bandes gibt Auskunft über dessen Wachstumsrichtung. Bei sehr kleinen Formänderungsgeschwindigkeiten ist das Streifenmuster innerhalb der Bänder nur schwach ausgeprägt, was sich als Folge einer Glättung des Reliefs durch Oberflächendiffusion während der langsamen Umformung erklären läßt. Wenn die Probenoberfläche vor dem Recken sorgfältig poliert wurde, kann die Streifigkeit innerhalb der Bänder ebenfalls fehlen oder nur sehr schwach ausgebildet sein (vgl. die Bilder 25, 31 und 32). Unter Berücksichtigung aller Ausführungen wäre es deshalb richtiger, die Streifenbänder als Deformationsbänder (auf der Oberfläche der beanspruchten Probe) zu bezeichnen.

Es sollen nun einige ergänzende Fakten über die Bildung solcher Deformationszonen erörtert werden, die mit Hilfe der Abdruck-Elektronenmikroskopie erhalten wurden.

Bei relativ kleinen Vergrößerungen (etwa 3000 × bis 5000 ×) kann man feststellen, daß sich die Deformationszonen nicht an allen Korngrenzen bilden, sondern in Form von mehr oder weniger kontinuierlichen Ketten an den Grenzen bestimmter Körner auftreten (Bild 28). Bei makroskopischen Betrachtungen liegt eine solche Kette von Zonen annähernd quer zur Zugachse, doch schließt jede Zone mit jener Achse einen anderen, der Orientierung der Korngrenze zur Ziehrichtung entsprechenden Winkel ein.

Das Bild 29 kennzeichnet die anfängliche Orientierungsverteilung von Korngrenzen, an denen sich bei superplastischer Beanspruchung Streifenbänder bildeten. Mögliche Fälschungen der Verteilung durch Kornrotation während der Umformung wurden durch Zielpräparation ausgeschlossen: Die Kombination von vor und nach der Umformung entnommenen Abdrücken erlaubte es, genau

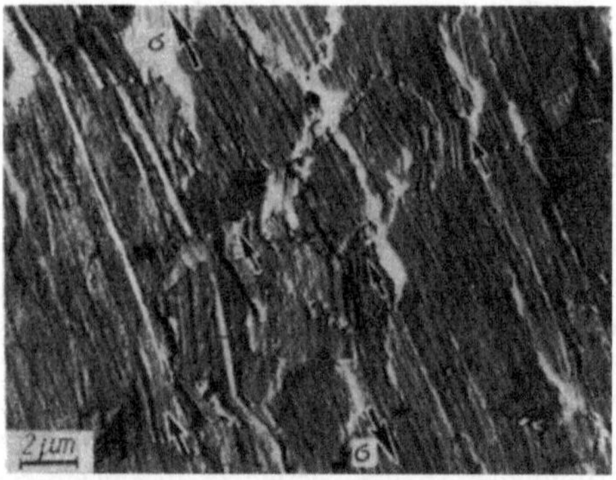

Bild 28. Kette von Streifenbändern (Pfeile) an den Korngrenzen der Legierung ZnAl 22 nach superplastischer Deformation mit optimaler Geschwindigkeit bei 250 °C [119]

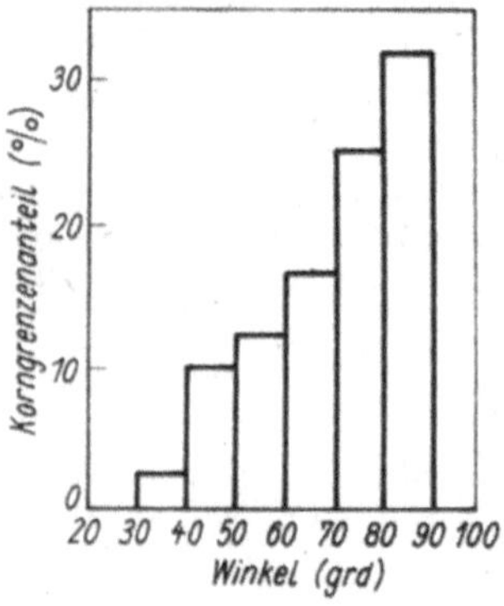

Bild 29. Histogramm der Winkel zwischen der Zugachse und den Korngrenzen, an denen bei superplastischer Deformation ($\varepsilon = 20\%$) der Legierung ZnAl 22 bei 250 °C und optimaler Formänderungsgeschwindigkeit Deformationszonen auftreten (*Novikov, Portnoj* und *Levčenko*)

diejenigen Grenzen zu ermitteln, an denen nach der Deformation Bänder sichtbar waren, und die Neigungswinkel jener Bänder zur Zugachse zu messen. Etwa 75 % der Winkel lagen im Intervall 60 bis 90°. An Grenzen, die Winkel zwischen 0° und 30 bis 40° mit der Zugachse einschlossen, traten keine Deformationszonen auf.

Bei der Erklärung des Mechanismus des Nabarro-Herring-Kriechens führt man gewöhnlich ein Schema mit einem Korn in Form eines Vielecks ein, dessen Grenzen senkrecht oder parallel zur Zugachse liegen (vgl. Bild 19). Im realen Vielkristall sind die Korngrenzen willkürlich orientiert. Bei Verringerung des Winkels zwischen den Grenzen und der Zugachse von 90° auf 0° verringert sich auch die Normalkomponente der Zugspannung vom Maximalwert auf den Betrag Null und dementsprechend die Konzentration der Überschußleerstellen an den Grenzen. Streifenbänder bzw. Deformationszonen entstehen daher nicht nur an genau senkrecht zur Zugachse liegenden Grenzen, sondern an allen, wo die Konzentration der Überschußleerstellen genügend hoch ist, um einen Zustrom von Atomen zu gewährleisten. Je näher der Winkel einer Grenze bei 90° liegt, desto größer sind die wirksame Normalspannungskomponente und die Wahrscheinlichkeit der Bildung einer Deformationszone.

In bestimmten Fällen befinden sich die durch die superplastische Deformation oder auch durch eine vorangegangene Beanspruchung der Probe hervorgebrachten Leerstellenquellen (z. B. Versetzungen und ihre Aufstauungen) im Korninneren. Der Diffusionsstrom erfolgt dann zu diesen Gebieten, und auf Abdrücken des Korninneren treten charakteristische Zonen in Erscheinung (Bild 30), die bei leichtem Ätzen in der Kornfläche verschwimmen. (Durch Subkorngrenzen und einzelne Versetzungen bedingtes Diffusionskriechen wurde von Friedel [121] beschrieben.)

Man erkennt deutlich, daß sich das Korn A (Bild 30b) im Vergleich zum Ausgangszustand (Bild 30a) bei wenig geänderten Querabmessungen etwa um den Faktor 1,5 verlängert hat. Diese Verlängerung wird durch das Auftreten einer großen Zahl annähernd paralleler und verzweigter Deformationszonen im Korninneren hervorgerufen. Während einer superplastischen Deformation bei 250 °C ist eine solche Zonenbildung im Korninneren verhältnismäßig selten; bei 150 °C findet man sie dagegen häufig. (Es ist selbstverständlich, daß die Zonenbildung aus neuem, durch Diffusion bereitgestelltem Material nicht ohne gleichzeitige Verschiebung von Nachbarkörnern eintreten kann.) Analoge Erscheinungen wurden mit Hilfe von elektronenmikroskopischen Stereo-Abbildungen in Beryllium sowohl bei superplastischer Deformation als auch in klassischen Kriechversuchen beobachtet und als sog. eingebaute Zonen bezeichnet [270].

Bei Erhöhung der Umformgeschwindigkeit wächst die Fließspannung, eine wachsende Zahl von Grenzen vermag als Leerstellenquelle zu wirken, und dementsprechend vergrößert sich die Anzahl der Körner mit Deformationszonen. Bei der optimalen oder einer noch höheren Umformgeschwindigkeit bilden sich solche Zonen im Mittel an jedem zweiten Korn. Die Zonenbreite verringert sich jedoch bei gegebenem Umformgrad mit wachsender Umformgeschwindigkeit (vgl. Tabelle 3). Das ist ganz folgerichtig, weil die Dauer des zur Zonenbildung führenden Massentransportes abnimmt.

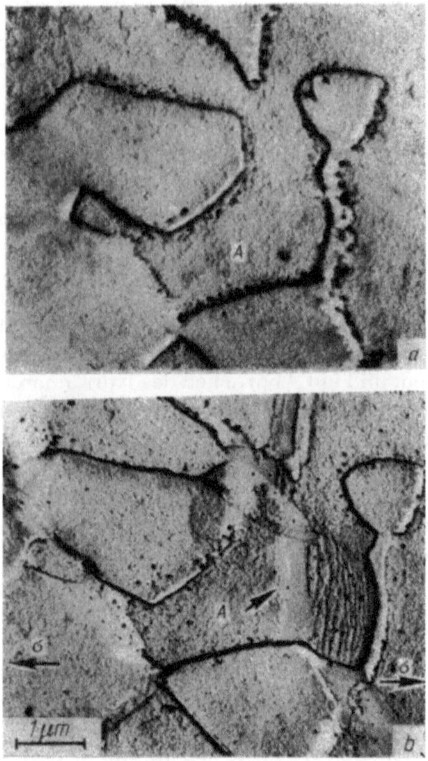

Bild 30. Deformationszone im Inneren eines β-Kornes (A) der Legierung ZnAl 22 nach superplastischer Deformation bei 150 °C mit $\dot{\varphi} = 7 \cdot 10^{-4}\,s^{-1}$ [116] Zustand vor (a) und nach (b) der Umformung.

Deformationszonen bilden sich häufig an einer Grenze zwischen Körnern, deren Größe und (was besonders wichtig ist) Querschnitt praktisch unverändert bleiben. Außerdem zeigt sich, daß die Breite der Deformationszonen bei kleinen Umformgeschwindigkeiten etwa die Hälfte des Korndurchmessers beträgt. Das alles spricht dafür, daß als Material für die Bildung einer Deformationszone nicht nur angrenzende, sondern auch andere in Auflösung begriffene Körner dienen können. Wie die Zielpräparation von Abdrücken zeigte, verringern sich tatsächlich die Abmessungen eines bedeutenden Teils der Körner. Nach einer Umformung bei 250 °C waren es z. B. 38 % für $\dot{\varphi} = 7 \cdot 10^{-5}\,s^{-1}$ und 26 % für $\dot{\varphi} = 1{,}7 \cdot 10^{-3}\,s^{-1}$. Dabei sind zwei Fälle möglich. Die Korngröße kann sich verringern

– erstens infolge eines gewöhnlichen Koagulationsprozesses (d. h. durch ungerichtetes Wachstum bestimmter Körner auf Kosten anderer)

und
- zweitens aufgrund eines gerichteten Massestroms von in Auflösung befindlichen Nachbarkörnern zu den Quergrenzen, an denen die Leerstellenkonzentration überhöht ist [86].

Im ersten Falle muß sich die Zahl der Kristallite entweder verringern oder (bei unvollständiger Auflösung von Körnern) konstant bleiben. Im zweiten Falle bleibt die Zahl der Körner unverändert, wenn die an den Quergrenzen eintreffenden Atome in das Gitter der bereits vorhandenen Kristallite eingebaut werden und deren Ausdehnung längs der Zugachse vergrößern. Wenn die diffundierenden Atome an den Quergrenzen jedoch neue Körner bilden, muß die Gesamtzahl der Kristallite wachsen.

Anhand des Studiums einer Probenoberfläche mit Deformationszonen läßt sich allerdings nicht feststellen, welche der beiden Varianten realisiert ist, weil neue Korngrenzen nach der superplastischen Deformation auf den Abdrücken nicht sichtbar sind und daher keine Klarheit darüber besteht, was eine Deformationszone eigentlich ist – ein Auswuchs an einem vorhandenen oder ein neues Korn. Zur Lösung dieses Problems wurden die folgenden Versuche durchgeführt: Zugproben wurden bei 250 °C mit $\dot{\varphi} = 1{,}7 \cdot 10^{-3}\,s^{-1}$ bis zu einem bestimmten Umformgrad gereckt. Auf einer aus Abdruckaufnahmen zusammengesetzten Karte wurde dann ein rechteckiger Analysenbereich ausgewählt und mit einem Raster aus 24 Meßlinien parallel und 40 Meßlinien senkrecht zur Zugachse versehen. Auf jeder dieser Linien wurde die Zahl n_0 der Körner vor der superplastischen Deformation abgezählt. Nach der Umformung

Tabelle 4. Mittlere Kornzahlen auf den Schnittlinien des Meßrasters zu Beginn (n_0) und am Ende (n) einer superplastischen Deformation ($T = 250\,°C$; $\dot{\varphi} = 1{,}7\ 10^{-3}\,s^{-1}$) der Legierung ZnAl 22 sowie der Zahl n_{DZ} der Deformationszonen auf den Schnittlinien parallel zur Zugachse [116]

ε (%)	Richtung	L_0 (μm)	L (μm)	n_0	n	n_{DZ}	$\frac{n - n_0}{n_{DZ}}$ 100 (%)
25	∥	52,5	65,8	42	49	20	35
	⊥	22,5	20,8	18	18	—	—
39	∥	48,4	67,1	39	50	24	46
	⊥	20,8	19,1	17	17	—	—
47	∥	50,4	74,3	41	55	25	56
	⊥	20,9	18,4	17	16	—	—

L_0, L – Rasterlänge zu Beginn und am Ende der Deformation wurde die Anzahl N_{DZ} der Deformationszonen auf den Meßlinien ermittelt, deren Länge jedoch wegen der Probendehnung vergrößert worden war. Die Mittelwerte der Analyse sind in Tabelle 4 dargestellt. Anschließend wurden die Proben bei einem Abtrag von nicht mehr als zwei Korndurchmessern so elektrolytisch poliert, daß der Meßraster nicht völlig verschwand. Nahe den Meßpunkten auf der Karte der Abdruckaufnahmen wurde nun wiederum ein rechteckiges Gebiet ausgewählt wie bei der unbeanspruchten Probe und bei einem Raster von 24 längs und 40 quer zur Zugachse orientierten Meßlinien die Zahl n der Körner bestimmt. (Die Deformationszonen verschwanden natürlich beim elektrolytischen Polieren der Probe.) Dabei zeigte sich, daß unter allen Umformbedingungen die Zahl der Körner auf den Schnittlinien parallel zur Zugachse zunimmt, während sie auf den Schnittlinien senkrecht dazu mit einer Unsicherheit von $\pm$ 1 Korn konstant bleibt. Die Zahl der Deformationszonen auf den Schnittlinien in der Zugrichtung war stets größer als die Differenz $n - n_0$. So betrug z. B. bei $\varepsilon = 47\,\%$ diese Differenz $n - n_0 = 14$, die Zahl der Zonen jedoch $n_{DZ} = 25$. In den unterhalb der Probenoberfläche gelegenen Schichten sollte die Zahl der Deformationszonen im statistischen Mittel gleich sein wie an der Oberfläche. 56 % von ihnen wären dann neue Körner und die restlichen Auswüchse an bereits vorhandenen Kristalliten, die deren Länge vergrößern.

Wenn man annimmt, daß eine Deformationszone die Oberflächenerscheinung eines Korneinschubes nach dem Modell von Gifkins [79] darstellt (vgl. Bild 15), dann müßte die Zahl der Zonen mit der Zahl der neuen Körner übereinstimmen. Das ist jedoch nicht so (Tabelle 4). Im Prinzip ist auch die Annahme möglich, daß die Zunahme der Kornzahl auf den Linien parallel zur Zugachse das Ergebnis eines Nachbarnwechsels nach dem Modell von Ashby und Verrall [75] ist (vgl. Bild 14). Die Zahl der Körner auf den Linien quer zur Zugachse müßte dann aber abnehmen, während sie doch in Wirklichkeit unverändert bleibt. Das alles bedeutet keineswegs, daß die Vorstellungen von Gifkins [79] oder Ashby und Verrall [75] unrealistisch sind. Es wird damit nur bewiesen, daß die durch diffusionsgesteuerten Massentransport gebildeten Deformationszonen neue Kristalle sein können.

Ein direkter Beweis für die Natur der Deformationszonen wurde im folgenden Experiment erhalten: Eine bei 250 °C gereckte Probe ($\varepsilon = 40\,\%$; $\dot{\varphi} = 1{,}7 \cdot 10^{-3}\,s^{-1}$) wurde nach Anwendung der Abdrucktechnik sehr leicht mit alkoholischer HCl_4O-Lösung geätzt, so daß alle Körner der Oberflächenschicht erhalten blieben. An den Stellen der Deformationszonen kamen neue Grenzen zum Vorschein. Die Zielpräparation von Abdrücken erlaubte es, das Korngrenzennetz vor und nach der superplastischen Deformation und nach dem Überätzen zu vergleichen. In einigen Fällen wurde am Ort einer Deformationszone auch ein Auswuchs auf dem einen oder sogar auf beiden angrenzenden Kristalliten festgestellt. Im Bild 31a sind z. B. Körner der β-Phase (1, 2) sowie ein Korn der α-Phase vor der superplastischen Deformation zu sehen. Im Bild 31b wird

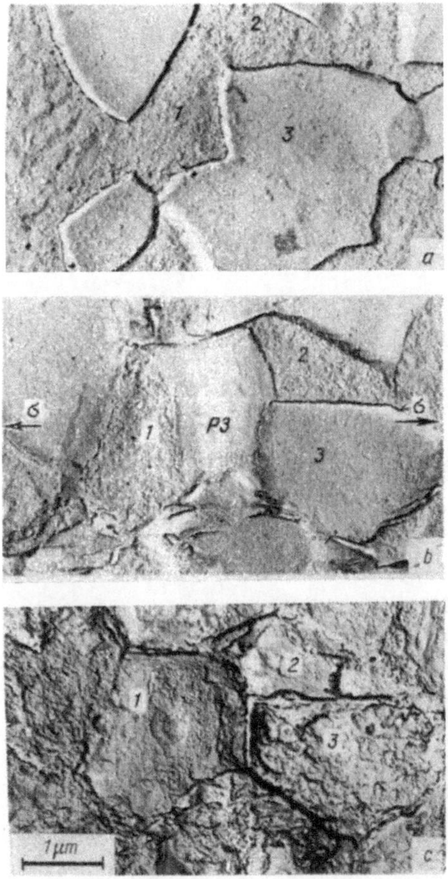

Bild 31. Wachstum eines β-Kornes (1) der Legierung ZnAl 22 längs der Zugachse einer superplastischen Deformation bei 250 °C mit $\dot{\varphi} = 1{,}7 \cdot 10^{-3}\ s^{-1}$ [116]
Zustand vor (a) und nach der Deformation bei ungeätzter (b) und geätzter (c) Probenoberfläche (P3-Deformationszone (Streifenband))

deutlich, daß das Korn 1 nach der Umformung von den Kristalliten 2, 3 durch einen neuen Oberflächenabschnitt – eine Deformationszone – getrennt ist. (Die Orientierung und die Form der Körner 1, 2 und 3 unterscheiden sich dabei im Vergleich zum Bild 31a geringfügig aufgrund der eingetretenen Korngrenzengleitung und einer schwachen Deformation des Korninneren.) Nach leichtem Ätzen erweist sich der neugebildete Oberflächenbereich als Verlängerung

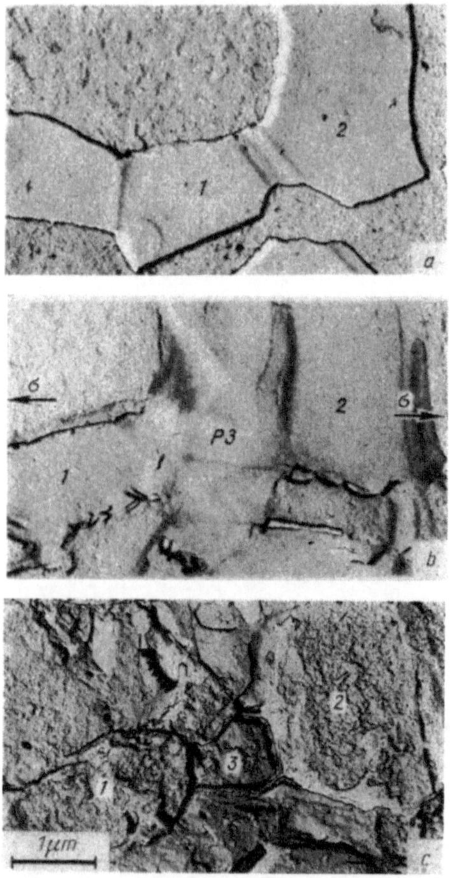

Bild 32. Kornneubildung (3) an der Stelle einer Deformationszone (P3) der Legierung ZnAl 22 durch superplastische Deformation bei 250 °C mit $\varphi = 1{,}7\ 10^{-3}\ s^{-1}$ [116]
Zustand vor (a) und nach der Deformation bei ungeätzter (b) und geätzter (c) Probenoberfläche

des Kornes 1 (Bild 31c). Die Bildung der Deformationszone an einer Quergrenze hat also in diesem Falle zu einer Vergrößerung des Kristalliten 1 in der Zugrichtung geführt, indem Material der β-Phase von anderen Probenstellen aufwuchs.

Im Bild 32a sind Körner der α-Phase zu sehen (1, 2), die sich während der superplastischen Deformation aufgrund der Entstehung eines Zwischengebietes mit kompliziertem Relief an der Probenoberfläche in Zugrichtung voneinander entfernt haben (Bild 32b). Nach leichtem Ätzen wurde zwischen den Kristalliten 1 und 2 das neue Korn 3 sichtbar (Bild 32c). Hier führte der Diffusionsstrom zur Quergrenze folglich zur Bildung eines neuen Kornes.

Wenn eine Deformationszone an einer α/β-Grenze lag, wuchs das zugehörige Material nur am β-Korn an. Bei einer an einer α/α-Grenze gelegenen Zone erwies sich die Korngröße nach dem Überätzen als konstant – es trat immer ein neues Korn in Erscheinung. Das kann damit erklärt werden, daß beim Diffusionskriechen und demzufolge bei der Formierung der Deformationszonen das Zink die Hauptrolle spielt, weil seine Diffusionsgeschwindigkeit bei der Temperatur der superplastischen Deformation mehrfach höher ist als die des Aluminiums. Eine Bestätigung dafür ist das Wachstum der Deformationszonen vom β- zum α-Korn hin (vgl. Bild 25).

Einer der Gründe dafür, daß sich anstatt eines weiteren Wachstums der vorhandenen β-Körner neue, zinkreiche Kristallite an deren Grenzen bilden, ist vielleicht folgender: In der Richtung $\langle 0001 \rangle$ ist der Diffusionskoeffizient des Zinks mehrfach höher als in den anderen kristallographischen Richtungen [122]. Wenn bei der Legierung ZnAl 22 die Richtung $\langle 0001 \rangle$ eines β-Kornes einen großen Winkel mit der Zugachse einschließt, kann es sich deshalb beim Diffusionskriechen mit Beteiligung von Umlösungsprozessen als kinetisch günstiger erweisen, daß kein Wachstum dieses Kornes, sondern Keimbildung und Wachstum eines neuen β-Kristalliten an der Quergrenze stattfinden, wobei dessen Richtung $\langle 0001 \rangle$ parallel zur Zugachse orientiert ist.

Ein Modell, das den Einschub von Material der einen Phase in eine Korngrenze der anderen Phase als Folge der Anhäufung von schnell diffundierenden Atomen einer Hauptkomponente dieser Phase in der Grenze beschreibt, wurde in [123] vorgeschlagen. Der an einer Folie der Legierung ZnAl 22 festgestellte Einbau der β-Phase an der Grenze von zwei α-Kristalliten sowie die Bildung von Einschnürungen zwischen den α-Körnern (vgl. [94]) sind eine Bestätigung dafür. Das Modell des Phaseneinschubes [123] repräsentiert einen der Fälle von Diffusionskriechen, das Umlösungsvorgänge einschließt.

Sehr interessante Ergebnisse wurden beim Recken von Folien der Legierung ZnAl 22 bei 250 bis 270 °C in einem 500-kV-Elektronenmikroskop erhalten [124]. Da die Probe während der Beanspruchung praktisch zweidimensional ist – die Dicke entspricht der Korngröße –, strecken sich die α-Kristallite stark und erreichen bei Querabmessungen von 50 nm Längen > 10 μm. Am interessantesten ist jedoch, daß sich die β-Körner nicht aufgrund ihrer Streckung (d. h. durch Deformation), sondern aufgrund von gerichtetem Wachstum verlängern. Dieses Wachstum entwickelt sich an einer α/β-Grenze bei gleichzeitiger Auflösung des benachbarten β-Kornes. Die Kristallite der α-Phase verhielten sich nicht so. Wenn die Deformation der Folie bei abgeschaltetem Elektronenstrom erfolgte, erhielt man das gleiche Bild, d. h., das beschleunigte Wachstum der β-Körner in der Zugrichtung läßt sich nicht durch besondere Deformationsbedingungen unter der Einwirkung des Elektronenstrahls erklären.

Aus einer graphischen Darstellung des Zusammenhanges zwischen der Geschwindigkeit des Längenwachstums der β-Körner und der Umformtemperatur wurde die Aktivierungsenergie des Wachstumsvorganges bestimmt. Sie betrug die Hälfte der Aktivierungsenergie der Volumenselbstdiffusion des Zinks. Das entspricht der Feststellung, wonach jeder zinkreiche β-Kristallit auf Kosten eines sich auflösenden, benachbarten β-Kornes wächst. Die Geschwindigkeiten des gerichteten Kornwachstums der β-Phase stimmten unter den experimentellen Bedingungen der Arbeit [124] mit der Geschwindigkeit der Verbreiterung von Streifenbändern überein, die in [86] im gleichen Geschwindigkeitsbereich der Superplastizität ermittelt wurden.

Die eben erörterten Versuchsergebnisse japanischer Autoren [124] lassen sich als direkter Beweis für die Mitwirkung eines von Umlösungsvorgängen begleiteten Diffusionskriechens an der superplastischen Deformation der Legierung ZnAl 22 betrachten. Zugunsten dieses Mechanismus sprechen auch die Ergebnisse der Arbeit [125], in der bei der Durchstrahlung einer in einem 500-kV-Elektronenmikroskop superplastisch gereckten Folie der eutektischen Legierung AlCu 33 eine Verschiebung der Grenzen zwischen der α-Phase und $CuAl_2$ bei gleichzeitiger Verringerung des Volumenanteils des α-Mischkristalls nachgewiesen wurde. Wenn der Zugversuch unterbrochen und die Folienoberfläche mit Hilfe der Raster – Elektronenmikroskopie untersucht wurde, war parallel zur neuen Lage der Phasengrenze ein Streifenband sichtbar.

Der diffusionsgesteuerte Materialfluß zu den Quergrenzen widerspricht nicht der Tatsache, daß nach einer superplastischen Deformation auf Schliffen oder Folien keine deutlich ausgeprägte Kornstreckung längs der Zugachse sichtbar ist, weil die Breite der Deformationszonen mit der Korngröße vergleichbar sein kann. Die selbst nach einer superplastischen Dehnung unter optimalen Bedingungen sehr geringe Streckung der Kristallite wurde in der Literatur mehrfach hervorgehoben (vgl. z. B. [11, 13]). Außerdem ist es nur die Folge des ersten Eindrucks einer Gefügebetrachtung, wenn man die Kristallite der Legierung ZnAl 22 (und vieler anderer superplastischer Werkstoffe mit Mikroduplexgefüge) üblicherweise als äquiaxial bezeichnet und durch eine mittlere Korngröße charakterisiert. Tatsächlich ist stets (auch auf den im Schrifttum publizierten Gefügebildern; vgl. etwa [94, 120]) ein merklicher Teil der Körner in verschiedenen Richtungen gestreckt. Im Ausgangsmaterial hat eine Vielzahl von Körnern die kleinere Abmessung parallel zur Achse der Zerreißprobe, so z. B. auch das Korn 1 des Bildes 31a. Aufgrund seiner Vergrößerung in der Zugrichtung durch eine Deformationszone bleibt das Korn 1 jedoch nahezu äquiaxial (Bild 31b, c).

Schließlich, und das ist besonders wichtig, erweist sich ein bedeutender Teil der Deformationszonen als neue Kristallite und kann deshalb nicht zur Verlängerung der ursprünglichen Körner beitragen. Das macht es auch verständlich, daß die Körner selbst bei Dehnungen der Größenordnung 100 bis 1000 % keine entsprechend ausgeprägte Streckung erfahren. Die Breite der Deformationszonen auf den Oberflächenabdrücken ist nämlich schon bei relativ geringen Umformgraden ($\varepsilon < 50\,\%$) mit der Korngröße vergleichbar.

Mit Hilfe der Zielpräparation von Abdrücken gelang es, eine Vielzahl von Beispielen für die aktive Beteiligung des Diffusionskriechens an der Akkomodation der Korngrenzengleitung bei der Legierung ZnAl 22 zu erhalten. Immer wenn eine Umlagerung von Körnern beobachtet wurde, war auf den entsprechenden Gebieten der Probenoberfläche mindestens eine Deformationszone sichtbar. Im Bild 17 erkennt man, daß die Zone (D) eine Art Einschluß zwischen den sich verschiebenden Kristalliten darstellt.

In keinem Falle wurden bei der Deformation der Legierung ZnAl 22 bei 150 und 250 °C auf den Oberflächenabdrücken Spalten zwischen den Körnern festgestellt, wie sie im Raster-Elektronenmikroskop nach einer superplastischen Dehnung des Eutektikums Pb—Sn bei Raumtemperatur auftraten [89], obwohl das Auflösungsvermögen und der Kontrast bei den Abdruckaufnahmen besser waren als bei den rasterelektronenmikroskopischen Untersuchungen der Arbeit [89]. Es liegt nahe anzunehmen, daß sich bei der Legierung ZnAl 22 in den frühen Stadien der superplastischen Deformation wegen der raschen Akkomodation der Korngrenzengleitung durch Diffusion keine Mikroporen bilden. (Stattdessen wird eine Vielzahl von durch diffusionsgesteuerten Massentransport gebildeten Deformationszonen sichtbar.) Im Eutektikum des Systems Pb—Sn hat der Diffusionskoeffizient des Zinns bei 20 °C den Wert $1{,}9 \cdot 10^{-16}\,\mathrm{cm^2\,s^{-1}}$ [126], während sich für den Diffusionskoeffizienten des Zinks in der Legierung ZnAl 22 bei 150 und 250 °C Werte von $5 \cdot 10^{-11}$ bzw. $1{,}28 \cdot 10^{-9}\,\mathrm{cm^2\,s^{-1}}$ [127] ergeben. Selbst bei 150 °C diffundiert das Zink in der Legierung ZnAl 22 also noch um fünf Größenordnungen schneller als das Zinn im Eutektikum Pb—Sn bei 20 °C.

Da ein Einbau von Körnern aus dem Probenvolumen in die Oberflächenschicht und die Bildung von Poren bei der superplastischen Deformation der Legierung ZnAl 22 nicht beobachtet wurden, mußte unbedingt aufgeklärt werden, wie sich die Oberfläche einer gereckten Probe vergrößert. Wie das Experiment zeigte, wächst der Flächeninhalt der breiten Seite des beanspruchten Teils einer ebenen Probe während eines Reckens um 24 und 30 % bei 250 °C und $\dot{\varphi} = 1{,}7 \cdot 10^{-3}\,\mathrm{s^{-1}}$ um 15,4 bzw. 19,6 %. Der Flächenanteil aller Deformationszonen an einem aus etwa 200 Körnern bestehenden Oberflächengebiet betrug bei den beiden Versuchen 13,5 und 19,7 % d. h., er stimmte gut mit der makroskopisch berechneten Oberflächenvergrößerung des breiten Probenteils überein. Die Bildung von Hohlräumen zwischen den Körnern, wie sie aus dem Modell von Gifkins ([79], vgl. Bild 15) folgt, tritt somit beim Korngrenzengleiten in einer Legierung mit wenigstens einer schnell diffundierenden Komponente in den frühen Stadien der superplastischen Deformation nicht unbedingt ein. Ebenfalls nicht notwendig ist bei einer solchen Legierung der Einbau von Körnern aus dem Volumen an der Probenoberfläche. Dafür fließt jedoch ein Diffusionsstrom aus dem Inneren der gereckten Probe in die Oberflächenschicht. Das Auftreten eines neuen β-Kornes zwischen zwei α-Kristalliten in einer dicken, während der superplastischen Deformation in der Säule eines 1000-kV-Elektronenmikroskops durchstrahlten Folie des Werkstoffs ZnAl 22 [94] läßt sich daher nicht (wie Gifkins [79] annimmt) durch eine Kornumlagerung aus einer tiefergelegenen Schicht, sondern (in Übereinstimmung mit dem Bild 32) als Ergebnis eines Diffusionsstroms von Zinkatomen rasch erklären.

Zum Abschluß der Diskussion über die Bildungsgesetze der Deformationszonen muß hervorgehoben werden, daß sie nicht das Ergebnis irgendwelcher besonderer Prozesse an der Probenoberfläche sind, sondern die direkte Folge derselben Vorgänge des diffusionsgesteuerten Massentransports, die bei der superplastischen Deformation von Legierungen mit Ultrafeinkorn zusammen mit der Korngrenzengleitung im gesamten Probenvolumen ablaufen. Das bezeugen auch folgende Fakten:

- die Gleichheit der Breite von Deformationszonen an der Oberfläche und ausscheidungsfreien Zonen im Inneren einer Probe,
- die Zunahme der Korngröße um die Breite einer Deformationszone bei den Experimenten mit Abätzen der Oberflächenschicht [118],
- die Übereinstimmung zwischen der Oberflächenvergrößerung einer gereckten Probe und der Gesamtfläche der Deformationszonen usw.

Gegen die Auffassung, daß das Diffusionskriechen einer der wesentlichen Mechanismen der superplastischen Deformation ist, wurden wiederholt zwei Einwände vorgebracht. Der erste Einwand lautet, daß die Geschwindigkeit des Diffusionskriechens um vieles kleiner ist als die realen Geschwindigkeiten einer realen superplastischen Deformation [11, 13, 166]. Dabei wurden für die Abschätzung der Kriechgeschwindigkeit unkorrekterweise Diffusionskoeffizienten von Legierungen ohne Superplastizität benutzt, die in gewöhnlichen Glühversuchen ermittelt worden waren. Experimente mit radioaktiven Isotopen des Zinks [127] und des Zinns [126], die auf die Oberfläche von Zerreißproben der Werkstoffe ZnAl 22 und PbSn 38 aufgebracht wurden, zeigten jedoch, daß der Diffusionskoeffizient der genannten Elemente bei einer superplastischen Deformation der beiden Legierungen bei 250 bzw. 160 °C um zwei Größenordnungen höher lag als beim Diffusionsglühen. Ein solcher Anstieg des Diffusionskoeffizienten ist in einer Reihe von Fällen dafür ausreichend, daß die Geschwindigkeiten des Diffusionskriechens sogar ohne Einführung von Überlegungen [75] zur Vergrößerung der Anzahl und zur Verkürzung der Diffusionswege bei der diffusionsgesteuerten Akkomodation der Korngrenzengleitung (vgl. Bild 14) mit der Geschwindigkeit der superplastischen Deformation vergleichbar werden. Die möglichen Gründe für die Beschleunigung der Diffusion bei der superplastischen Deformation wurden in [255] dargelegt:

- Vergrößerung der Leerstellenkonzentration durch Relaxation der bei der Absorption von Gitterversetzungen erhöhten elastischen Energie der Grenzflächen,
- Bildung von Leerstellen an Sprüngen in bewegten Korngrenzen – Schraubenversetzungen,

– Leerstellenbildung beim Kriechen von Korngrenzenversetzungen.

Der erste Mechanismus wurde dabei als der wesentliche betrachtet.

Eine sehr wahrscheinliche Ursache der Beschleunigung der Diffusion bei der superplastischen Deformation könnte auch eine (im Vergleich zur Diffusion über stationäre Grenzen) Änderung des Diffusionsmechanismus selbst infolge der Korngrenzenwanderung sein [256]. Bei der Wanderung von Grenzen kann sich nämlich die Höhe der Potentialbarriere für die Diffusionssprünge infolge der Umgruppierung von Nachbaratomen stark verringern. In [256] wurde damit die Zunahme des Diffusionskoeffizienten des Aluminiums in Ni-Al-Legierungen mit wandernden Korngrenzen erklärt, die im Vergleich zur Diffusion bei stationären Grenzen drei Größenordnungen beträgt.

Ein zweiter alter Einwand gegen eine wesentliche Rolle des Diffusionskriechens bei der superplastischen Deformation ist folgender: Bei Verringerung der Umformgeschwindigkeit unter $\dot{\varphi}_{\text{opt}}$ sollte die Bedeutung dieses Kriechens zunehmen. Der Exponent m vergrößert sich jedoch nicht in Richtung des Wertes $m = 1$ (was für NEWTONsches viskoses Fließen charakteristisch wäre), sondern sinkt im Gegenteil ab und nähert sich dem Wert Null. Dieser Widerspruch wurde durch die Annahme einer Schwellspannung der superplastischen Deformation beseitigt [114, 118, 128]: Bei Verringerung der Umformgeschwindigkeit auf Null sinkt die Fließspannung nicht auf Null ab, sondern strebt gegen einen kritischen Wert R_s, unterhalb dessen eine Deformation nicht mehr entritt. Der Werkstoff unterliegt damit keinem NEWTONschen, sondern einem BINGHAMschen Gesetz des viskosen Fließens. Bei sehr kleinen Formänderungsgeschwindigkeiten ist die anliegende Spannung deshalb nur wenig höher als die Schwellspannung R_s und der Faktor m klein. Mit zunehmender Geschwindigkeit der Dehnung wachsen die Differenz $R - R_s$ sowie auch der Faktor m an.

Das Postulat eines Zusammenhanges zwischen der Schwellspannung der superplastischen Deformation und dem Diffusionskriechen forderte auch deshalb zum Widerspruch heraus, weil man letzteres lange Zeit als einen klassischen Vorgang ohne Schwellenwert betrachtet hatte. In der Darstellung [13] wurde z. B. darauf hingewiesen, daß die Existenz einer Schwelle R_s sicher nachgewiesen wurde bei Untersuchungen des Diffusionskriechens von Legierungen mit feindispersen Teilchen sowie auch von gesinterten Oxiden, bei denen Poren an den Korngrenzen die Rolle von dispersen Partikeln übernehmen können. Daß eine Schwellspannung R_s bei reinen Metallen existiert, wurde jedoch bezweifelt. Die Autoren der Arbeit [13] betonten, daß es insbesondere beim Diffusionskriechen von Kupfer keine Schwellspannung gäbe. In der Arbeit [129] wurde dann allerdings ein temperaturabhängiger Wert R_s für reines Kupfer nachgewiesen. Arbeiten der letzten Jahre haben inzwischen zuverlässig gezeigt, daß die Schwellspannung R_s zum Wesen des klassischen Diffusionskriechens gehört und dieses nicht dem NEWTONschen, sondern dem BINGHAMschen Gesetz des viskosen Fließens gehorcht. Da R_s beim Diffusionskriechen mit abnehmender Korngröße und sinkender Temperatur wächst (vgl. die Formel (47)), ist jetzt auch verständlich geworden, warum speziell bei der superplastischen Deformation von Werkstoffen mit Ultrafeinkorn, die bei verhältnismäßig niedrigen homologen Temperaturen untersucht werden, bei sehr kleinen Umformgeschwindigkeiten stets ein Schwellenwert R_s in Erscheinung tritt.

Aus der Gesamtheit der Ausführungen folgt, daß der diffusionsgesteuerte Massentransport ein Vorgang ist, der bei der superplastischen Deformation (mehr oder weniger ausgeprägt) immer auftritt. Eine Vielzahl direkter und indirekter experimenteller Befunde bekräftigen diese Aussage.

3.3. Versetzungsgleiten im Korninneren

Die im vorangehenden Abschnitt erwähnten Einwände einer Reihe von Forschern gegen das Auftreten des Diffusionskriechens bei der superplastischen Deformation spielten, obwohl sie sich als nicht stichhaltig erwiesen, seinerzeit eine nützliche Rolle, weil sie die Aufstellung von Versetzungsmodellen der Superplastizität und die Durchführung geeigneter Experimente zu deren Verifizierung stimulierten. Heute ist sich die Mehrheit der Autoren darin einig, daß Versetzungskriechen im 3. Geschwindigkeitsintervall der superplastischen Deformation auftritt; Diskussionen werden hauptsächlich über seine Bedeutung im 1. und 2. Geschwindigkeitsbereich geführt. Hier sollen zunächst einige moderne Vorstellungen zum klassischen Versetzungskriechen betrachtet werden.

Die Abhängigkeit der Kriechgeschwindigkeit von der Spannung R wird in einem breiten Temperatur- und Spannungsintervall durch ein Potenzgesetz [130]

$$\dot{\varphi} = (aGbD/\mathrm{k}T)\,(R/G)^n \tag{49}$$

dargestellt, in dem a eine strukturabhängige Konstante, G den Schubmodul, b den Betrag des BURGERS-Vektors der Versetzungen und D den Diffusionskoeffizienten des Probenwerkstoffes bezeichnen. In Abhängigkeit davon, welcher Mechanismus die Kriechgeschwindigkeit kontrolliert, kann man einige Spielarten des Versetzungskriechens unterscheiden. Für jede dieser Spielarten ist ein bestimmter, nicht von der Temperatur und der Spannung abhängiger Wert des Exponenten n der Gleichung (49) charakteristisch.

Am häufigsten diskutiert wird das durch Kletterprozesse kontrollierte (und deshalb zuweilen auch als Kriechen mit Erholung bezeichnete) Versetzungskriechen. Das Klettern der Versetzungen wird dabei seinerseits durch die Selbstdiffusion gesteuert, und so ist die durch die Gleichung (49) beschriebene Kriechgeschwindigkeit von Metallen dem Selbstdiffusionskoeffizienten direkt proportional. Die exponentielle Abhängigkeit der Kriechgeschwindigkeit von der Spannung kann nicht umfassend erklärt werden. Der Exponent n der halbempirischen Gleichung (49) liegt beim durch das Versetzungsklettern kontrollierten Kriechen für reine Metalle und homogene Legierungen (Mischkristalle) im Intervall 4,2 bis 7 [130]. Bei Überschlagsrechnungen verwendet man gewöhnlich den Wert $n = 5$.

Wenn das Versetzungskriechen durch Kletterprozesse gesteuert wird, dann entsteht im stationären Bereich ein Subgefüge mit zeitlich unveränderlicher Subkorngröße, die umgekehrt proportional der anliegenden Spannung ist. Die Korngröße nimmt auf die Geschwindigkeit des Versetzungskriechens nur wenig Einfluß und taucht deshalb in der Formel (49) nicht explizit auf.

Bei Temperaturerniedrigung wächst der relative Beitrag der Diffusion über Versetzungen (Pipe-Diffusion), deren Aktivierungsenergie etwa gleich der Aktivierungsenergie der Korngrenzendiffusion ist. Bei ziemlich niedrigen Temperaturen kann diese Versetzungsdiffusion der steuernde Faktor des Versetzungskriechens werden. In hochlegierten Mischkristallen wird die Diffusion über Versetzungsröhren jedoch vermutlich unterdrückt.

Das Versetzungsklettern auf Grund von Volumenselbstdiffusion oder Pipe-Diffusion bestimmt die Kriechgeschwindigkeit nur dann, wenn die Versetzungen rasch gleiten. Wenn jedoch wegen der Bildung von Atmosphären, welche sich mit den Versetzungen nur über die Diffusion der gelösten Fremdelemente mitbewegen können, die Geschwindigkeit eines solchen sog. viskosen Gleitens kleiner wird als die Geschwindigkeit des Versetzungskletterns, dann wird der gesamte Kriechprozeß durch das viskose Gleiten der Versetzungen gesteuert. Der Exponent n der Gleichung (49) liegt in diesem Falle in den Grenzen 3 bis 3,6 [130]. Bei Vergrößerung der Legierungskonzentration in einem Mischkristall kann sich n von dem für das durch Klettervorgänge gesteuerte Versetzungskriechen charakteristischen Betrag auf den für ein durch viskoses Gleiten von Versetzungen gesteuertes Kriechen charakteristischen Wert erniedrigen. Eine Vorhersage des bestimmenden Kriechmechanismus ist bisher nicht möglich.

Ball und Hutchinson [120] haben als erste ein Modell vorgeschlagen, bei dem das Versetzungsgleiten im Korninneren in der Rolle eines Akkomodationsprozesses für den Hauptmechanismus der superplastischen Deformation, das Korngrenzengleiten, auftritt. Eine Gruppe von Körnern mit günstiger Orientierung verschiebt sich als Ganzes relativ zu den Nachbarn. In einem Kristalliten, der diese Verschiebung blockiert, löst die lokale Konzentration der Spannungen die Entstehung von Versetzungen aus, welche sich durch das Kornvolumen bewegen und an den gegenüberliegenden Korngrenzen ebene Aufstauungen bilden. Diese Anpassungsdeformation des blockierenden Korns erlaubt das Fortschreiten der Korngrenzengleitung. Das von den Aufstauungen hervorgerufene Gegenspannungsfeld bremst die Bildung von Versetzungen, und im Zusammenhang damit wird auch die Korngrenzengleitung gebremst. Die Spannungskonzentration im Kopf einer ebenen Aufstauung führt jedoch dazu, daß Versetzungen die Konfiguration durch Klettern längs der Korngrenze verlassen und annihilieren. Im Ergebnis dessen werden eine weitere Deformation des blockierenden Kornes sowie die weitere Korngrenzengleitung seiner Nachbarn möglich.

Als Akkomodationsmechanismus des Korngrenzengleitens bei der superplastischen Deformation wird die Versetzungsgleitung im Korninneren in zahlreichen Arbeiten und in verschiedenen Varianten diskutiert. Im Modell von Mukherjee [131] entstehen Gitterversetzungen beim Korngrenzengleiten an Korngrenzenstufen, gleiten durch das Kristallitvolumen und bilden wie im Modell [120] ebene Aufstauungen an den gegenüberliegenden Grenzen. Die Emission von Gitterversetzungen aus Frank-Reed-Quellen wird als unwahrscheinlich betrachtet, weil die Länge des Versetzungssegments einer solchen Quelle bei ultrafeinem Korn so klein ist, daß eine Ausbiegung viel höhere als die bei der superplastischen Dehnung experimentell auftretenden Spannungen erfordert.

In den Modellen von Gifkins [13, 79] ist das gesamte für die Akkomodation erforderliche Versetzungsgleiten auf das periphere Kornvolumen (d. h. auf den Kornmantel) konzentriert, während sich das Korninnere im 2. Geschwindigkeitsbereich der Superplastizität nicht deformiert. Die Kornmitte erfaßt das Versetzungsgleiten im 3. Geschwindigkeitsintervall. Die Breite des Kornmantels, in dem die Anpassungsdeformation stattfindet, beträgt bei einem Modell mit ebenen, sechseckigen Körnern etwa 0,07 *d* (*d* – Korngröße; vgl. [79]).

Nach Ball und Hutchinson [120] sowie Mukherjee [131] sollte das Gleiten einer großen Zahl von Versetzungen durch das Kornvolumen eine starke Streckung der Körner hervorrufen, die jedoch in Wirklichkeit nicht beobachtet wird. Die Modelle von Gifkins [13, 79] haben den Vorzug, daß die Deformation des Kornmantels nicht zu einer starken Formänderung des Korns führen muß.

Vorstellungen, daß das Versetzungsgleiten im Korninneren einen wesentlichen Mechanismus der superplastischen Deformation dargestellt, wurden durch Ergebnisse der Transmissions-Elektronenmikroskopie an Folien aus deformierten Proben [11, 13] nicht bestätigt. Den Arbeiten [132, 120] sowie auch anderen Untersuchungen zufolge fehlen Versetzungen im Korninneren nach einer superplastischen Deformation unter optimalen Bedingungen entweder völlig, oder sie sind außerordentlich selten. In Folien der Legierung ZnAl 22 – dem klassischen Material für die Erforschung der Superplastizität – war die überwiegende Mehrheit der Kristallite nach einer Deformation im 2. Geschwindigkeitsbereich vollständig versetzungsfrei. In der eutektischen Legierung Mg-Al wurden Versetzungen selbst dann nicht beobachtet, wenn das Abschrecken der Probe von der Umformtemperatur unter Belastung erfolgte [82].

Gleichzeitig sind jedoch bei allen superplastischen Werkstoffen nach einer Deformation im 3. Geschwindigkeitsintervall in den Körnern stets Versetzungsaufstauungen, Versetzungsnetzwerke und Kleinwinkelkorngrenzen sichtbar.

Das Fehlen von Versetzungen im Kornvolumen nach einer superplastischen Deformation im 2. Geschwindigkeitsbereich wird gewöhnlich damit erklärt, daß die Versetzungen keine stabilen Konfigurationen (Netzwerke usw.) bilden und auf Grund der Nähe von Großwinkelkorngrenzen bei ultrafeinem Korn leicht dorthin abwandern, während im Inneren von Grobkorn auch Einzelversetzungen erhalten bleiben können. Diese Erklärung ist sehr logisch, obwohl auch eine andere Interpretation der beobachteten Fakten gegeben werden kann: In ultrafeinem Korn findet während einer superplastischen Deformation im 2. Geschwindigkeitsintervall kein Versetzungsgleiten im Korninneren statt auf Grund der Aktivierung des diffusionsgesteuerten Massentransports, der geringere Spannungen erfordert. In groben Körnern tritt das Versetzungsgleiten hingegen unter allen Bedingungen auf.

Zum Nachweis des Versetzungsgleitens bei der superplastischen Deformation wurde umfangreiche Arbeit aufgewendet für die Untersuchung von Texturänderungen. Eine Deformationstextur entsteht nur beim massenweisen Gleiten von Versetzungen auf bestimmten kristallografischen Ebenen. Einzelne Versetzungsbewegungen können nicht zur Texturbildung führen.

Sehr häufig besitzt das Ausgangsmaterial eine Textur, die bei seiner Vorbehandlung (Walzen, Stauchen o. ä.) entstanden ist. Mit wachsendem Grad der superplastischen Deformation wird eine solche Ausgangstextur (am stärksten im 2. Geschwindigkeitsintervall) stets geschwächt, was bis zu einem vollständig texturfreien Materialzustand führen kann.

Die Schwächung der Textur wird durch ungeregelte Rotationen der Körner beim Korngrenzengleiten erklärt, welches im 2. Geschwindigkeitsintervall am meisten ausgeprägt ist. Die Rotationswinkel der Körner sind tatsächlich selbst bei geringen Umformgraden sehr bedeutend (vgl. die Tabellen 1, 2).

Die Autoren der Arbeit [133] stellten (an der eutektoiden Legierung Zn-Al) als erste fest, daß sich gleichzeitig mit der allgemeinen Schwächung der Walztextur während der superplastischen Deformation in der zinkreichen Phase eine neue Textur bildet, und erklärten das mit dem Auftreten von kristallografischem Gleiten. Weiterhin untersuchten die Texturänderungen bei der superplastischen Deformation eingehend Kajbyšev [12, 96, 102, 134, 135] sowie Edington [13] und Mitarbeiter. Die wichtigsten Ergebnisse wurden dabei an Legierungen des Systems Zn—Al erhalten.

Kajbyšev und Kazačkov [135] fanden die folgende sehr interessante Erscheinung: Bei texturfreiem Blech aus ZnAl 22 entsteht

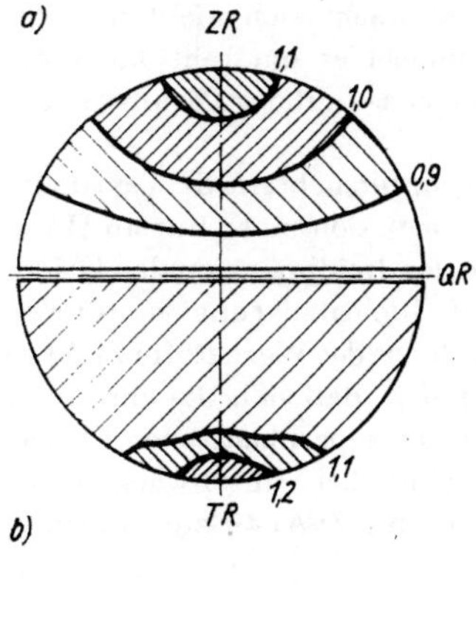

Bild 33. (0001) – Polfigur der β-Phase der Legierung ZnAl 22 nach superplastischer Deformation im 1. Geschwindigkeitsintervall (a) [12] und nach Anlassen in einem Temperaturgradienten (b) [139] in relativen Intensitäten
ZR Zugrichtung; TR Richtung des Temperaturgradienten; QR Querrichtung

im 1. Geschwindigkeitsintervall an der Peripherie der (0001)-Polfigur der zinkreichen Phase ein schwaches Texturmaximum in der Zugrichtung (Bild 33a). Im 2. Geschwindigkeitsintervall tritt keine Textur auf, und im 3. Geschwindigkeitsintervall bildet sich eine Textur mit einem Poldichtemaximum quer zur Zugachse. Da die Intensität des Poldichtemaximums im 1. Geschwindigkeitsintervall mit dem Umformgrad zunahm [12], kamen die Autoren zu dem Schluß, daß die Textur durch kristallografisches Gleiten entstand. Das Texturmaximum in der Zugrichtung wurde durch Gleitung in den Richtungen ⟨0001⟩ erklärt und führte zu der Aussage, daß die Deformation des Korninneren im 1. Geschwindigkeitsintervall durch Gleiten von prismatischen Versetzungen im System $\{11\bar{2}2\}\langle11\bar{2}\bar{3}\rangle$ realisiert wird. Im 3. Geschwindigkeitsintervall bildet sich die Textur infolge des für das Zink typischen Basisgleitens (0001) $\langle11\bar{2}0\rangle$, wenn die Gleitrichtung $\langle11\bar{2}0\rangle$ einer Einstellung parallel zur Zugachse zustrebt, und das Poldichtemaximum tritt in der Querrichtung auf. Das Fehlen einer Textur im 2. Geschwindigkeitsbereich wurde damit erklärt, daß die Beträge des Gleitens in den Richtungen ⟨0001⟩ und $\langle11\bar{2}0\rangle$ ungefähr gleich sind. Am wichtigsten war jedoch die Schlußfolgerung, daß kristallografisches Gleiten im Korninneren in allen drei Geschwindigkeitsbereichen der superplastischen Deformation wirksam wird und sich die Zahl der aktiven Gleitsysteme beim Übergang vom 1. zum 2. Intervall vergrößert – zur prismatischen Gleitung tritt Basisgleitung hinzu. Für einen eindeutigen Beweis, daß im 1. Geschwindigkeitsintervall Versetzungsgleiten in den Richtungen ⟨0001⟩ auftritt, halten die Autoren der Arbeiten [12, 102] folgendes: Wenn man die Legierung ZnAl 22 mit einer Walztextur im Ausgangszustand parallel zur Walzrichtung reckt, dann verschiebt sich das Poldichtemaximum vom Zentrum der Polfigur in die Zugrichtung. Wenn man dagegen quer zur Walzrichtung reckt, dann schwächt sich nicht nur das anfängliche Texturmaximum ab, sondern es entsteht auch ein neues Poldichtemaximum längs der Zugachse auf der Peripherie der Polfigur.

Edington, Melton und Cutler [13] untersuchten die Texturänderungen bei der superplastischen Deformation nicht nur an Hand von Polfiguren, sondern auch mit Hilfe der dreidimensionalen Orientierungsverteilungsfunktion, welche die Identifizierung der aktiven Gleitsysteme in der aluminiumreichen Phase der Werkstoffe ZnAl 40 und AlCu 33 erlaubte. Hierbei zeigte sich, daß sich die einzelnen Komponenten der Anfangstextur bei der superplastischen Deformation mit unterschiedlicher Geschwindigkeit abschwächen. In der aluminiumreichen Phase der Legierung ZnAl 40 zum Beispiel verschwindet eine kräftige Würfellage {100} ⟨001⟩ in der Anfangstextur bei allen Umformgeschwindigkeiten sehr rasch ($\varepsilon \leq 100\,\%$), während eine (im Vergleich zum Anfangszustand allerdings reduzierte) Komponente {110} ⟨001⟩ erhalten bleibt. Die Autoren der Arbeit [13] kamen deshalb zu dem Schluß, daß kristallografisches Gleiten in der aluminiumreichen Phase bei allen Formänderungsgeschwindigkeiten, auch bei maximalem Exponenten m, auftritt. Es wurde die Vermutung geäußert, daß bei der Rotation der Körner während des Korngrenzengleitens ein Teil von ihnen in eine solche Orientierung gelangt, wo kristallografisches, die Körner eine gewisse Zeit in der Orientierung stabilisierendes Gleiten auf einer bestimmten Ebenenschar möglich wird. Die weitere Rotation eines Kornes beim Korngrenzengleiten führt dieses zwar aus der erwähnten Orientierung hinaus, aber dafür gelangt ein anderes rotierendes Korn in eine für die kristallografische Gleitung günstige Lage usw. Den Ergebnissen von Polfigurbestimmungen zufolge [13] wird die zinkreiche Phase der Legierung ZnAl 40 in Orientierungen mit Prismengleitung in den Systemen $\{10\bar{1}0\}$ $\langle\bar{1}2\bar{1}0\rangle$ und $\{11\bar{2}2\}$ $\langle\bar{1}\bar{1}23\rangle$ stabilisiert. Das entspricht den Aussagen der Arbeiten [12, 102] über die Rolle der Prismengleitung bei der superplastischen Deformation.

Weder das Auftreten neuer Texturmaxima [12, 102] noch die unterschiedliche Geschwindigkeit der Schwächung der Texturkomponenten [13] bei der superplastischen Deformation können allerdings eindeutig als direkte Beweise für das Versetzungsgleiten im Korninneren behandelt werden. Die Autoren der oben betrachteten Arbeiten ließen nämlich die Möglichkeit einer Kornwachstumstextur außer acht, und bei der superplastischen Deformation wachsen die Körner bekanntlich beschleunigt.

Man kann vermuten, daß bei einer Reihe von Legierungen gerade das Kornwachstum bei der superplastischen Deformation und nicht das Versetzungsgleiten für das Auftreten (oder die Erhaltung) von kristallografischen Vorzugsorientierungen maßgebend ist. Um diese Frage eindeutig beantworten zu können, muß für experimentelle Untersuchungen eine Legierung ausgewählt werden, bei der die Deformations- und die Rekristallisationstexturen bekannt sind und nicht übereinstimmen. Ein solches Material ist ($\alpha + \beta$)-Messing [136].

Messingblech mit 41,2 % Zn, das mit Hilfe einer TMB hergestellt wurde [137, 138], besitzt den maximalen Exponenten m bei 600 °C und $\dot{\varphi} = 1{,}2 \cdot 10^{-3}\,\mathrm{s}^{-1}$. Die Textur der α-Phase umfaßt im Ausgangszustand die für gewalztes α-Messing typische Hauptlage {110} ⟨112⟩ sowie auch eine Faserkomponente ⟨100⟩ (Bild 34).

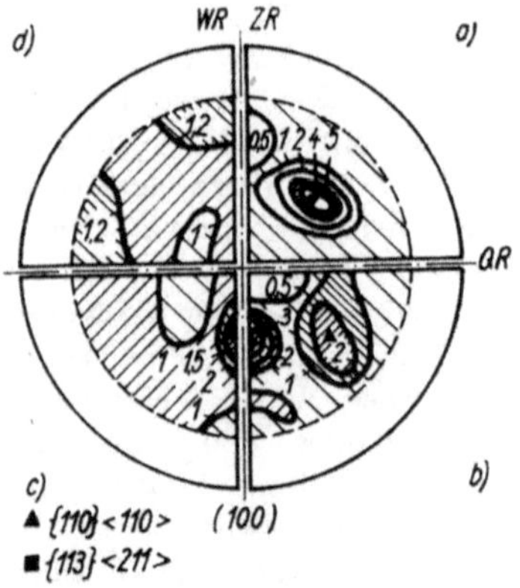

Bild 34. (100) – Polfigur der α-Phase von Messing CuZn 41 vor einer superplastischen Deformation bei 600 °C mit optimaler Geschwindigkeit (a) und nach Umformgraden von 80 (b), 200 (c) und 280 % (d) [136]
WR Walzrichtung, ZR Zugrichtung, QR Querrichtung

Beim Aufheizen einer Probe bis zur Temperatur der superplastischen Deformation (600 °C) verschärfen sich die Texturmaxima ein wenig, was charakteristisch für die ersten Anlaßstadien von plastisch umgeformten α-Messing ist. Mit wachsendem Umformgrad der superplastischen Deformation wird eine allgemeine Schwächung der Textur beobachtet (Bild 34b, c, d), und nach einer Dehnung um 300 % erwiesen sich die Proben als texturfrei. (Der Bruch erfolgte bei $\varepsilon = 460\,\%$.) Maßgebend dafür ist intensives Korngrenzengleiten, auf das eine starke Krümmung von Rissen in den Körnern direkt hinweist.

Neben der allgemeinen Abschwächung der Walztextur werden folgende wichtige Orientierungsänderungen beobachtet: Nach einer Zugumformung um 80 % treten neue Texturmaxima in Erscheinung (Bild 34b), die der für die Rekristallisationstextur von α-Messing typischen Orientierung {113} ⟨211⟩ entsprechen. Nach einer Rekkung um 200 % ist die neue Texturkomponente nur wenig schwächer, während die Anfangstextur stark abgeschwächt wurde (Bild 34c). Bei weiterer Deformation werden sowohl die Orientierung {113} ⟨211⟩ als auch die Anfangstextur völlig beseitigt. Bei Variation der Zugrichtung (unter den Winkeln 0,45 und 90° zur Walzrichtung) blieben die Lagen aller Texturmaxima relativ zur Walzrichtung und der allgemeine Charakter der Texturabschwächung unverändert (vgl. Bild 2 in [136]). In den unverformten Probenköpfen bildete sich die Rekristallisationstextur {113} ⟨211⟩ aus, die sich mit wachsender Haltezeit bei 600 °C (unter gleichzeitiger Auflösung der Walztextur des Anfangszustandes) verstärkte.

Die erwähnten Texturänderungen bei der superplastischen Deformation kann man vollständig als Folge von zwei Prozessen erklären, des Kornwachstums und des Korngrenzengleitens. Nach dem Aufheizen der Probe auf 600 °C betrug die Korngröße 6 μm und nach einem Recken um 80, 200 und 280 % lag sie bei 10, 12 und 14 μm. Das intensive Kornwachstum bei der superplastischen Dehnung des Messings führte zur Entstehung der Rekristallisationstextur, die sich qualitativ von der Ausgangstextur unterscheidet. Diese Kornwachstumstextur der kfz. α-Phase hängt natürlich nicht von der Beziehung zwischen der Zugrichtung und der Walzrichtung des Ausgangsmaterials ab. Das Korngrenzengleiten zerstört sowohl die Anfangstextur als auch die neue Kornwachstumstextur.

Im Unterschied zu Messing haben die Deformations- und die Kornwachstumstexturen der Phasen von ZnAl-Legierungen gemeinsame Orientierungen, was eine eindeutige Interpretation der oben behandelten Texturänderungen bei der superplastischen Deformation dieser Werkstoffe ausschließt. Es wurde die Vermutung ausgesprochen [86], daß die Ausbildung des von den Autoren der Arbeit [135] gefundenen schwachen Texturmaximums der Zugrichtung auf der Peripherie der (0001)-Polfigur des zinkreichen Mischkristalles nicht auf Versetzungsgleiten, sondern auf Diffusionskriechen beruht, bei dem eine beschleunigte Zinkdiffusion in der $\langle 0001 \rangle$-Richtung ein bevorzugtes Kornwachstum in dieser Orientierung bedingt.

Zur Überprüfung dieser Hypothesen muß, um kristallografisches Gleiten ausschließen und das Kornwachstum in einer vorgegebenen Gitterrichtung in reiner Form beobachten zu können, wie im Falle des Diffusionskriechens ein Gradient der Leerstellenkonzentration erzeugt werden, jedoch ohne zur Belastung der Probe beizutragen. Solchen Forderungen genügt ein Anlassen in einem Temperaturgradienten [139].

Zur Einstellung unterschiedlicher Anfangszustände wurde Halbzeug der Legierung ZnAl 22 bei 250 °C mit zwei Formänderungsgeschwindigkeiten bis 300 % gereckt. Die eine Geschwindigkeit war optimal für die superplastische Deformation, die andere eine Größenordnung höher. In Verbindung mit nachfolgendem Abschrecken der Proben von 350 °C zur Einstellung von Feinkorn gewährleistet die skizzierte Behandlung im ersten Falle einen texturlosen Anfangszustand und im zweiten Falle eine typische Deformationstextur.

Das Anlassen im Temperaturgradienten erfolgte bei einem Temperaturabfall von 255 auf 150 °C über eine Länge von 15 mm und erstreckte sich über 300 Stunden. Dabei bildete sich in der anfänglich texturlosen Probe parallel zur Richtung des Temperaturgradienten eine Vorzugslage mit der Achse ⟨0001⟩ (vgl. Bild 33b). Das zugehörige schwache Poldichtemaximum der Normalen auf die (0001)-Ebenen lag parallel zum Temperaturgradienten auf der Peripherie der Polfigur. Dieses Bild erwies sich als völlig übereinstimmend mit der Polfigur, die beim Recken einer texturfreien Probe im 1. Geschwindigkeitsintervall der Superplastizität erhalten wird (vgl. Bild 33d).

In der Probe mit einer Anfangstextur verschob das Anlassen im Temperaturgefälle das Poldichtemaximum aus dem Zentrum der Polfigur in die parallel zur Zugachse der vorangehenden Deformation des Halbzeugs orientierte Richtung des Temperaturgradienten (Bild 35). Auch in diesem Falle veränderte folglich das Anlassen im Temperaturgradienten die Textur qualitativ in Analogie zu den Orientierungsänderungen bei der superplastischen Deformation der Legierung ZnAl 22 im 1. Geschwindigkeitsintervall (vgl. die entsprechenden Angaben in den Arbeiten [12, 102]).

Alle in der Literatur beschriebenen Gesetzmäßigkeiten der Texturänderungen bei der superplastischen Deformation der zinkreichen Phase von ZnAl-Legierungen lassen sich vollständig erklären, wenn man von dem Sachverhalt ausgeht, daß im 1. Geschwindigkeitsintervall neben der Korngrenzengleitung auch Diffusionskriechen wirksam ist, bei dem sich eine Kornwachstumstextur bildet. Bei Vergrößerung des Umformgrades in diesem Geschwindigkeitsbereich nimmt die Intensität des neuen Texturmaximums zu [12], weil das Korn stärker wächst und beim diffusionsgesteuerten Massentransport außerdem mehr neue Körner mit gleicher Orientierung entstehen. Bei Vergrößerung der Umformgeschwindigkeit (d. h. beim Übergang zum 2. Geschwindigkeitsintervall) wird die

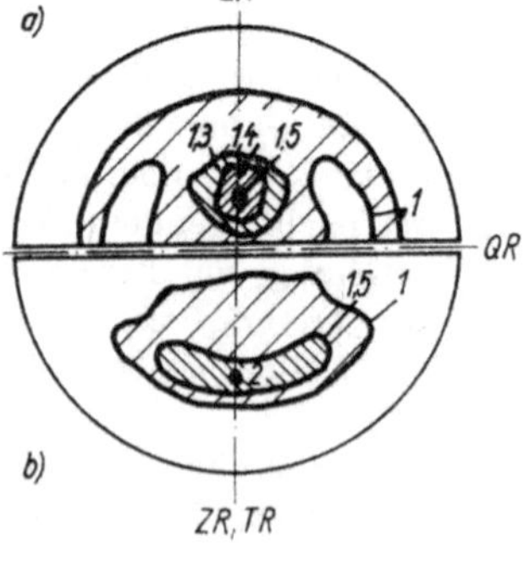

Bild 35. (0001) – Polfigur der β-Phase der Legierung ZnAl 22 nach (a) Zugumformung im 3. Geschwindigkeitsbereich der Superplastizität und nachfolgendem Anlassen in einem Temperaturgradienten (b) ([139]; vgl. Bild 33)

Anfangstextur abgeschwächt, aber eine Kornwachstumstextur tritt wegen der starken, ungeregelten Rotation der Kristallite beim Korngrenzengleiten noch nicht in Erscheinung. Im 3. Geschwindigkeitsbereich sind das Diffusionskriechen und das Kornwachstum schwach ausgeprägt, und die Texturentwicklung wird vollständig durch die für das Zink charakteristische Basisgleitung in den Richtungen $\langle 11\bar{2}0 \rangle$ bestimmt.

Es ist bekannt, daß auf die Kornwachstumstextur eine vergleichsweise größere Zahl von Faktoren Einfluß nimmt als auf die Deformationstextur [140]. Die Texturentwicklung bei der superplastischen Deformation hängt eben deshalb von den Phasenanteilen und der Art der Korngrenzen ab.

Wenn die Probe im Anfangszustand eine Textur besitzt, dann kann eine Kornwachstumstextur bei der superplastischen Deformation nur entstehen, wenn es eine Anisotropie des Diffusionskoeffizienten gibt. Bevorzugt wachsen und neugebildet werden dann Körner, die parallel zum Gradienten der Leerstellenkonzentration in einer Richtung mit erhöhtem Diffusionskoeffizienten orientiert sind.

Texturuntersuchungen gestatten also keine eindeutige Aussage über die aktive Beteiligung der Versetzungsgleitung an der superplastischen Deformation von Zn-Al-Legierungen im 1. und 2. Geschwindigkeitsbereich. Die Analyse der Texturänderungen bei der superplastischen Dehnung einer Legierung AlCu 6 mit 0,3 % Cr mit Hilfe der dreidimensionalen Orientierungsverteilungsfunktion führte die Autoren der Arbeit [263] unlängst allerdings zu dem Schluß, daß bei diesem Werkstoff im Übergangsbereich vom 2. zum 3. Geschwindigkeitsintervall Mehrfachgleitung, im 2. Geschwindigkeitsintervall jedoch nur Einfachgleitung auftritt. Ein Beweis für Versetzungsgleiten im 1. Geschwindigkeitsintervall wurde nicht gefunden. In dieser Situation erhält die elektronenmikroskopische Untersuchung der Deformation im Korninneren, vor allem eine direkte Beobachtung des Versetzungsgleitens bei der Durchstrahlung von Folien während einer Zugumformung im Hochspannungs-Elektronenmikroskop, große Bedeutung. Beim superplastischen Recken von etwa 4 μm dicken Folien ($\sim$ 7 Körner) der Legierung ZnAl 22, das bei 100 °C in einem 1000-kV-Mikroskop erfolgte, wurde keine merkliche Versetzungsaktivität in den β-Körnern und nur eine geringe Versetzungsaktivität in den α-Kristalliten festgestellt [94]. Nach Meinung der Autoren der Publikationen [141] sind diese Ergebnisse jedoch nicht charakteristisch für eine superplastische Deformation unter den üblichen Bedingungen, weil sich die Leerstellenkonzentration der aluminiumreichen Phase unter der Einwirkung des Elektronenstrahls in einem 1 000-kV-Mikroskop drastisch (d. h. etwa um den Faktor 10^5 gegenüber der Gleichgewichtskonzentration der thermischen Leerstellen bei 100 °C) erhöht. Das verursacht in den α-Körnern eine Aktivierung der diffusionsgesteuerten Akkomodation durch Korngrenzengleitung auf Kosten der Akkomodation durch Versetzungsgleitung und ändert die Bilanz der Akkomodationsvorgänge in den α- und β-Körnern. (In der zinkreichen Phase liegt die Konzentration der durch Elektronenbeschuß im Mikroskop gebildeten Leerstellen in der gleichen Größenordnung wie die Konzentration der thermischen Leerstellen bei 100 °C.) Die kritische Temperatur, unterhalb derer eine Deformation von Folien im Strahl eines 1 000-kV-Elektronenmikroskopes auf Grund der skizzierten Verfälschungen der Ergebnisse nicht möglich ist, beträgt für die aluminiumreiche Phase 260 °C, für die zinkreiche Phase 110 °C [141]. Bei Temperaturen oberhalb der kritischen Temperatur ist die Konzentration der thermischen Leerstellen größer als die der durch den Elektronenbeschuß erzeugten.

Beim Recken von Folien der Legierung ZnAl 22 in einem 500-kV-Elektronenmikroskop (Temperaturen 200 bis 270 °C), wo der Effekt des Elektronenbeschusses stark verringert sein oder im allgemeinen nicht auftreten sollte, war die Versetzungsaktivität ebenfalls sehr gering und wurde in den α- und β-Körnern nur gelegentlich beobachtet [124]. Bei Dehnungsexperimenten mit Folien aus der Legierung AlCu 33, die in einem 500-kV-Mikroskop (d. h. weit oberhalb der bei der verwendeten Beschleunigungsspannung auftretenden kritischen Temperatur) durchgeführt wurden, ließ sich bei hohen Umformgeschwindigkeiten eine große Versetzungsaktivität in der Nähe von Korngrenzen oder Dreier-Kornzwickeln feststellen, während bei kleinen Deformationsgeschwindigkeiten nur bei der Probenvorbereitung entstandene Versetzungen beobachtet wurden [125]. Die direkte Beobachtung der superplastischen Deformation von Folien im Hochspannungs-Elektronenmikroskop offenbarte also kein reguläres Versetzungsgleiten im Kornvolumen. In den letzten Jahren verstärkte sich deshalb das Interesse an der Untersuchung von Folien, die aus massiven Probenobjekten hergestellt wurden. Dem Abwandern von Versetzungen in Korngrenzen im Zeitraum der Probenentlastung und -abkühlung kann dabei durch disperse Ausscheidungen im Korninneren und rasche Abkühlung von der Temperatur der superplastischen Deformation vorgebeugt werden.

In der Arbeit [142] wurde das Versetzungssubgefüge in den Kristalliten der α-Phase der Legierung ZnAl 40 nach Deformation bei 250 bis 260 °C mit Formänderungsgeschwindigkeiten von $4 \cdot 10^{-5}$ bis $3 \cdot 10^{-2}\,s^{-1}$ (das Optimum war $3 \cdot 10^{-4}\,s^{-1}$) untersucht. Die Erhaltung der Versetzungen begünstigen Ausscheidungen der zinkreichen Phase in den α-Körnern und Abschrecken von der Temperatur der superplastischen Deformation. Alle Versetzungen hatten BURGERS-Vektoren des Typs $a/2\ \langle 110 \rangle$. Bei der optimalen Umformgeschwindigkeit war die Versetzungsdichte sehr klein. Noch weniger Versetzungen wurden nach der Deformation mit der niedrigsten Geschwindigkeit beobachtet. Außerhalb des Geschwindigkeitsbereiches der superplastischen Deformation stellte sich eine ziemlich hohe Versetzungsdichte ein; dabei entstanden Versetzungsgeflechte und Kleinwinkelkorngrenzen. Die Analyse von Gleitspuren zeigte, daß mit der Erhöhung der Umformgeschwindigkeit die Zahl der Versetzungen wuchs, die ihre Gleitebenen $\{111\}$ durch Klettern verließen.

Ein Mangel der Arbeit [142] ist die hohe Versetzungsdichte im Ausgangsmaterial. Beim Strangpressen des Halbzeuges wurden die Versetzungen durch feindisperse Ausscheidungen blockiert, und obwohl ihre Dichte bei der superplastischen Deformation erheblich abfiel, ist nicht klar, wie die eindeutige Identifizierung der speziell bei dieser Deformation erzeugten Versetzungen möglich war.

Die Arbeiten [102, 143], in denen das Versetzungsgefüge in den zinkreichen β-Körnern der Legierungen ZnAl 10 und ZnAl 50 nach superplastischer Deformation bei 250 °C mit den Formänderungsgeschwindigkeiten $2 \cdot 10^{-4}$ und $2 \cdot 10^{-2}\,s^{-1}$ untersucht wurde, weisen eine solche Unzulänglichkeit nicht auf. Eine spezielle Abschreckvorrichtung gewährleistete eine sehr rasche Abkühlung (0,2 s) der Probe nach ihrer Entlastung. Im Ausgangszustand waren keine Versetzungen vorhanden, aber nach der superplastischen Deformation wurden sie gefunden. Die Arbeiten von KAJBYŠEV und Mitarbeitern [102, 143] demonstrieren deshalb sehr zuverlässig, daß bei der superplastischen Deformation Versetzungsgleiten im Kornvolumen auftritt.

Bei kleinen Formänderungsgeschwindigkeiten lagen die Versetzungen in der Legierung ZnAl 10 hauptsächlich im System $\{11\bar{2}2\}\ \langle 11\bar{2}\bar{3} \rangle$. Beim Übergang zu der annähernd optimalen Deformationsgeschwindigkeit $2 \cdot 10^{-2}\,s^{-1}$ nahm die Versetzungsdichte generell zu. In der Legierung ZnAl 10 vergrößerte sich dabei vor allem die Zahl der prismatischen Versetzungen mit BURGERS-Vektoren $^1/_3\ \langle 11\bar{2}\bar{3} \rangle$, in der Legierung ZnAl 50 die Zahl der Basisversetzungen mit BURGERS-Vektoren $^1/_3\ \langle 11\bar{2}0 \rangle$. Diese Ergebnisse entsprechen dem Charakter der Texturänderungen in den betrachteten Werkstoffen.

Die Unterschiede im Verhalten der beiden Zn-Al-Legierungen erklärten die Autoren von [102, 143] folgendermaßen: In dem Material ZnAl 50 ist der Anteil von α/β-Phasengrenzen bedeutend größer als in der Legierung ZnAl 10. In diesem Werkstoff überwiegen die β/β-Grenzen, an denen vermutlich die Bildung von Basisversetzungen energetisch begünstigt ist, während an den α/β-Grenzen die Bildung von prismatischen Versetzungen günstiger sein soll. (Die Ursachen dieses Unterschiedes wurden nicht erörtert.)

Wenn man berücksichtigt, daß die Texänderungen nicht nur durch Versetzungsgleiten, sondern auch durch Kornwachstum hervorgerufen sein können und eine statistische Analyse der Versetzungen unterschiedlichen Typs in den Arbeiten [102, 143] nicht durchgeführt wurde, dann bleibt die Frage offen, wie genau vereinzelte Bestimmungen des BURGERS-Vektors und des Gleitsystems die spezifischen Merkmale des Versetzungssubgefüges der verschiedenen Legierungen bei unterschiedlichen Geschwindigkeiten der superplastischen Deformation widerspiegeln. Publikationen über die Änderungen des Versetzungssubgefüges im Werkstoff ZnAl 22 fehlen ganz.

Ein eindeutiger Beweis für das Auftreten von Versetzungsgleiten im Korninneren kann erhalten werden, indem man den Abstand von zwei querliegenden Ritzmarken innerhalb eines einzelnen Kornes mißt. Beim Diffusionskriechen sollte sich dieser Abstand nicht ändern (vgl. die Ritzmarken mn und kl im Bild 21), während er beim Versetzungsgleiten zunehmen kann.

Bei der superplastischen Deformation der Legierungen MgAl 33 [82] und MgMn2Ce [83] mit Anfangskorngrößen von 10,6 und 9,6 μm wurde eine Vergrößerung des Abstandes zwischen quer zur Zugachse liegenden Ritzmarken mit dem Lichtmikroskop festgestellt. Das Anfangskorn der Legierungen war genügend groß und vergrößerte sich während der Umformung noch. Allem Anschein nach kann man damit das Auftreten von Gleitlinien bei der Legierung MgMn2Ce [83] erklären, was für die überwiegende Mehrheit von superplastischen Werkstoffen eigentlich nicht typisch ist.

Bei einer Legierung mit ultrafeinem Korn ist die Messung des Abstandes von Ritzmarken innerhalb eines Kristalliten nur im Elektronenmikroskop möglich. Die Autoren dieses Buches und LEVČENKO benutzten dafür die Zielpräparation von Oberflächenabdrücken und erzielten dabei an der Legierung ZnAl 22 mit einer Anfangskorngröße von 1,25 μm folgende Ergebnisse: Bei 250 °C und der Umformgeschwindigkeit $7 \cdot 10^{-5}\,s^{-1}$ wurde nur bei 2 von

30 Körnern, an denen die Anbringung von zwei querliegenden Ritzmarken gelungen war, im Inneren eine Vergrößerung des Ritzmarkenabstandes im Vergleich zum Anfangszustand vor der Deformation beobachtet. Bei der Formänderungsgeschwindigkeit $2{,}4 \cdot 10^{-1}\,s^{-1}$ trat der Effekt bei 22 von 39 solchen Körner auf. Das zeigt, daß die Körner der Legierung ZnAl 22 bei kleiner Umformgeschwindigkeit hauptsächlich durch Diffusionskriechen gestreckt werden und daß bei großen Geschwindigkeiten die Bedeutung der Gleitung im Korninneren wächst.

Bei allgemein schwacher Versetzungsaktivität im Volumen ist im 1. und 2. Geschwindigkeitsintervall der Superplastizität durchaus eine große Versetzungsaktivität in einer verhältnismäßig eng begrenzten Zone der Körner möglich. Den Grenzfall stellt hierbei das Modell von Körnern mit unverformtem Innenbereich und deformierten Mänteln [13, 79] dar. Als Auswirkung einer solchen inhomogenen Deformation des Korninneren kann man die folgenden Fakten betrachten.

Schon bei geringen Formänderungen der Legierung ZnAl 22 ist an vielen Grenzflächen in einem engbegrenzten Gebiet eine charakteristische Faltigkeit sichtbar (vgl. die Bilder 27 und 36). Dabei erstrecken sich alle Falten unabhängig von der Orientierung der Korngrenzen in einer nahe der Zugachse gelegenen Richtung. Die Faltigkeit wurde etwa in der Hälfte aller α-Körner, aber nur sehr selten in den β-Körnern beobachtet. Im Bild 36 ist sie gut in den α-Körnern an den Grenzen zwischen α- und β-Kristalliten sichtbar. Entfernt von den Grenzflächen im Kornvolumen beobachtet man Faltenbildung äußerst selten (Bild 37).

Die Zielpräparation von Oberflächenabdrücken zeigte, daß die Faltigkeit an den Korngrenzen nicht wie in der Arbeit [86] angenommen das Anfangsstadium der Bildung von diffusionsbedingten Streifenzonen ist. Die äußere Form der Falten und die Art ihrer

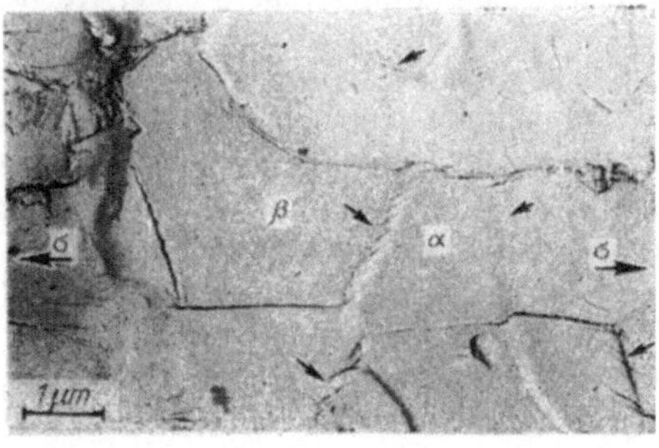

Bild 36. Faltenbildung an Korngrenzen der Legierung ZnAl 22 durch superplastische Deformation bei 250 °C [116]

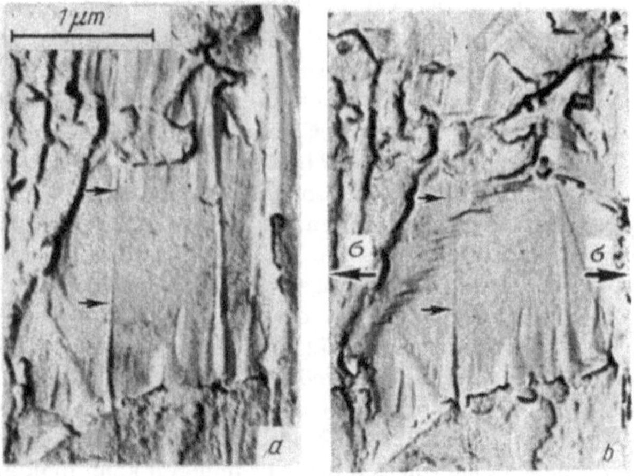

Bild 37. Verschiebung einer Markierung bei der Faltenbildung im Korninneren der Legierung ZnAl 22 bei superplastischer Deformation bei 250 °C mit $\dot{\varphi} = 7 \cdot 10^{-5}\,s^{-1}$ [116]
Zustand vor (a) und nach (b) der Umformung

Anordnung erlauben es vielmehr, die Faltenbildung als Anzeichen einer in Korngrenzennähe lokalisierten, für die Akkomodation bedeutsamen Deformation des Korninneren zu betrachten. Ihr Zusammenhang mit dem Versetzungsgleiten zeigt sich darin, daß Ritzmarken im Gebiet der Falten entweder undeutlich oder gekrümmt sind (Bild 37). Aber selbst wenn die Falten von einem Oxidhäutchen herrühren würden [74], kann man sie als Anzeichen einer Deformation der Unterlage, d. h. der Körner ansehen. An der Legierung MgAl 33 wurde Faltenbildung unterhalb der optimalen Formänderungsgeschwindigkeit nur in Korngrenzennähe beobachtet; oberhalb der optimalen Deformationsgeschwindigkeit ($m \approx 0{,}18$) erstreckte sie sich jedoch auf das Innere vieler Körner (vgl. Bild 6 in [74]).

Bei der Legierung ZnAl 22 sind Bereiche mit Falten in den α-Körnern bei beliebigen Geschwindigkeiten der superplastischen Deformation sichtbar. Die mittlere Breite der korngrenzennahen Gebiete mit nachweisbarer Faltenbildung ist 0,09 d, was gut mit der Mantelbreite 0,07 d im Modell von Gifkins [79] übereinstimmt.

Man kann annehmen, daß bei der superplastischen Deformation des Werkstoffes ZnAl 22 in engen korngrenzennahen Kristallbereichen Akkomodation durch Gleitung von Gitterversetzungen stattfindet. Die bevorzugte Bildung von Falten an α-Körnern kann man damit erklären, daß die Atombeweglichkeit (bzw. der Diffusionskoeffizient) in der aluminiumreichen Phase bei 250 °C wesentlich kleiner ist als in der zinkreichen Phase und die Bewegung von Versetzungen im Kornmantel deswegen den Hauptmechanismus für die Akkomodation beim Korngrenzengleiten darstellt. Begünstigt wird das noch durch die größere Zahl von Gleitsystemen in der aluminiumreichen Phase.

Akkomodation durch Versetzungsgleiten in einem engen korngrenzennahen Kristallgebiet muß weder zur Entstehung einer Umformtextur noch zur Kornstreckung oder zur Abstandsvergrößerung zwischen querliegenden Ritzmarken innerhalb eines Korns führen. Es kann sich anzeigen in Form einer gemeinsamen Verschiebung von Nachbarkörnern, bei der eine Ritzmarke auf der Probenoberfläche in der Nähe einer Korngrenze gekrümmt wird [69]. Die Autoren dieses Buches und Kožanov beobachten das bei der superplastischen Deformation von zweiphasigem Messing in einem grenzflächennahen Kristallgebiet der Breite $\sim 0{,}2\, d$[1]).

Man kann annehmen, daß ein die Akkomodation der Körner bei der Korngrenzengleitung gewährleistendes, in einer korngrenzennahen Zone lokalisiertes Gleiten von Gitterversetzungen für die superplastische Deformation charakteristisch ist. Diese Annahme bedarf allerdings der weiteren Bestätigung durch Experimente mit unterschiedlichen superplastischen Werkstoffen. Insgesamt folgt, daß es direkte und indirekte Beweise für unterschiedliche Versetzungsreaktionen im Kornvolumen gibt und daß Versetzungsgleitung bei der superplastischen Deformation im Korninneren um so häufiger festgestellt wird, je größer die Kristallite des Probenwerkstoffs sind.

3.4. Porenbildung und Bruch

Die Gesetzmäßigkeiten und der Mechanismus des Bruches bei der superplastischen Deformation sind wenig erforscht. Das Anfangsstadium des Bruches eines superplastischen Werkstoffs ist offenbar die Bildung von Mikrohohlräumen, die üblicherweise unabhängig von der Form als Poren bezeichnet werden.

Einige Autoren [9, 95] nehmen an, daß die deformationsbedingte Porenbildung nicht charakteristisch für die Mehrzahl der super-

[1]) V. A. *Kozanov:* Autorreferat der Dissertation »Issledovanie strukturnych i technologičeskich parametrov polučenija sverchplastičnogo lista iz dvuchfaznoj latuni«. MISiS, Moskau 1979

plastischen Werkstoffe ist. Die Experimente zeigen jedoch, daß sie bei Legierungen auf der Basis von Kupfer [66, 95, 98, 144—149], Eisen [150—153], Nickel [154, 155], Aluminium [156, 157], Magnesium [111] und Zink [158—160] über die gesamte Meßlänge von Zugproben auftritt. Einzelne Werkstoffe, z. B. Kupfer- oder Aluminiumlegierungen sowie auch Stähle, neigen zu starker Porenbildung bei der superplastischen Deformation. Bei Kupferlegierungen kann man die Poren schon bei geringen Deformationen ($\varepsilon = 50 \ldots 100\,\%$) leicht metallographisch nachweisen. Bei anderen Legierungen lassen sich Poren nur nach großer Deformation feststellen. Weit verbreitet ist die Meinung (vgl. z. B. [161]), daß bei der superplastischen Dehnung des Werkstoffs ZnAl 22 keine Poren entstehen. In der Arbeit [158] wurden jedoch im Elektronenmikroskop an Folien dieser Legierung, die annähernd bis zum Bruch gereckt worden waren, parallel zur Ziehrichtung verlaufende Zeilen von Poren beobachtet. Später entdeckte man derartige Porenzeilen auch lichtmikroskopisch auf Längsschliffen von zerrissenen Proben des Materials ZnAl 22 [159, 160]. Nach relativ geringen superplastischen Dehnungen waren Poren weder in Folien noch auf Oberflächenabdrücken sichtbar.

Heute kann man feststellen, daß die Porenbildung bei einer superplastischen Deformation mit Zugbeanspruchung charakteristisch für die überwiegende Mehrzahl der superplastischen Werkstoffe ist. Lediglich bei Titanlegierungen und im Eutektikum des Systems Pb—Sn wurden bisher keine Poren gefunden. Bei sorgfältigerer Versuchsführung wird man sie aber sehr bald auch in diesen Werkstoffen feststellen. Es ist nämlich eine Tatsache, daß die für die superplastische Deformation charakteristische, ausgeprägte Korngrenzengleitung auch die Keimbildung der Poren bewirkt. Die Gesetzmäßigkeiten dieses Vorganges bei der superplastischen Deformation sind in vieler Hinsicht dieselben wie beim klassischen Kriechen. Aus diesem Grunde sollten auch die Mechanismen der Keimbildung und des Wachstums von Poren in gleichen Fällen gleich sein.

Poren entstehen dann, wenn die Akkomodationsprozesse bei der Korngrenzengleitung ihre Keimbildung nicht zu verhindern vermögen. An Korngrenzenzwickeln (Dreierzwickeln), Korngrenzenstufen oder auch Einschlüssen bilden sich bei der Korngrenzengleitung Spannungskonzentrationen aus, die zur Dekohäsion des Materials an diesen Stellen führen. Mögliche Keimbildungsmodelle für die Porenentstehung beim Kriechen und bei der superplastischen Deformation wurden in den Arbeiten [148] und [162] vorgeschlagen.

Die Autoren des vorliegenden Buches stellten gemeinsam mit EFREMOV[1]) fest, daß im Messing CuZn 41 nach einer superplastischen Deformation im Temperaturgebiet von 500 bis 650 °C etwa 90 % aller Poren an α/β-Grenzen oder Korngrenzenzwickeln mit solchen Grenzen und nur etwa 10 % an den α/α-Grenzen auftreten. An β/β-Grenzen waren Poren äußerst selten sichtbar. Analoge Ergebnisse erhielt man für Messing mit praktisch gleicher Zusammensetzung in der Arbeit [98]. Man kann sie damit erklären, daß die Geschwindigkeit und der Betrag der Korngrenzengleitung an den α/β-Grenzen am größten und an den β/β-Grenzen am kleinsten sind (vgl. den Abschnitt 3.1.). In Messing mit 38,5 % Zn und 3 % Fe entstanden die Poren bevorzugt an Einschlüssen eisenhaltiger Phasen, in geringerem Maße α/β-Grenzen und an den α/α-Grenzen nur ganz selten [66]. An den β/β-Grenzen fehlten sie völlig. In zweiphasigen Stählen des Typs X3NiMoTi 4.3.2. [150] und X5CrNiTi 26.6 [152] entstanden Poren an den α/γ-Grenzen sowie an Karbidausscheidungen. Bei der Dotierung der nicht zur Porenbildung neigenden eutektischen Legierung Pn—Sn mit den die Entstehung intermetallischer Verbindungen fördernden Elementen Ag, Cu oder Sb traten bei superplastischer Deformation Mikrohohlräume an den Partikeln solcher Verbindungen auf [163]. Ihre Keimbildung erklärte man mit Dekohäsion an der Grenzfläche Matrix-Einschluß. Die Autoren der Artikel [151, 153] gelangten dagegen zu der Schlußfolgerung, daß Porenkeime an den Phasengrenzen von Karbiden in Stahl schon vor der superplastischen Deformation vorhanden waren.

Eine thermodynamische Analyse zeigt, daß eine Pore gegen ein bei einem kritischen Radius beginnendes Selbstausheilen stabil ist. Einschlüsse können Porenbildung nur bei genügend großen Abmessungen hervorrufen; sie tritt deshalb auch bevorzugt an groben Partikeln in Erscheinung.

Bei der superplastischen Deformation sind wie beim Kriechen [162] zwei Mechanismen des Porenwachstums möglich:

- Keimwachstum infolge von Korngrenzengleitung und
- diffusionsgesteuertes Wachstum, bei dem unter der Wirkung der anliegenden Zugspannung an den Korngrenzen entstehende Leerstellen zu den Poren und Atome von den Porenoberflächen zu den Korngrenzen wandern.

Im ersten Falle sollten die Poren spitzwinklig-gestreckt, im zweiten Falle kugelförmig sein.

[1]) B. N. *Efremov:* Autorreferat der Dissertation »Issledovanie strukturnoj sverchplastičnosti dvuchfaznoj latuni L 59«, MISiS, Moskau 1976

In einer Kupferlegierung mit 2,8 % Al, 1,8 % Si und 0,4 % Co [144] waren die Poren bei einer Umformung im 3. Geschwindigkeitsintervall der Superplastizität klein und bildeten Zeilen parallel zur Zugachse. Im 1. Geschwindigkeitsintervall waren sie bedeutend gröber, kugelförmig und regellos verteilt. Im 2. Geschwindigkeitsbereich wurde ein Zwischenstadium der Porenbildung beobachtet. Bei der Legierung ZnAl 22 [160] waren die Poren im 2. Geschwindigkeitsintervall in Zugrichtung gestreckt, im 1. Intervall gröber und mehr kugelförmig. Das läßt sich damit erklären, daß der Diffusionsmechanismus des Porenwachstums bei kleinen Umformgeschwindigkeiten dominiert. Bei einer Vergrößerung der Deformationsgeschwindigkeit wird seine Rolle abgeschwächt, und es verstärkt sich die Bedeutung des Deformationsmechanismus des Porenwachstums. Bei einer superplastischen Dehnung unter optimalen Bedingungen kann in den verschiedenen Werkstoffen einer der beiden beobachteten Mechanismen überwiegen; damit verbunden ist dann die eine oder die andere Porenform. In Messing CuZn 41 sind die Poren z. B. kugelig (Bild 38), während sie im Werkstoff MgMn2Ce eine unregelmäßige Gestalt aufweisen [157]. Eine Abschätzung der Porengröße auf der Grundlage von diffusionsgesteuertem Wachstum für die Legierung NiCr 49 ergab einen Wert, der mit dem Experiment übereinstimmte [154, 155].

Quantitative Maße der Porenbildung sind der auf die Poren entfallende Volumenanteil ΔV der Probe, die Zahl N der Poren im Einheitsquerschnitt der Probe und die mittlere Porengröße d_P. Den Betrag ΔV ermittelt man (durch hydrostatische Wägung) aus der Dichteabnahme bei der superplastischen Deformation oder durch Messung der Porengesamtfläche in einem Längsschnitt der Probenmeßlänge. ΔV, N und d_P nehmen mit steigendem Um-

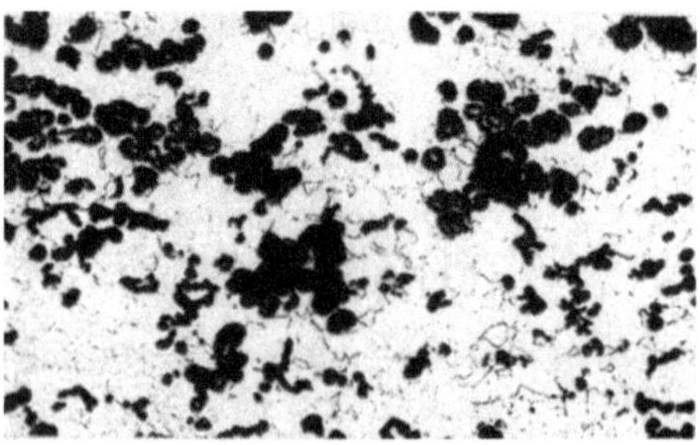

Bild 38. Poren im beanspruchten Teil einer Probe aus Messing CuZn 41 nach superplastischer Deformation bei 550 °C und $\dot{\varphi} = 1{,}2 \cdot 10^{-3}\,s^{-1}$ bis 440 % [147] (Vergrößerung 200×)

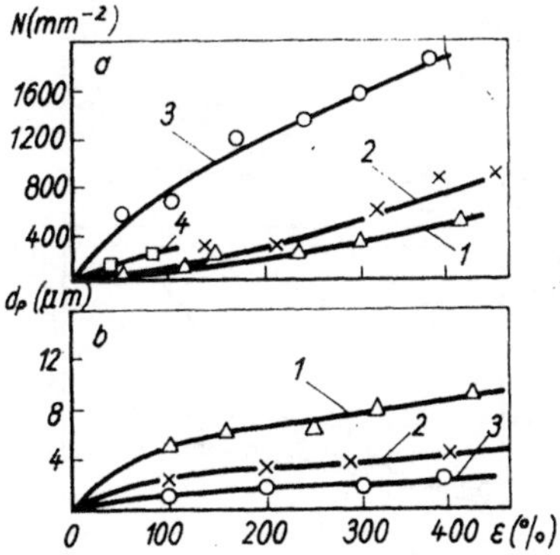

Bild 39. Abhängigkeit der Porendichte N im Probenquerschnitt (a) und des mittleren Porendurchmessers d_p (b) in Messing CuZn 41 vom Umformgrad bei 600 °C für die Formänderungsgeschwindigkeiten 1,2 10^{-3} (1), 7,2 10^{-3} (2), 3,6 10^{-2} (3) und 1,2 10^{-1} s^{-1} (4) [147]

formgrad stetig zu. Bei einer Vergrößerung der Formänderungsgeschwindigkeit von $1{,}2 \cdot 10^{-3}$ auf $3{,}6 \cdot 10^{-2}\,s^{-1}$ wächst die Zahl der Poren im Messing CuZn 41 intensiver (Bild 39a). Das läßt sich damit erklären, daß bei niedrigeren Geschwindigkeiten der superplastischen Deformation

- das Korn stärker wächst,
- die Spannungskonzentrationen beim Korngrenzengleiten aufgrund der intensiveren Korngrenzenwanderung geringer sind und auch
- eine erhöhte Wahrscheinlichkeit für die Ablösung der Grenzen von den Porenkeimen besteht, deren Wachstum damit unterbrochen wird.

Bei niedrigen Geschwindigkeiten ist außerdem die anliegende Gesamtspannung kleiner, und entsprechend kleiner sollten auch die lokalen Spannungsspitzen bei der Korngrenzengleitung sein.

Bei einer Erhöhung der Formänderungsgeschwindigkeit von $3{,}6 \cdot 10^{-2}$ auf $1{,}2 \cdot 10^{-1}\,s^{-1}$, bei der sich die Dehnung von 430% auf 130% verringert und eine Einschnürung entsteht, treten im Stadium der Gleichmaßdehnung viel weniger Poren auf als bei $3{,}6 \cdot 10^{-2}\,s^{-1}$. Das ist erklärlich, weil sich das Ausmaß der Korngrenzengleitung beim Überschreiten des Geschwindigkeitsbereichs der Superplastizität bedeutend verringert.

Je größer die Umformgeschwindigkeit ist, desto kleiner wird die Geschwindigkeit der Porenvergröberung (Bild 39b), was der Annahme eines Diffusionsmechanismus des Vorganges im Messing entspricht. Bei Erhöhung der Umformtemperatur von 500 auf 650 °C verlangsamt sich die Zunahme der Porenzahl mit dem Umformgrad (Bild 40a). Dies kann man

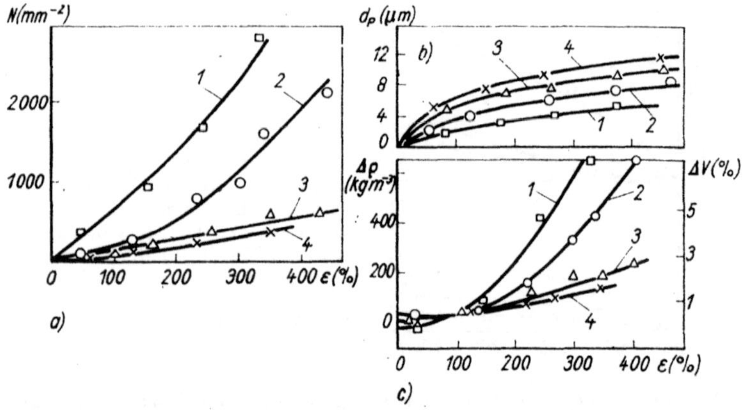

Bild 40. Abhängigkeit der Porendichte N (a), des Porendurchmessers d_p (b) und des Volumenanteils ΔV der Poren bzw. der Materialdichte $\Delta \varrho$ (c) von Messing CuZn 41 vom Umformgrad bei 500 (1), 550 (2), 600 (3) und 650 °C (4) für $\dot{\varphi} = 1{,}2\ 10^{-3}\ s^{-1}$ [147]

– mit intensiverer Korngrenzenwanderung und außerdem
– als Folge einer Erniedrigung der anliegenden Spannung

erklären. Bei Temperaturerhöhung nimmt die Geschwindigkeit der Porenvergröberung aufgrund der Beschleunigung der Leerstellendiffusion zu (Bild 40b). Die Änderung des Volumenanteils ΔV der Poren korreliert im betrachteten Beispiel mit der Änderung der Porenzahl N (vgl. Bild 40a, c). Ein analoger Einfluß der Temperatur und der Geschwindigkeit der superplastischen Deformation auf die Porenbildung wurde bei den Legierungen CuZn 39 mit 3 % Fe [66], CuZn 40 [149], AlZn 10 mit 0,85 % Mg und 0,3 % Zr [156] sowie auch bei Pb-Sn-Legierungen mit Zusätzen von Ag, Cu und Sb [163] festgestellt. Beim säurebeständigen Stahl X5CrNiTi26 ist der Einfluß der betrachteten Faktoren auf die Porenbildung gerade umgekehrt [152]. Es ist bisher ungeklärt geblieben, warum der Volumenanteil ΔV der Poren bei diesem Werkstoff mit steigender Temperatur zunimmt. ΔV vergrößert sich beim Messing CuZn 40 [149] und beim Stahl X5CrNiTi26.6 [152] auch bei einer Zunahme der Korngröße.

Aus bisher nicht aufgeklärten Gründen unterscheiden sich Legierungen verschiedener Systeme stark im Betrag von ΔV. Bei Kupfer- und Aluminiumlegierungen ist dieser Betrag sehr groß und erreicht 8 bis 10 %, in legierten Stählen wird er nicht höher als

2 bis 3 %, und bei Titanlegierungen hat man Poren nach einer superplastischen Deformation noch gar nicht beobachtet.

Bruch infolge von Porenbildung tritt ein, wenn die wachsenden Hohlräume miteinander verschmelzen oder wenn sich die Materialbrücken zwischen benachbarten Poren bis zum Zerreißen verjüngen (d. h., wenn sich sozusagen innere Einschnürungen bilden). Ein charakteristischer und sehr wesentlicher Zug der superplastischen Werkstoffe ist ihre Fähigkeit, sich lange Zeit bei einer sehr großen Menge von Poren zu deformieren. Diese Fähigkeit wird durch einen großen Widerstand gegen die Bildung von inneren Mikroeinschnürungen hervorgerufen. So ist z. B. Messing CuZn 41, obwohl nach einer superplastischen Deformation bei 550 °C und $\dot{\varphi} = 1{,}2 \cdot 10^{-3}\,s^{-1}$ bis zu einer Dehnung von 440 % schon ein bedeutender Teil des Querschnitts von Poren bedeckt wird (vgl. Bild 38), noch deformierbar; die erreichbare Dehnung betrug etwa 500 %. Im allgemeinen gilt jedoch: Je geringer die Neigung zur Porenbildung ist, um so größere Dehnungen kann man erzielen.

Die eutektische Legierung Pb—Sn und der Werkstoff ZnAl 22 zeichnen sich durch einen hohen Widerstand gegen Porenbildung bei der superplastischen Deformation aus. Rundproben aus diesen Materialien verjüngen sich daher beim Recken (in makroskopischer Ausdrucksweise) fast bis zu einem punktförmigen Querschnitt. (Auf der Bruchfläche der Legierung ZnAl 22 beobachtete man dabei elektronenmikroskopisch glatte polyedrische Facetten [164].) Nach Zugabe von Cu zur Legierung Pb—Sn trat bei der superplastischen Dehnung Porenbildung ein, die Bruchdehnung verringerte sich stark, und die Bruchfläche nahm bereits eine bedeutende Ausdehnung quer zur Zugachse an [163]. Analog verhalten sich Messing und andere Werkstoffe mit Neigung zur Porenbildung (vgl. Bild 52a).

Einen besonderen Standpunkt zur Rolle der Poren bei der superplastischen Deformation hat Kuznecova [165] eingenommen, indem sie diese als notwendige, die Superplastizität (bei einem bestimmten Grad der Porenbildung) gewährleistende Gefügeelemente betrachtet. Von der Autorin wird hervorgehoben, daß die Poren (solange sie vereinzelt auftreten) für die Entwicklung der Korngrenzengleitung nützlich sind, weil sich der Vielkristall dank ihrer von den das Korngrenzengleiten erschwerenden Dreier-Korngrenzenzwickeln befreien kann. Gleichzeitig wird bekräftigt, daß (wie im Modell des Bildes 14b) beim Korngrenzengleiten eine Akkomodation durch Diffusion existiert und eine (der Darstellung des Bildes 15a analoge) Situation mit Porenbildung zwischen den Körnern konstruiert. Die Überlegungen werden durch folgende Fakten gestützt: Beim Recken einer über die Dicke einkristallinen Kupferfolie (Korngröße: 100 μm; Foliendicke: 20 μm) traten aufgrund von Korngrenzengleitung Löcher auf, und man beobachtete keinen Materialtransport in die verjüngten Gebiete von Dreierzwickeln [165]. Bei der Legierung AlGe 4 ergaben sich maximale Werte m und A sowie eine minimale Porenbildung in den zerrissenen Proben in Kriechversuchen bei 500 °C und einer Belastung von 3 MPa [166]. Unter diesen optimalen Bedingungen trat mit zunehmendem Umformgrad praktisch keine Änderung des anfänglich vorhandenen Volumenanteils ΔV von Poren ein, während er sich bei Spannungen (und Umformgeschwindigkeiten) zu beiden Seiten des Optimums mit wachsender Deformation vergrößerte. Die Bedingungen der skizzierten Experimente waren allerdings weit entfernt von denen, die für eine superplastische Deformation von Werkstoffen mit Ultrafeinkorn typisch sind. In [94] ist gezeigt worden, daß sich bei der superplastischen Deformation von in der Dicke einkristallinen Folien der Legierung ZnAl 22 Poren bilden, während sie bei Folien mit einer Dicke von 3 bis 4 Korngrößen ausbleiben. In den massiven Proben der Legierung AlGe 4 [166] betrug die Korngröße 100 bis 150 μm und war damit um ein bis zwei Zehnerpotenzen größer als in den typischen superplastischen Werkstoffen.

Im Gegensatz zu den Angaben der Arbeit [166] nimmt die Porenbildung bei typischen superplastischen Werkstoffen (mit Ultrafeinkorn) unter optimalen Deformationsbedingungen immer mit dem Umformgrad zu. So ist z. B. bei Messing die Porendichte N(mm^{-2}) bei $\dot{\varphi}$ = const. der Formänderung proportional, und ΔV wächst exponentiell mit der Deformation [66]. Bei der superplastischen Deformation sind die Poren auch nicht wie in den Versuchen der Arbeit [166] gleichmäßig verteilt, sondern bilden Aufstauungen (vgl. Bild 38) und Zeilen. Dieser Sachverhalt widerspricht der Auffassung, daß die Poren notwendige Gefügeelemente bei der superplastischen Deformation darstellen.

In superplastischen Werkstoffen mit ultrafeinem Korn und ausgeprägter Entwicklung von diffusionsgesteuerter Akkomodation können Poren i. a. gerade bei relativ kleinen Umformgraden nicht auftreten. Im Falle der Legierung ZnAl 22 belegen das zahlreiche Abdruckuntersuchungen und die Durchstrahlung dicker Folien in einem Höchstspannungs- Elektronenmikroskop [94]. Auch in Werkstoffen ähnlicher Art wurden Mikroporen nur nach sehr hohen Deformationen festgestellt. Ihre Keime treten vermutlich zuerst an speziellen Stellen auf, wo die Akkomodation der Korngrenzengleitung aus irgendeinem Grunde (z. B. wegen ungünstiger Kornform oder -konfigurationen) die Dekohäsion nicht verhindern kann. Ein thermodynamisch begünstigter Diffusionsstrom von Leerstellen zu den Poren ruft dann deren irreversible Vergrößerung hervor.

Bei der Entwicklung von technischen Legierungen ist eine Verringerung der Neigung zur Porenbildung mit dem Ziel anzustreben, die Bruchdehnung bei der superplastischen Deformation zu erhöhen und einer Verminderung der Gebrauchseigenschaften von Werkstücken vorzubeugen. Am folgenden Beispiel soll das verdeutlicht werden.

Die Autoren dieses Buches untersuchten gemeinsam mit Kuin[1]) den Einfluß von Chrom- und Aluminiumzusätzen auf die Superplastizität von Messing CuZn 41. Eine Zugabe von 0,2% Cr erhöhte die Bruchdehnung bei 600 °C um den Faktor 1,5 und erweiterte (was besonders vorteilhaft für die Praxis ist) das Geschwindigkeitsintervall der superplastischen Deformation kräftig nach oben (Bild 41). Ein Zusatz von 0,5% Al erlaubt es, Rekordwerte der Bruchdehnung (1000 bis 1100%) für Messing schon bei relativ niedrigen Temperaturen von 450 bis 550 °C zu erzielen, was die Formung von Werkstücken wesentlich erleichtert. Bei gleichzeitigem Zulegieren von 0,2% Cr und 0,5% Al zu Messing CuZn 41 erhöht sich die Bruchdehnung, und es erweitert sich das Geschwindigkeitsintervall (nach oben; vgl. Bild 41) sowie auch der Temperaturbereich (nach unten) der superplastischen Deformation. Wie sich zeigte, vermindern die Zusätze die Porenbildung deutlich (Bild 42). Zusammen mit einer Kornfeinung ist das die Ursache für die Erhöhung der Bruchdehnung und der Erweiterung des Temperatur- und Geschwindigkeitsintervalls der Superplastizität.

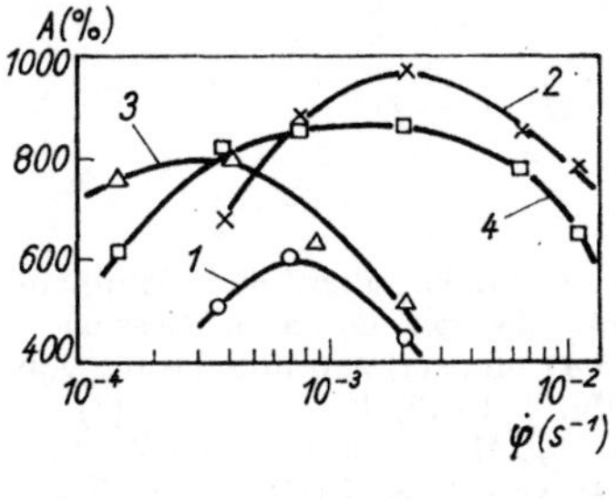

Bild 41. Geschwindigkeitsabhängigkeit der Bruchdehnung von Messing CuZn 41 ohne (1) und mit Zusatz von 0,2 Ma.-% Cr (2), 0,5 Ma.-% Al (3) sowie 0,2 Ma.-% Cr und 0,5 Ma.-% Al (4) bei 600°C (*Novikov, Portnoj* und *Kuin*)

[1]) *Kuin Nguen Ngok:* Autorreferat der Dissertation »Issledovanie vlijanija legirujuščich elementov na sverchplastičnost latuni L 59«. MISiS, Moskau 1977

Als besonders effektiv erweist sich das Aluminium; seine Zugabe verringert den Volumenanteil der Poren nach einer Dehnung um 300 % bei 550 °C um eine ganze Größenordnung. Die Wirkung des Aluminiums wurde mit Hilfe von Versuchsergebnissen zum Kirkendall-Effekt erklärt. Die Ergebnisse zeigten, daß im Messing CuZn 41 mit 0,5 % Al der effektive Diffusionskoeffizient zweimal kleiner ist als in der binären Legierung CuZn 41. Das diffusionsgesteuerte Porenwachstum bei der superplastischen Deformation wird dadurch verlangsamt.

Zur Charakterisierung des Einflusses von Legierungszusätzen auf die Gebrauchseigenschaften des Messings nach der superplastischen Deformation wurde ein Teil der Proben bei 550 °C mit optimaler Geschwindigkeit bis zu einer Dehnung von 300 % gereckt und anschließend bei Raumtemperatur den üblichen mechanischen Prüfungen unterzogen. Andere Proben wurden bei 550 °C mit einer solchen Haltezeit geglüht, daß ihre Korngröße etwa die gleiche war wie bei den Proben nach der superplastischen Deformation. Aus der Tabelle 5 geht hervor, daß die superplastische Beanspruchung des Messings CuZn 41 die Zugfestigkeit merklich und die Bruchdehnung sehr stark herabsetzt. Wenn man in Rechnung stellt, daß nach der superplastischen Deformation ein bedeutender Anteil des Probenquerschnitts auf die Poren entfällt (vgl. Bild 40), ist das auch verständlich. Bei Messing CuZn 41 mit 0,2 % Cr und 0,5 % Al stimmen die mechanischen Eigenschaften nach der superplastischen Deformation hingegen mit denen des angelassenen Materials überein, was sich mit der sehr geringen Porenbildung (vgl. die Kurve 4 des Bildes 42) erklären läßt.

Abschließend muß noch unbedingt hervorgehoben werden, daß bei Stauchversuchen keine Poren auftreten. Sie wurden sogar bei

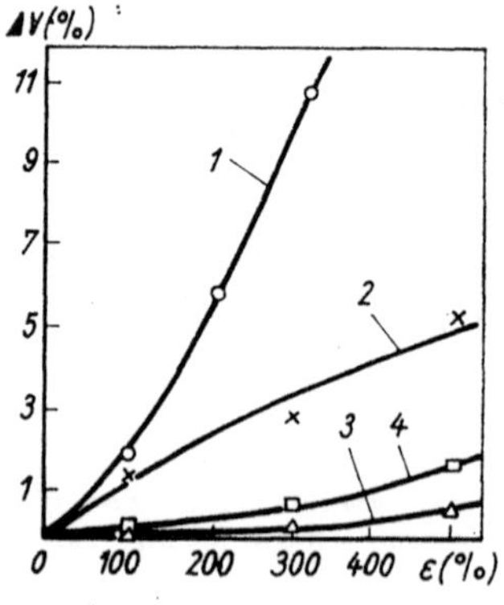

Bild 42. Abhängigkeit des Volumenanteils ΔV der Poren in Messing CuZn 41 ohne (1) und mit Zusatz von 0,2 Ma.-% Cr (2), 0,5 Ma.-% Al (3) sowie 0,2 Ma.-% Cr und 0,5 Ma.-% Al (4) von einer Umformung bei 550 °C mit $\dot{\varphi} = 4{,}8 \cdot 10^{-3}\ s^{-1}$ (*Novikov, Portnoj* und *Kuin*)

der Umformung von Messing CuZn 39 mit 3 % Fe nicht gefunden, das im Zugversuch unter den Bedingungen der Superplastizität eine ausgeprägte Neigung zur Porenbildung aufweist [66]. Daraus folgt, daß beim Gesenkschmieden im Gegensatz zur Pneumoumformung ein nachteiliger Einfluß der Porenbildung nicht zu befürchten ist.

Tabelle 5. Mechanische Eigenschaften von Messingen bei 20 °C nach einem Anlassen und superplastischer Deformation bei 550 °C ($\varepsilon = 300\%$; $\dot{\varphi} = 7{,}2\ 10^{-3}\ s^{-1}$) nach *Novikov, Portnoj* und *Kuin*

Probenbehandlung	R_m (MPa)	A (%)
CuZn 41		
Anlassen	380	38
Superplastische Deformation	315	18
CuZn 41 mit 0,5% Al und 0,2% Cr		
Anlassen	460	33
Superplastische Deformation	460	31

3.5. Methoden zur Bestimmung der Beiträge verschiedener Mechanismen zur mikroskopischen Deformation

Wie oben gezeigt wurde, hat man mit Gefügeuntersuchungen drei Deformationsmechanismen bei der superplastischen Dehnung sicher nachgewiesen: Korngrenzengleitung, diffusionsgesteuerten Massentransport und Versetzungsgleiten im Korninneren.

Nach Bočvar [167] wäre es seltsam anzunehmen, daß in einem feinkörnigen superplastischen Werkstoff keinerlei Merkmale des gewöhnlichen Diffusionskriechens oder Versetzungsgleitens zu finden sein sollten, weil die Temperaturen und Umformgeschwindigkeiten, bei denen Superplastizität beobachtet wird, für jeden dieser Deformationsmechanismen günstig sind. Für die Diskussion der Natur der Superplastizität ist deshalb die Feststellung wichtig, ob sich ein experimentell nachgewiesener Mechanismus nur als Begleitprozeß erweist oder aber als bestimmender Vorgang wirkt, ohne den die superplastische Deformation gar nicht möglich wäre.

Die Bedeutung des einen oder des anderen Mechanismus wird in gewisser Hinsicht durch den Beitrag gekennzeichnet, den er unmittelbar zur Gesamtdehnung einer Probe leistet. Die Methoden zur Abschätzung dieses Beitrages unterscheiden sich jedoch merklich und liefern damit zuweilen einander völlig widersprechende Aussagen. Um die damit erhaltenen Ergebnisse diskutieren zu können, ist daher eine sorgfältige Analyse der verschiedenen Verfahren unumgänglich.

3.5.1. Gerichteter diffusionsgesteuerter Massentransport

Zur Bestimmung der Formänderung durch das Diffusionskriechen mißt man entweder (auf Schliffen) die Breite von ausscheidungsfreien Zonen an Korngrenzen des Probeninneren oder aber die Breite von Streifenbändern auf der Probenoberfläche [86, 115]. Für die numerische Abschätzung der diffusionsbedingten Deformation gibt es dann zwei Ansätze [92]:

- Wie in [186] gezeigt wurde, gehört es zum Wesen des Diffusionskriechens, daß der Prozeß Material nur in den zu den Korngrenzen senkrechten Richtungen zu verschieben vermag. Bei der Berechnung des diffusionsbedingten Umformbetrages muß man deshalb den Vektor der relativen Verschiebung von Körnern, die durch eine Deformationszone getrennt wurden, in Komponenten parallel und senkrecht zur Korngrenzenfläche zerlegen. Den Vektor der diffusionsbedingten Verschiebung erhält man aus der zweiten Komponente unter Berücksichtigung ihrer Orientierung im Raum [169].
- Der zweite Ansatz [170] beruht auf dem Umstand, daß eine diffusionsgesteuerte Kornverschiebung im Vielkristall unter maximaler Arbeitsleistung bei minimalem Energieaufwand erfolgen muß. Der Verschiebungsvektor von Körnern, die durch eine Deformationszone getrennt sind, läßt sich daher auch in eine Komponente parallel zur Grenze der Zone und in eine Komponente parallel zur Zugachse zerlegen (Bild 43).

Es wird deutlich, daß man mit den beiden Zerlegungsverfahren an einer gegebenen Korngrenze unterschiedliche Beträge der Diffusionskomponente erhalten kann. Wenn man die Messungen ausnahmslos an allen Körnern einer vorgegebenen Meßlinie auf der Probenoberfläche vornimmt, erwächst daraus jedoch keinerlei Widerspruch (wie er in einer Diskussion in der Literatur [168—172] vermutet wurde). Wenn man z. B. mit Hilfe des zweiten Ansatzes Messungen an allen Korngrenzen parallel zu einer Längsmarkierung durchführt, ist nämlich keine Bestimmung der Diffusionskomponente an Donatorgrenzen erforderlich, weil diese Kompo-

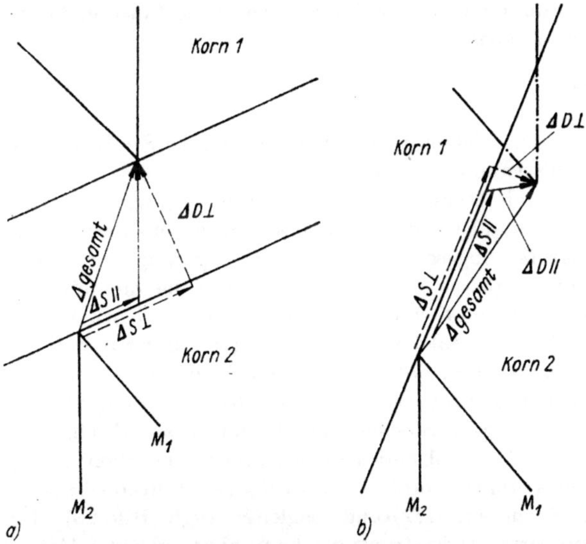

Bild 43. Schematische Darstellung zur Zerlegung des Vektors der relativen Verschiebung (Δ) zweier Körner in Komponenten der Korngrenzengleitung (ΔS) und des Diffusionskriechens (ΔD) an einer Akzeptorgrenze (a) und an einer Donatorgrenze (b) [82]
Durchgezogene Pfeile: parallel zur Zugachse; punktierte Pfeile: senkrecht zur Zugachse; M_1, M_2: Markierungslinien

nente keinen axialen Anteil hat. Auf diese Weise wird die Zunahme der Diffusionskomponente an den Akzeptorgrenzen kompensiert. Der zweite Ansatz erweist sich dadurch als vorteilhaft. Wenn das erste Verfahren benutzt wird, muß man auch die Diffusionskomponenten an den Donatorgrenzen einer Meßlinie ermitteln und unter Berücksichtigung des Vorzeichens aufsummieren. Die Technik solcher Messungen wurde in [92, 172] ausgearbeitet, läßt sich aber nur bei Werkstoffen mit nicht zu feinem Korn anwenden.

In [86] wurde der an den Streifenbändern ermittelte Beitrag des Diffusionskriechens zur Gesamtdeformation nach der Formel

$$\gamma_{\mathrm{DM}} = \Delta\varepsilon_{\mathrm{DM}}/\varepsilon_{\mathrm{gesamt}} \tag{50}$$

berechnet.

Hierbei ist B die Streifenlänge in einer Zone, β der Winkel zwischen diesen Streifen und der Zugachse (vgl. Bild 24) und n die mittlere Anzahl der Streifenbänder je Einheitslänge der Meßlinie.

Einfacher kann man γ so abschätzen, wie es die Autoren der Arbeit [115] getan haben:

$$\gamma_{DM} = \bar{t}/\bar{L}\ \varepsilon_{gesamt} \qquad (51)$$

In dieser Formel bezeichnet $\bar{t}$ die mittlere Breite der Streifenbänder und $\bar{L}$ ihren mittleren Abstand.

In einer früheren Arbeit derselben Autoren [144] wurde anstelle des mittleren Abstandes $\bar{L}$ der Streifenbänder fälschlicherweise die Anfangskorngröße eingesetzt, was die Verlängerung der Körner durch Versetzungsgleiten im Korninneren und die Zunahme der Abstände zwischen den Streifenbändern infolge von Korngrenzengleitung ignoriert. Ein solcher Fehler kann (wie in der Arbeit [83] geschehen) dazu führen, daß die aus den Streifenbändern abgeschätzte Deformation größer als die Gesamtformänderung ist.

Bei der Anwendung der verschiedenen Verfahren zur Abschätzung von γ_{DM} ist unbedingt folgendes zu beachten: Wie schon im Abschnitt 3.2. ausgeführt worden ist, wird das Diffusionskriechen immer von Korngrenzengleitung begleitet (vgl. Bild 20). Der diffusionsgesteuerte Massentransport kann aber auch der Haupt-Akkomodationsprozeß für die Korngrenzengleitung sein. Diffusionskriechen und Korngrenzengleiten sind also miteinander gekoppelte Vorgänge, zwei Seiten einer Medaille. Ihr Auftreten (z. B. bei der Bildung von Streifenzonen) läßt sich entweder als durch Korngrenzengleitung akkomodiertes Diffusionskriechen oder aber als durch Diffusionskriechen akkomodierte Korngrenzengleitung interpretieren. Der aus der Breite von Deformationszonen abgeschätzte Wert γ_{DM} kann deshalb auch als Beitrag aufgefaßt werden, den das durch diffusionsgesteuerten Massentransport akkomodierte Korngrenzengleiten zur Gesamtumformung leistet. (Sowohl bei der diffusionsbedingten Verlängerung der Ausgangskörner als auch beim Auftreten neuer Körner an Quergrenzen tritt notwendigerweise eine gegenseitige Verschiebung benachbarter Körner in der Zugrichtung ein.)

3.5.2. Versetzungsgleiten im Korninneren

Die von der Gleitung im Korninneren herrührende Deformation läßt sich nach zwei Verfahren abschätzen:

- über die Änderung der Kornabmessungen und
- mit Hilfe von Markierungslinien im Korninneren.

Im ersten Falle erfolgt die Berechnung nach der Gleichung [173]

$$\varepsilon_{VGl} = \sqrt{(L/B)^{2/3}} - 1 \tag{52}$$

wobei L, B die Länge und die Breite eines Kristalliten sind.

In [174] wird darauf hingewiesen, daß die aus (52) berechnete Deformation eines Kornes durch Korngrenzenwanderung verfälscht wird. Es ist deshalb zweckmäßiger, die Deformation des Korninneren mit Hilfe eines aufgedruckten Netzes [174, 175], eines quadratischen Rasters von Ritzmarken [82] oder einer Serie von querliegenden Marken [83], die kleiner als die Korngröße sind, zu bestimmen. Bei Verwendung regulärer aufgedruckter Netze oder quadratischer Ritzmarkenraster mit bekannten Anfangsabmessungen ist es möglich, die Berechnung mit der Formel (52) vorzunehmen, indem man für L und B die Zellenlänge und -breite des Netzes vor und nach der Umformung einsetzt [175]. Der Ansatz ist aber nur bei grobkörnigen Werkstoffen anwendbar. Bei feinkörnigen Legierungen lassen sich Makierungslinien mit vorgegebenem, gleichbleibendem Abstand, der kleiner als die Korngröße ist, nicht aufbringen. Man bestimmt den Anteil der Deformation des Korninneren deshalb aus der Beziehung [82, 83]:

$$\gamma_{VGl} = \Delta\varepsilon_{VGl}/\varepsilon_{gesamt} \tag{53}$$

wobei l_1 und l_2 die Abstände zwischen zwei Ritzmarken in einem bestimmten Korn vor und nach der Deformation sind.

Die Anwendung von Netzen oder Ritzmarken ist mit ernsten Mängeln behaftet. Bei der Bestimmung der Deformation des Kornvolumens nach diesem Verfahren vernachlässigt man deren Inhomogenität. Im Bild 1 der Arbeit [83] sind z. B. drei Ritzmarken im Inneren eines Korns sichtbar. Der Abstand zwischen der oberen und der mittleren Marke hat sich bei der superplastischen Deformation vergrößert. Die Distanz zwischen der mittleren und der unteren Marke desselben Korns blieb hingegen konstant.

Wenn man die Gefügeanalyse an der Probenoberfläche durch Messung der maximalen Sehnen zwischen den Korngrenzen vornimmt, kann man den Einfluß der Deformationsinhomogenität ausschließen und die Korngrenzenwanderung berücksichtigen, indem man die Formänderungen der Körner unter Beachtung ihres Vorzeichens ermittelt. Bei der Deformation des Inneren von zwei Nachbarkörnern vergrößert sich nämlich ihre Länge parallel zur Zugachse und ihr Querschnitt nimmt ab. Wenn die gemeinsame Grenze dabei jedoch wandert, dann verlängert sich das eine Korn auf Kosten des anderen, und dieses andere kann sogar kürzer als vor dem Zugversuch werden, während die Gesamtlänge der betrachteten Körner wegen der Korngrenzenwanderung konstant bleibt. Durch systematische Messung der Verlängerungen und Verkürzungen $\Delta d/d$ der maximalen Sehnen aller N Körner eines ausgewählten Oberflächengebietes in der Zugrichtung und algebraische Summation aller Sehnenlängenänderungen kann man daher den Einfluß der Korngrenzenwanderung eliminieren und den Beitrag der Deformation des Korninneren nach

$$\gamma_{\mathrm{VGI}} = \left(\sum \Delta d/d\right) N\varepsilon_{\mathrm{gesamt}} \qquad (53\mathrm{a})$$

berechnen. Es ist selbstverständlich, daß ein solcher Ansatz die Auswertung mehrerer Oberflächengebiete vor und nach der Deformation erfordert. Bei Werkstoffen mit Korngrößen um 1 μm ist dabei die Zielpräparation von Oberflächenabdrücken unumgänglich. Ein Mangel des Ansatzes besteht darin, daß die eindeutige Identifizierung des Deformationsmechanismus (Versetzungsgleitung oder Diffusionskriechen) der Kristallite unmöglich ist; die Vergrößerung des Abstandes zwischen zwei Ritzmarken im Korninneren stellt demgegenüber einen direkten Beleg für Versetzungsgleitung dar. Offensichtlich muß man beide Methoden anwenden und den Mechanismus der Korndeformation qualitativ anhand von Ritzmarken und quantitativ durch Messungen der Kornabmessungen analysieren.

3.5.3. Korngrenzengleitung

Der Beitrag der Korngrenzengleitung zur Gesamtdeformation wird (den Vorstellungen über die eintretenden Kornumlagerungen entsprechend) aus einer der relativen Verschiebungen U parallel zur Zugachse oder V, W in Ebenen senkrecht zu dieser Achse ab-

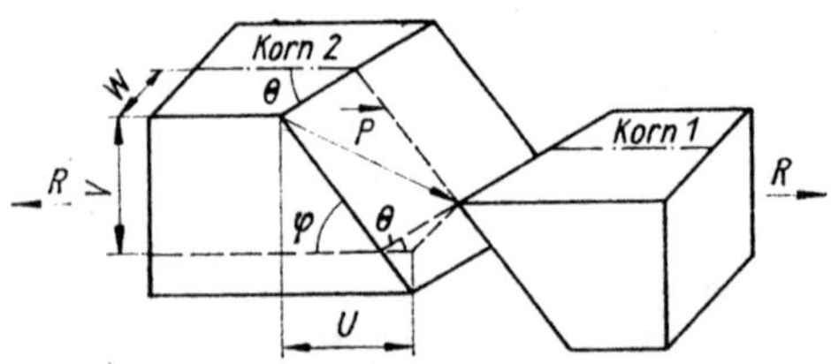

Bild 44. Schematische Darstellung der orthogonalen Komponenten des Polvektors $\vec{P}$ der gegenseitigen Verschiebung zweier Körner [91]
U Komponente parallel zur Zugachse; V, W Komponenten senkrecht zur Zugachse

geschätzt (Bild 44). Die Methoden zur Bestimmung dieser orthogonalen Komponenten der Korngrenzengleitung wurden für die Erforschung des Kriechens entwickelt [173]. Aufgrund der Gefügebesonderheiten superplastischer Werkstoffe können sie jedoch nicht immer ohne Vorbehalt benutzt werden.

Bei der Analyse von Hochtemperatur-Kriechprozessen verwendet man die Technik der inneren Marken, die Methode der Oberflächen-Ritzmarken sowie Messungen von Stufenhöhen des Oberflächenreliefs [173, 176 bis 178]. In der Praxis läßt sich die erste Technik infolge des Fehlens von inneren Marken bei der Mehrheit von superplastischen Legierungen kaum nutzen.

Da die Analyse der Korngrenzengleitung bei der superplastischen Legierung hauptsächlich an der Oberfläche durchgeführt wird, ist eine Präzisierung der Bedingungen notwendig, unter denen die Messungen auf die im Probenvolumen ablaufenden Prozesse reagieren. Oben wurde gezeigt (Abschnitt 3.1.), daß an Werkstoffen, bei denen man die Untersuchungen gleichzeitig über innere Markierungen und an der Oberfläche durchführte, übereinstimmende Ergebnisse erhalten wurden. Die als innere Marken dienenden Teilchen können jedoch die Korngrenzenwanderungen merklich behindern. Die an der Oberfläche auftretenden Korngrenzen schließen deshalb während des Erwärmens und beim Recken die gleichen Winkel Θ und φ mit der Zugachse ein wie im Probeninneren ([92]; vgl. Bild 44). Die Oberfläche soll in diesem Falle als unbeeinflußt bezeichnet werden. Wenn die an der Oberfläche austretenden Korngrenzen jedoch wandern und Gleichgewichtslagen auftreten, soll von einer modifizierten Oberfläche gesprochen werden. Im ersten Falle treten die Korngrenzen unter beliebigen Winkeln zwischen 0 und 90° mit etwa gleicher Wahrscheinlichkeit aus ($\bar{\varphi} \approx 58°$), im zweiten Falle jedoch nur unter Winkeln $\varphi > 35°$. Die Wahrscheinlichkeit des Korngrenzenaustritts ist dabei zwischen 80 und 90° am größten ($\bar{\varphi} \approx 77°$; vgl. [176]). Der Typ der Oberfläche bestimmt den Anteil des Korngrenzengleitens an der Gesamtdeformation und das Ausmaß, in dem sich die Korngrenzengleitung im Probenvolumen an der Oberfläche widerspiegelt.

Am einfachsten erscheint die Bestimmung der Formänderung durch Korngrenzengleitung anhand der Längsunterbrechungen (Verschiebungen) U_l von Ritzmarken parallel zur Zugachse [173, 178]. (Der Index l bezeichnet hierbei die Messung an Längsmarken.) Derartige Ritzmarken schneiden im wesentlichen Quergrenzen, an denen beim Kriechen oder bei superplastischer Deformation Korngrenzenwanderung und Deformationszonen gefunden werden. Beide Prozesse modifizieren den Betrag der Längenunterbrechung einer Marke und erlauben es nicht, die Korngrenzengleitung in reiner Form zu beobachten. Die Deformation durch Korngrenzengleitung wird deshalb mit Hilfe des folgenden Verhältnisses der orthogonalen Verschiebungskomponenten berechnet (Bild 44):

$$U = W/\tan \Theta + V/\tan \varphi \tag{54}$$

Da der Winkel φ an der Probenoberfläche nicht bestimmt werden kann, macht man von der Tatsache Gebrauch, daß die Verteilung der Winkel Θ und φ im Volumen und an einer unbeeinflußten Oberfläche gleich und bei einachsigem Zug $W = V$ ist. Die Deformation durch Korngrenzengleitung ergibt sich dann nach der Formel [91, 178]

$$\varepsilon_{\mathrm{KGGl}} = (1 + \varepsilon_{\mathrm{gesamt}})\, N_l\, 2\, W_l/\tan \Theta \tag{55}$$

Hierbei berücksichtigt der Klammerausdruck die Verlängerung der Ritzmarke, N_l ist die Zahl der gemessenen Verschiebungen je Längeneinheit der Marken, und der letzte Term gibt die aus dem Querkomponenten W_l der Verschiebungen berechnete mittlere Längsverschiebung der Ritzmarke an.

Auf einer modifizierten Oberfläche ist $\overline{W/\tan \Theta} \neq \overline{V/\tan \varphi}$. Die an dieser Oberfläche gemessenen Beträge der Korngrenzengleitung sind deshalb größer als im Volumen [91, 176, 177], um so mehr als im Verlauf der Umformung aus einer unbeeinflußten schrittweise eine modifizierte Oberfläche werden kann [177]. Die Formel (55) ist daher bei Einphasen- oder Matrixgefügen nur im Gebiet kleiner Umformgrade (von einigen Prozent) anwendbar, und zufriedenstellend rechnen kann man damit nur bei Legierungen mit stabilem Duplexgefüge.

Wegen der großen Schwankungen der Korngrößen und -formen von superplastischen Legierungen und der experimentellen Schwierigkeiten bei der Bestimmung der Beiträge des Korngrenzengleitens an Kristalliten der Größenordnung 1 μm weisen die nach (55) erhaltenen Werte bei einem Bestimmtheitsmaß von 90 bis 95 % gewöhnlich Fehler von etwa ± 20 bis ± 30 % auf. Bei einer solchen Genauigkeit ist die Vereinfachung der Beziehung (55) zu

$$\varepsilon_{\mathrm{KGGl}} = C\, N_l \cdot \overline{V}_w \tag{56}$$

$$\varepsilon_{\mathrm{KGGl}} = C' N_l\, \overline{W_l} \tag{57}$$

gerechtfertigt [91, 173, 176—178], wobei C und C' experimentell zu ermittelnde Faktoren sind und der Index w eine willkürliche Messung der Komponente V anzeigt.

Wie in [91] gezeigt wurde, hängen die numerischen Werte der Koeffizienten C und C' von der Art des Werkstoffes, der Oberflächenbeschaffenheit und dem Umformgrad ab. Die Verwendung von Literaturangaben C, C' ohne entsprechende experimentelle Verifizierung am gegebenen Probenwerkstoff nimmt daher einer Bestimmung des Anteils der Korngrenzengleitung an der Deformation den Sinn. Wie GIFKINS [177] bemerkte, ist es in diesem Falle korrekter, die notwendigen Überlegungen zur Größe der Verschiebungen W, V ohne Berechnung fiktiver Beiträge der Korngrenzengleitung zur Deformation vorzunehmen. Bei einem solchen Vorgehen ist eine Abschätzung des Parameters V bequem, dessen Messung keine Markierungsmethode erfordert und bei superplastischen Legierungen mit Korngrößen von etwa 1 μm und darüber mit Hilfe der Interferenzmikroskopie [69] und bei Werkstoffen mit Korngrößen um 1 μm aus der Schattenbreite von Oberflächenabdrücken [85] oder aus Stereoabdrücken [97] durchgeführt werden kann. Die Schattenmethode hat allerdings eine Beschränkung, die in der Arbeit [96] nicht berücksichtigt wurde: Sie ist nur für Messungen an Längsgrenzen geeignet, an denen sich keine Deformationszonen befinden. Zonen dieser Art (Streifenbänder) haben Neigungswinkel von weniger als 20° zur Probenoberfläche [86]. Beim Abschattieren eines Abdruckes unter einem Winkel, der größer als der Winkel zwischen der Zone und der Probenoberfläche ist, hängt die Breite des hellen (oder dunklen) Gebietes auf dem Abdruck nur von der Zonenbreite und nicht von der Tiefe des Reliefs ab.

Das Bestreben, Auswirkungen der Korngrenzenwanderung auf die Ergebnisse der Abschätzungen von $\varepsilon_{\mathrm{KGGl}}$ zu vermeiden, führte zu einem weiteren Ansatz für die Berechnung dieser Größe durch Messung der Längsverschiebungen U_{q} von querliegenden Ritzmarken. (Der Index q soll darauf hinweisen, daß die Ritzmarken senkrecht zur Probenachse verlaufen.) Die Deformation durch Korngrenzengleitung erhält man aus der Formel

$$\varepsilon_{\mathrm{KGGl}} = (1 + \varepsilon_{\mathrm{gesamt}})\, N_{\mathrm{l}} \overline{U_{\mathrm{q}}} \tag{58}$$

Die Zahl N_{l} der Verschiebungen je Einheitslänge mißt man wiederrum an Längsmarkierungen. Dabei wird $\overline{U_{\mathrm{l}}} = \overline{U_{\mathrm{q}}}$ vorausgesetzt. Nach [173] ist jedoch in Wirklichkeit $\overline{U_{\mathrm{l}}} \neq \overline{U_{\mathrm{q}}}$, weil die querliegenden Marken im wesentlichen Längsgrenzen schneiden. In der Annahme, daß die maximalen Schubspannungen an Grenzen mit $\Theta = 45°$ angreifen, kommen die Autoren der Arbeit [173] anhand der Ergebnisse von Kriechexperimenten zu der Feststellung, daß $\overline{U_1} = 0{,}8\,\overline{U_q}$ ist und die Gleichung (58) überhöhte Werte liefert.

Bei superplastischen Werkstoffen mit Korngrößen um 1 μm ist es nicht möglich, zwei Scharen von orthogonalen Ritzmarken so aufzubringen, daß die Zellabmessungen des Rasters mit der Kristallitgröße vergleichbar sind. Man berechnet die Deformation durch Korngrenzengleitung deshalb entweder unter alleiniger Verwendung von Quermarken anhand der Formel [81]

$$\varepsilon_{KGG1} = \overline{U_q}/d_0 \qquad (59)$$

in der d_0 die Anfangskorngröße ist, oder nach [86] aus

$$\varepsilon_{KGG1} = \sum U_q/l_q \sqrt{1 + \varepsilon_{gesamt}} \qquad (60)$$

wobei l_q die Länge einer Quermarke nach der Deformation ist und der Ausdruck unter der Wurzel den Bezug zur Anfangslänge der Ritzmarke herstellt. Der Formel (59) liegt die Vorstellung zugrunde, daß an der Verschiebung alle Körner beteiligt sind. Bei kleinen Unformgraden, wo man Messungen an der Oberfläche vornehmen kann, ist das aber nicht so. In der Formel (60) wird stillschweigend vorausgesetzt, daß die Zahl der Verschiebungen auf den Quermarken dieselbe ist wie auf den Längsmarkierungen; doch das kann auch nicht zutreffen. Alle eingeführten Verfahren zur Messung der Korngrenzengleitung enthalten somit bei der Anwendung auf feinkristalline superplastische Werkstoffe Annahmen, die ihre Genauigkeit begrenzen. Eine Sonderstellung nimmt eine Methode zur Bestimmung der Deformation durch Korngrenzengleitung aus der Messung der Kornformen ein [73]. Im Gegensatz zu den oben beschriebenen Verfahren, welche den mittleren Betrag aller relativen Kornverschiebungen abschätzen, erlaubt diese Methode die Ermittlung desjenigen Anteils der Gesamtdeformation, der aufgrund der Erhöhung der Kornzahl auf der Meßlänge der gereckten Probe durch Nachbarwechsel eintritt [73, 75, 79, 180]. Das Verfahren geht faktisch (obwohl das in der Arbeit [73] selbst nicht diskutiert wird) von der Existenz zweier Formen der Korngrenzengleitung – einer akkomodierenden und einer selbständigen – aus. Wenn die Korngrenzengleitung nicht nennenswert zur Gesamtumformung beiträgt, dann ist bei Erhaltung der Kontinuität eines polykristallinen Aggregats dessen Gesamtumformung gleich der mittleren Deformation des Einzelkornes. Eine Steigerung der Gesamtumformung über den Betrag der Korndeformation stellt eine durch Permutationen von Nachbarkörnern hervorgerufene »Superdeformation« dar. Das skizzierte Verfahren erfordert somit eine Abschätzung der Formänderung des Einzelkorns, um nach deren Abzug von der Gesamtdeformation den Anteil der Korngrenzengleitung zu erhalten.

Da die durch Gleitung, akkomodierendes Diffusionskriechen oder Korngrenzengleitung mit Kornpermutationen hervorgerufenen Verschiebungen von Marken an der Probenoberfläche oder im Volumen nicht direkt unterschieden werden können, läßt sich der Beitrag der Korngrenzengleitung zur Gesamtumformung aus experimentell gemessenen Markenverschiebungen nicht genau bestimmen [181]. Um die Gleitung für die Akkomodation des Diffusionskriechens und Korngrenzengleitung als selbständigen Prozeß zu unterscheiden, kann man den Betrag der relativen Kornverschiebung als Funktion des Winkels Θ der Grenzen mit der Zugachse (vgl. Bild 44) heranziehen. Der Betrag der Verschiebungen durch Korngrenzengleitung als selbständiger Prozeß sollte nämlich von der Größe der Schubspannungen an der Grenze abhängen und die Komponente W_1 bei Berücksichtigung des Winkels zwischen Grenze und Probenoberfläche ein Maximum bei $\Theta = 60°$ aufweisen sowie bei weiterer Erhöhung von Θ bis 90° gegen Null gehen [181]. Beim Diffusionskriechen, das durch die Normalspannungen (Zug an Akzeptorgrenzen, Druck an Donatorgrenzen) bedingt wird, kann man demgegenüber die größten Verschiebungen bei $\Theta = 90°$ erwarten. Das Verfahren zur Unterscheidung der beiden Formen der Korngrenzengleitung ist brauchbar, wenn nur eine von ihnen vorliegt. Da sie bei superplastischen Werkstoffen jedoch gleichzeitig wirksam sein können, erlaubt der skizzierte Ansatz nur die Bestimmung des Geschwindigkeitsintervalls, in dem der Einfluß des einen oder des anderen Mechanismus auf die Beträge der relativen Kornverschiebungen dominiert. Das Verfahren von RACHINGER [73] erlaubt die Erfassung des Korngrenzengleitens, das einen selbständigen Beitrag zur Gesamtumformung liefert. Seine Genauigkeit hängt von der Zuverlässigkeit der Messung der Korndeformation ab und ist unabhängig von deren Mechanismus. Bei der Bestimmung der Deformation durch die Korngrenzengleitung weist die Analyse der Kornformen gegenüber der Markierungstechnik [177] eine Reihe von Vorzügen auf.

- Es ist möglich, eine beliebige Zahl von Messungen zur Gewährleistung der notwendigen statistischen Sicherheit vorzunehmen.
- Die Messungen sind leicht gleichzeitig an der Oberfläche und im Volumen (d. h. im Querschnitt der gereckten Probe) durchzuführen.
- Der Umformgrad der Probe, an der die Untersuchung erfolgt, ist prinzipiell nicht eingeschränkt.

Rachinger [73] berechnet die Korndeformation nach der Formel

$$\varepsilon_{VGl} = (N_q/N_l)^{2/3} - 1 \tag{61}$$

wobei N_q und N_l die Kornzahlen je Einheitslänge der Längs- und Querrichtung der Probe sind. Bei Kriechversuchen erhielt man mit der Methode jedoch höhere Werte ε_{KGGl} als mit der Markierungstechnik [173, 177]. Zur Verringerung der durch die Korngrößenverteilung bedingten Fehler wurde vorgeschlagen, die Deformation jedes einzelnen Korns zu bestimmen und nach (52) einen Mittelwert zu berechnen. Wenn eine merkliche Korngrenzenwanderung stattgefunden hat, können die nach Rachinger für das Probenvolumen (d. h. am Probenquerschnitt) und die anhand von Ritzmarken an der Oberfläche berechneten Beträge der Deformation durch Korngrenzengleitung nicht übereinstimmen.

Bei der Untersuchung superplastischer Legierungen hat man die Methode von Rachinger [73] wegen der Kleinheit der Kornformänderungen bisher nicht angewendet. Auf der Grundlage der Zielpräparation von Oberflächenabdrücken kann sie jedoch bei Proben mit stabilem Gefüge, wo die Deformationszonen sicher zu erkennen sind, durchaus erfolgreich eingesetzt werden.

Obwohl in der Literatur Abschätzungen dieser Größe für verschiedene superplastische Werkstoffe angegeben werden (vgl. Tabelle 6), ist die Berechnung des Anteils der Korngrenzengleitung an der Gesamtdeformation einer Probe eine komplizierte und letzten Endes ungelöste Aufgabe. Das Problem ist unmittelbar mit der Klärung der schwierigen Frage verknüpft, ob die Gleitung beim Diffusionskriechen einen selbständigen Beitrag zur Gesamtformänderung liefert. Die Diskussion darüber ist seit der Publikation einer Arbeit von Lifšic [109] im Gange, der als erster die Unmöglichkeit von Diffusionskriechen ohne Akkomodation durch Gleitung aufzeigte. Zusammenfassungen der Diskussion werden in den Arbeiten [168, 170, 183, 182] gegeben.

Gibbs [182] bewies sehr überzeugend, daß unter den Bedingungen des Diffusionskriechens die Gesamtdeformation des polykristallinen Aggregats gleich der mittleren Deformation des Einzelkornes ist. In einem ebenen Modell mit Kornsechsecken (Bild 45a) kann tatsächlich ein Aggregat beliebiger Ausdehnung mit dem Periodizitätsmodul $d_1 + d_2$ konstruiert werden. Nach einer Deformation (Bild 45c) hat sich der Abschnitt d_1 um die Breite $2t$ von zwei Deformationszonen an den Akzeptorgrenzen vergrößert. Der Abschnitt d_2 hat sich dabei nicht nur wegen der Deformationszonen an den Akzeptorgrenzen verlängert, sondern auch deshalb, weil er Donatorgrenze ist, von der Material abwandert. Der Querschnitt

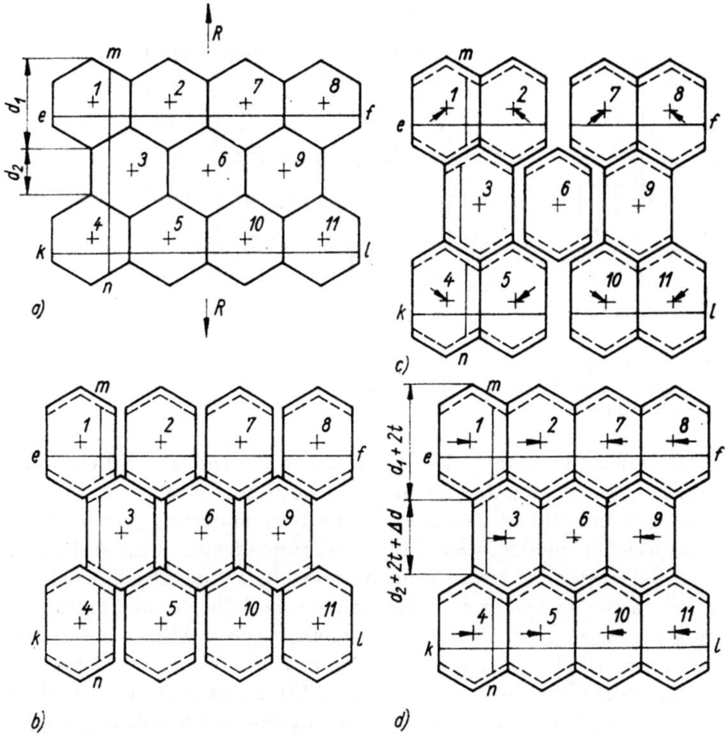

Bild 45. Modell mit Kornsechsecken zur Erklärung der Rolle des Korngrenzengleitens für die Akkomodation beim Diffusionskriechen
ef, kl, mn: Markierungslinien; Pfeile: Vektoren des Korngrenzengleitens

der Kornsechsecke hat sich dabei verkleinert, ihre Längsseiten wurden um den Betrag Δd länger. Wenn die mittlere Korngröße vor der Umformung $d_1 + d_2/2$ war, dann lautet sie danach $(d_1 + d_2 + 4t + \Delta d)/2$, und es ergibt sich die Korndeformation

$$\varepsilon_{\mathrm{VGl}} = (4t + \Delta d)/(d_1 + d_2) \tag{62}$$

Wenn ein Aggregat aus n Körnern während der Umformung seine Kontinuität bewahrt und sich die Kornzahl auf einer Meßlinie nicht ändert, so beträgt seine Länge vor der Deformation $n\,(d_1 + d_2)/2$ und danach $n\,(d_1 + d_2 + 4t + \Delta d)/2$; d. h., es ist $\varepsilon_{\mathrm{gesamt}} = \varepsilon_{\mathrm{VGl}}$. Die gleichen Überlegungen können auch im Falle der Kornstreckung durch Versetzungsgleitung im Kristallitvolumen angestellt werden.

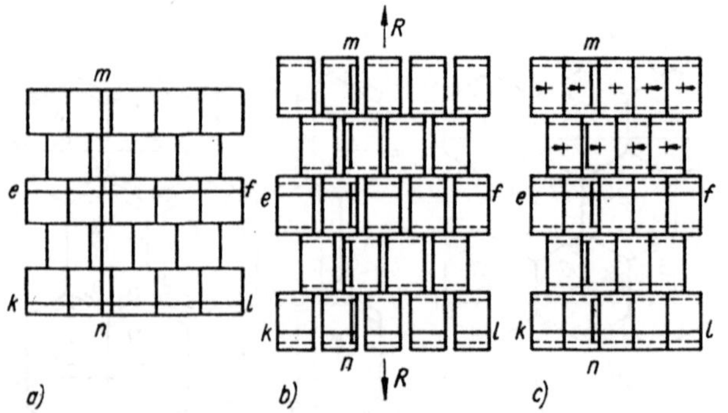

Bild 46. Modell mit Kornquadraten zur Erklärung der Bedeutung des Korngrenzengleitens beim Diffusionskriechen (Bedeutung der Symbole wie im Bild 45)

Die Gleitung liefert also nicht einen Beitrag zum Diffusionskriechen des Aggregates, sondern macht es überhaupt erst möglich. Das wird im Bild 46 deutlich, wo die Formänderung durch Diffusionskriechen in einem Modell mit Kornquadraten dargestellt und der Gleitvorgang in zwei Etappen unterteilt wurde. Das Diffusionskriechen gewährleistet zwar eigentlich schon die Gesamtformänderung des Aggregats, aber an den Donatorgrenzen bilden sich Hohlräume und die Bedingung der Kontinuität des Deformationstensors wird gestört (Bild 46b). Für die Aufrechterhaltung der Kontinuität des Deformationstensors an den Korngrenzen ist unbedingt eine Gleitung notwendig, deren Richtung im betrachteten Modell senkrecht zur Zugachse liegt (Bild 46). Das Gleiten liefert hier deshalb auch (vom geometrischen Standpunkt aus gesehen) keinen Beitrag zur axialen Deformation.

Das Modell ist jedoch nicht eindeutig. Wenn zusammen mit der Zugspannung senkrecht dazu eine Druckspannung anliegt, dann kann man bei analoger Aufteilung des Umformprozesses in zwei Etappen zeigen, daß die gesamte Formänderung des Aggregates durch Gleitung erhalten wird. Diffusionskriechen und Gleitung sind folglich miteinander gekoppelt und sich wechselseitig bedingende Prozesse [168]. Man kann sie als Diffusionskriechen mit Akkomodation durch Korngrenzengleitung oder umgekehrt als Korngrenzengleiten mit diffusionsgesteuerter Akkomodation diskutieren.

Die Analyse von Gibbs [182] stützt sich ausschließlich auf ein geometrisches Modell vor und nach der Deformation. Bei Betrachtung der Trajektorien im Modell der Kornsechsecke lassen sich noch einige andere Vorstellungen entwickeln. Man geht dabei gewöhnlich von einem Aggregat aus drei Körnern (vgl. z. B. die Körner 1, 2, 3 im Bild 45a) aus [170, 181, 182, 183]. In der Etappe des Diffusionskriechens (Bild 45b) ist die Deformation des ganzen Aggregates kleiner als die mittlere Formänderung des Einzelkorns, obwohl letzteres schon seine endgültige Deformation erlitten hat. Durch Bewegung der Körner 1 und 2 längs der Grenzen zwischen den Kristalliten 1 und 3 bis zur Beseitigung des Spaltes an der Donatorgrenze zwischen den Körnern 1 und 2 kann das Dreieraggregat jedoch eine zusätzliche Formänderung erfahren. Im vorliegenden Modell würde somit die Korngrenzengleitung die Deformation des Aggregates bis zum Betrag der mittleren Korndeformation ergänzen. Eine solche zusätzliche Deformation kann $\sim 0{,}5\ \varepsilon_{gesamt}$ erreichen [170, 171]. Zuweilen trifft man auf dieser Grundlage eine Aussage über den zusätzlichen Beitrag der Gleitung zur Gesamtformänderung beim Diffusionskriechen [169, 171]. Hierbei ist zu berücksichtigen, daß der numerische Wert dieses Beitrages von der Korngeometrie bzw., genauer gesagt, von dem Winkel Θ der Korngrenzen mit der Achse der Beanspruchung abhängt. Die Übereinstimmung der Gesamtdeformation eines Aggregates von Kristalliten mit der mittleren Deformation des Einzelkorns auf der einen Seite und das Auftreten einer axialen Gleitkomponente beim Diffusionskriechen im Modell der drei Kornsechsecke auf der anderen Seite erweist sich in der gegenwärtigen Diskussion der Frage, ob die Korngrenzengleitung einen eigenen Beitrag zum Diffusionskriechen leistet, als ein grundlegender Widerspruch.

Die Analyse der Gefügeänderungen bei einer superplastischen Deformation (z. B. mit Hilfe der Zielpräparation) zeigt einen chaotischen Charakter der Kornbewegungen an. Bei weitem nicht alle Körner gleiten in jedem Moment der Umformung; Gruppen von gleitenden Kristalliten wechseln mit Gruppen von unbewegten Körnern ab. Die Richtungen der Korndrehungen ändern willkürlich das Vorzeichen (vgl. Bild 18), und auf der Probenoberfläche entsteht aufgrund der Bildung von Stufen und Senken ein Relief (vgl. Bild 16). Man kann daraus entnehmen, daß die Kornverschiebungen bei der superplastischen Deformation Komponenten unterschiedlichen Vorzeichens zur Korngrenzengleitung des Aggregates beisteuern können, was bisher in der Literatur nicht diskutiert worden ist.

Da das Korngrenzengleiten ein Mechanismus ist, der in einem Aggregat von vielen Körnern realisiert wird, sollten sich die Verschiebungen mit unterschiedlichen Vorzeichen im Volumen eines Vielkristalls im Mittel kompensieren und keinen resultierenden Beitrag zur Gesamtformänderung der Probe liefern. Die Verschiebungen bewirken deshalb Akkomodation. Wenn sich also, anders gesagt, in einem Teil des Vielkristalls die Länge des Aggregates durch akkomodierende Korngrenzengleitung vergrößert, dann ist es gleichwahrscheinlich, daß sie sich in einem anderen Teil verringert. Das läßt sich auch im Modell der Kornsechsecke zeigen, wenn man das Diffusionskriechen nicht mit einem Aggregat von 3, sondern z. B. an 5 oder 11 Kristalliten analysiert (Bild 45). Die Projektion der Akkomodationsverschiebungen der Körner 1 und 2 auf die Zugachse sind mit den Projektionen der Verschiebungsvektoren der Kristallite 4 und 5 im Betrage gleich, haben aber entgegengesetztes Vorzeichen (Bild 45c). Dieselbe Kompensation der Verschiebungen wird auch bei der Gruppe aus den Körnern 7 bis 11 beobachtet. Zur Beseitigung der Lücken um das Korn 6 müssen sich die Kristallitgruppen 1 bis 5 und 7 bis 11 so bewegen, daß sie (wie im Bild 46) keine zusätzliche Formänderung bewirken. Dabei muß hervorgehoben werden (vgl. Bild 45d), daß Längsmarkierungen an den Grenzen von Nachbarkörnern durch die akkomodierende Korngrenzengleitung verschoben werden, während Quermarken solche Verschiebungen nicht erleiden. Dieses Verhalten von Quermarken ist aber offenbar eine Eigenschaft eines Modells mit regulären Polyedern. Es fällt schwer, sich vorzustellen, daß reale Nachbarkristallite, die sich beim akkomodierenden Gleiten über Grenzen mit verschiedenen Winkeln Θ annähern, gleiche Projektionen der Verschiebungsvektoren auf die Probenachse haben werden.

Im Falle, daß Korngrenzengleitung infolge von Kornpermutationen einen eigenen Beitrag zur Gesamtformänderung leistet (Bild 47), haben alle Verschiebungsvektoren gleiches Vorzeichen und kompensieren sich im Probenvolumen nicht gegenseitig. Markierungslinien werden dann verschoben und weisen Unterbrechungen sowohl an Stellen akkomodierender als auch bei selbständiger Korngrenzengleitung auf.

Aus den Darlegungen folgt, daß die Mehrzahl der in der Literatur mitgeteilten Beiträge der Korngrenzengleitung zur Gesamtumformung um den Anteil des akkomodierenden Prozesses zu hoch ist. Zur Erfassung des wirklichen Anteils ist es unumgänglich, die Verschiebungen von Markierungen unter Beachtung des Vorzeichens zu messen und algebraisch aufzusummieren. Die Bestimmung des Vorzeichens ist allerdings insbesondere bei Längsmarkierungen schwierig, weil diese Markierungen häufig Deformationszonen schneiden. Mit Quermarken in Materialien mit relativ grobem Korn gelingt das offenbar besser, wenn man dabei berücksichtigt,

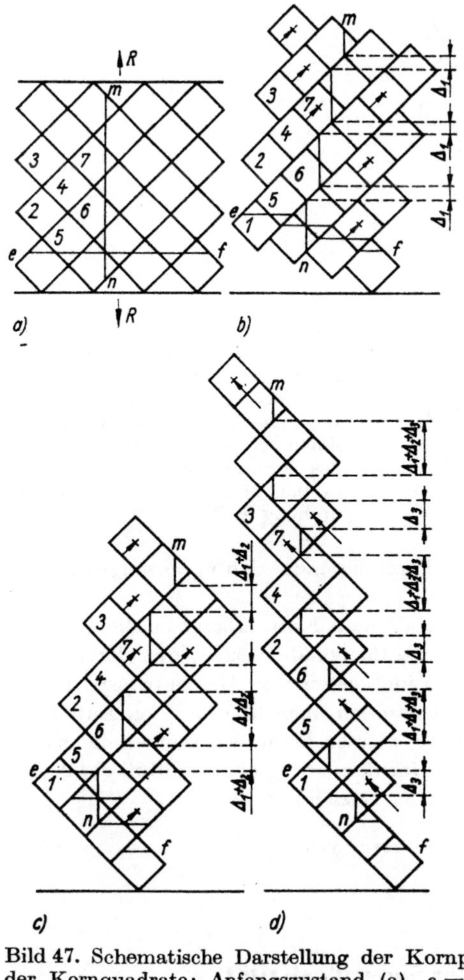

Bild 47. Schematische Darstellung der Kornpermutationen im Modell der Kornquadrate: Anfangszustand (a), $\varepsilon = 35\%$ (b), $\varepsilon = 74\%$ (c), $\varepsilon = 150\%$ (d)
ef, mn: Markierungslinien; Δ_1, Δ_2, Δ_3: aufeinanderfolgende Verschiebungen der Linie mn; Pfeile: Vektoren der Korngrenzengleitung

daß sich die Absolutlänge dieser Marken verringert (Bild 48a, b, f), während ihre relative Länge gleichzeitig zunimmt (Bild 48c, d, e). Experimentelle Werte der Korngrenzengleitung, die unter Beachtung des Vorzeichens der Kornverschiebungen bestimmt wurden, fehlen in der Literatur. Die vorhandenen Daten sind deshalb gene-

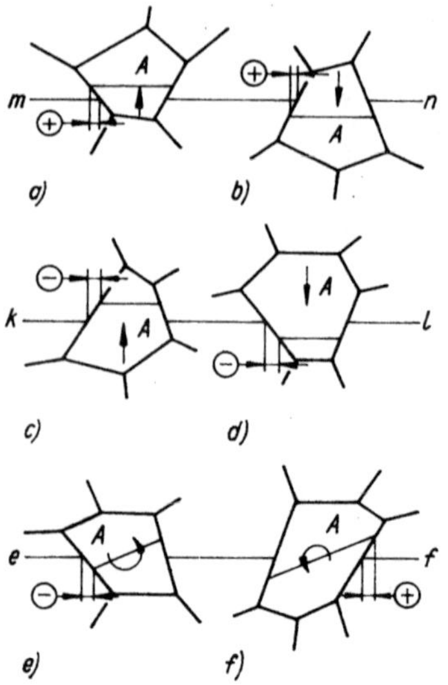

Bild 48. Schematische Darstellung zur Bestimmung des Vorzeichens der Korngrenzengleitung beim Zugversuch über Markierungslinien (ef, kl, mn) bei Bewegung des Kornes A parallel zur Zugachse (a, b, c, d) und bei einer Korndrehung (e, f)

rell um den Anteil des akkomodierenden Korngrenzengleitens zu hoch.

Bei Werkstoffen mit ultrafeinem Korn erlaubt es die Methode der Zielpräparation von Oberflächenabdrücken, mit deren Hilfe man den Beitrag des diffusionsgesteuerten Massentransports aus der Breite von Deformationszonen nach (51) und den Anteil der Korndeformation nach (53a) messen kann, den Beitrag der Korngrenzengleitung zur Gesamtformänderung ohne Einfluß der Akkomodationskomponente aus der Beziehung

$$\gamma_{\mathrm{KGGl}} = \Delta\varepsilon_{\mathrm{KGGl}}/\varepsilon_{\mathrm{gesamt}} = 1 - \gamma_{\mathrm{DM}} - \gamma_{\mathrm{VGl}} \qquad (63)$$

abzuschätzen.

3.6. Das Wesen der Superplastizität

3.6.1. Die Beiträge der verschiedenen Deformationsmechanismen zur Gesamtformänderung

In den Tabellen 6 bis 8 werden Daten zu den Anteilen der drei Mechanismen der Superplastizität an der Gesamtformänderung vorgestellt. Die Angaben gestatten Aussagen darüber, wie sich die Umformgeschwindigkeit bei der superplastischen Deformation eines bestimmten Materials auf jeden einzelnen Mechanismus auswirkt. Ein Vergleich der Beiträge bei verschiedenen Werkstoffen ist allerdings nur für vergleichbare Umformbedingungen (d. h. insbesondere für optimale Formänderungsgeschwindigkeiten) möglich. Da die in den Tabellen 6 bis 8 angegebenen Geschwindigkeiten unterschiedlich weit vom Optimum entfernt sind, hat ein solcher Vergleich hier keinen Sinn. Selbst im 2. Geschwindigkeitsintervall kann man die Absolutwerte der Deformationsanteile nur mit großer Vorsicht und unter Berücksichtigung der Unterschiede in den Methoden und in den Unsicherheiten ihrer Bestimmung vergleichen.

In der Tabelle 6 wird gezeigt, daß der Beitrag der Korngrenzengleitung zur Gesamtumformung der Superplastizität über ein Maximum geht. Die angegebenen Daten stellen allerdings nicht den wirklichen Anteil der Korngrenzengleitung dar, weil sie in unterschiedlichem Maße auch das akkomodierende Korngrenzengleiten einschließen. Letzteres ist im Wesen der Berechnungsmethoden für γ_{KGGl} begründet (vgl. dazu die Quellenangaben der Tabelle 6 sowie auch den Abschnitt 3.5.). In [116] wurde die Berechnung von γ_{KGGl} nach der Formel (63) durchgeführt, die den selbständigen Beitrag der Korngrenzengleitung zur Gesamtdehnung ohne Einbeziehung des akkomodierenden oder auch des unmittelbar mit dem Diffusionskriechen verknüpften Korngrenzengleitens liefert. Die im Vergleich zu den Angaben der Arbeiten [81, 86] kleineren Werte γ_{KGGl} der Publikation [116] für das 1. und 2. Geschwindigkeitsintervall weisen darauf hin, daß dort das akkomodierende Korngrenzengleiten die Hauptrolle spielt. Besonders deutlich ist das im 1. Geschwindigkeitsbereich.

Für die Korngrenzengleitung sind hohe Werte des Exponenten m charakteristisch. Man stellte das bei der Untersuchung von Al-Bikristallen fest; die Korngrenzengleitung führt dort zu Beträgen $m = 0{,}4$ bis $0{,}55$ [189]. Ein großer Wert $m = 0{,}8 \pm 0{,}2$ wurde auch bei Kriechversuchen mit Zn-Bikristallen erhalten. Diese waren so gegenüber der Zugachse orientiert, daß zwar Korngrenzengleitung, aber keine Basisgleitung von Gitterversetzungen stattfand [241]. Man kann deshalb annehmen, daß ein hoher Exponent m für einen Deformationsprozeß charakteristisch ist, der über die Bewegung von Korngrenzenversetzungen erfolgt. Der Faktor m muß dabei mit dem Gesamteffekt der Korngrenzengleitung (d. h. mit der Summe aus der akkomodierenden und der selbständigen Korngrenzengleitung) korrelieren, da sich die Mikromechanismen der Teilvorgänge nicht voneinander unterscheiden sollten. Im Zusammenhang damit wird die Tendenz des Faktors m bei verschiedenen Werkstoffen verständlich, bei einer Zunahme von γ_{KGGl} ebenfalls zu wachsen (vgl. Tabelle 6).

Tabelle 6. Beitrag der Korngrenzengleitung (γ_{KGGl}) in den drei Geschwindigkeitsbereichen der Superplastizität zur Gesamtdehnung

Legierung				1. Intervall			2. Intervall			3. Intervall			γ_{KGGl}	Literatur
	d_0 (μm)	T (°C)	ε (%)	φ (s^{-1})	m	γ_{KGGl} (%)	$\dot{\varphi}$ (s^{-1})	m	γ_{KGGl} (%)	$\dot{\varphi}$ (s^{-1})	m	γ_{KGGl} (%)	nach Formel	
Zn-22% Al	1,8	250	20[1]	$3 \cdot 10^{-7}$	—	30	$8 \cdot 10^{-5}$	0,5	60	8,3	—	30	(59)	[81]
	1,65	250	20	$6 \cdot 10^{-6}$	0,35	23	$6 \cdot 10^{-4}$	0,55	49	$1{,}2 \cdot 10^{-1}$	0,27	12	(60)	[86]
	1,25	250	25	$7 \cdot 10^{-5}$	0,32	7	$1{,}7 \cdot 10^{-3}$	0,45	37	$2{,}4 \cdot 10^{-1}$	0,33	28	(63)	[116]
	1,25	150	25	$7 \cdot 10^{-5}$	0,32	3	$7 \cdot 10^{-4}$	0,41	23	$7 \cdot 10^{-2}$	0,17	21	(63)	[116]
Zn-0,4% Al	1	20	20	$4 \cdot 10^{-5}$	0,22	33	$4 \cdot 10^{-4}$	0,38	38	$4 \cdot 10^{-3}$	0,31	28	(56)	[96]
Sn-38% Pb	9,7	150	22	$3{,}3 \cdot 10^{-6}$	—	21	$1{,}3 \cdot 10^{-3}$	—	56	$1{,}3 \cdot 10^{-1}$	—	20	(57)	[99]
Mg-33% Al	10,6	400	17	$1{,}7 \cdot 10^{-5}$	0,29	12	$6{,}6 \cdot 10^{-4}$	0,82	64	$3{,}3 \cdot 10^{-2}$	0,18	29	(58)[2]	[82]
									78				(55)[2]	
Mg-1,5% Mn-0,3% Ce	10	400	6	$2 \cdot 10^{-5}$	0,29	33	$8{,}3 \cdot 10^{-3}$	0,38	49	$4{,}1 \cdot 10^{-1}$	0,24	30	(56)	[83]
Al-10,8% Zn-0,85% Mg-0,29% Zr	7,6	520	30	$8 \cdot 10^{-6}$	0,41	65	$2 \cdot 10^{-4}$	0,81	82	$4{,}1 \cdot 10^{-3}$	0,21	53	(58)	[185]
Al-9% Zn-1% Mg	9,8	520	60	—	—	—	$1{,}1 \cdot 10^{-4}$	0,65	63	$1{,}8 \cdot 10^{-3}$	0,24	26	(56)	[77]
Al-33% Cu	—	520	40	—	—	—	$2{,}3 \cdot 10^{-4}$	0,7	70	—	—	—	(55)	[186]
Cu-41% Zn	6	600	25	—	—	—	$1{,}2 \cdot 10^{-3}$	0,52	44	—	—	—	(58)	Autoren und *V. A. Kožanov*

[1]) Stauchgrad

[2]) In der Formel wurde der Faktor $(1 + \varepsilon_{gesamt})$ nicht berücksichtigt.

Tabelle 7. Beitrag des diffusionsgesteuerten Massentransports (γ_{DM}) in den drei Geschwindigkeitsintervallen der Superplastizität zur Gesamtdehnung

Legierung	d_0 (μm)	T (°C)	ε (%)	1. Intervall $\dot{\varphi}$ (s^{-1})	m	γ_{DM} (%)	2. Intervall $\dot{\varphi}$ (s^{-1})	m	γ_{DM} (%)	3. Intervall $\dot{\varphi}$ (s^{-1})	m	γ_{DM} (%)	γ_{DM} nach Formel	Literatur
Mg-6% Zn-0,5% Zr	18	450	150	$3{,}3 \cdot 10^{-5}$	0,32	31	$1{,}7 \cdot 10^{-4}$	0,57	17	$3{,}3 \cdot 10^{-3}$	0,28	5	(51)	[115]
Zn-22% Al	1,65	250	20	$6 \cdot 10^{-6}$	0,35	94	$6 \cdot 10^{-4}$	0,55	28	$1{,}2 \cdot 10^{-1}$	0,27	13	(50)	[86]
	1,25	250	25	$7 \cdot 10^{-5}$	0,32	75	$1{,}7 \cdot 10^{-3}$	0,45	57	$2{,}4 \cdot 10^{-1}$	0,33	32	(51)	[116]
	1,25	150	25	$7 \cdot 10^{-5}$	0,32	75	$7 \cdot 10^{-4}$	0,41	49	$7 \cdot 10^{-2}$	0,17	20	(51)	[116]

Tabelle 8. Beitrag der Versetzungsgleitung im Korninneren (γ_{VD}) in den drei Geschwindigkeitsintervallen der Superplastizität zur Gesamtdehnung

Legierung	d_0 (μm)	T (°C)	ε (%)	1. Intervall $\dot{\varphi}$ (s^{-1})	m	γ_{VG} (%)	2. Intervall $\dot{\varphi}$ (s^{-1})	m	γ_{VG} (%)	3. Intervall $\dot{\varphi}$ (s^{-1})	m	γ_{VG} (%)	γ_{VG} nach Formel	Literatur
Mg-33% Al	10,6	400	17	$1{,}7 \cdot 10^{-5}$	0,29	30	$6{,}6 \cdot 10^{-4}$	0,82	21	—	—	—	(53)	[82]
Mg-1,5% Mn-0,3% Ce	10	400	30	$2 \cdot 10^{-5}$	0,29	43	$8{,}3 \cdot 10^{-3}$	0,38	24	—	—	—	(53)	[83]
Zn-22% Al	1,25	250	25	—	—	—	$1{,}7 \cdot 10^{-3}$	0,45	6	$2{,}4 \cdot 10^{-1}$	0,33	40	[1]	[116]
	1,25	150	25	—	—	—	$7 \cdot 10^{-4}$	0,41	28	$7 \cdot 10^{-2}$	0,17	54	[1]	[116]

[1] Summation der Änderungen der maximalen Sehnen aller Körner längs der Zugachse unter Berücksichtigung des Vorzeichens (vgl. Abschn. 3.5.)

Aus der Tabelle 7 geht hervor, daß der Beitrag des diffusionsgesteuerten Massentransports (oder, was dasselbe ist, der Anteil des dadurch akkomodierten Korngrenzengleitens) bei einer Zunahme der Formänderungsgeschwindigkeit sinkt, was sich als Folge der Verringerung der Zeitspanne bis zum Erreichen eines vorgegebenen Umformgrades erklären läßt. Bei optimalen Bedingungen der superplastischen Deformation (d. h. im 2. Geschwindigkeitsbereich) ist der Beitrag γ_{DM} um so größer, je kleiner die Korngröße wird. Bei einer Magnesiumlegierung mit einer Anfangskorngröße von 18 μm betrug $\gamma_{DM} = 17\,\%$, bei der Legierung ZnAl 22 mit Korngrößen von 1,65 und 1,25 μm jedoch 28 bzw. 57 %. Wenn man berücksichtigt, daß die Kriechgeschwindigkeit umgekehrt proportional zur zweiten oder dritten Potenz der Korngröße ist, wird dieser starke Einfluß der Kornabmessungen auf den Wert γ_{DM} verständlich.

Bei der superplastischen Deformation der Legierung ZnAl 22 erfolgt der diffusionsgesteuerte Massentransport sowohl über die Korngrenzen als auch über das Kornvolumen. Die bei diesem Werkstoff mit der Verringerung der Korngröße von 1,65 auf 1,25 μm eintretende Verdopplung von γ_{DM} entspricht dem Fakt, daß sich nach den Formeln (44) und (45) die Geschwindigkeit des Nabarro-Herring-Kriechens um den Faktor 1,7 und die Geschwindigkeit des Coble-Kriechens um den Faktor 2,3 erhöhen sollten. Der Einfluß der Korngrößenabnahme von 1,65 auf 1,25 μm und die daraus resultierende Beschleunigung des diffusionsgesteuerten Massentransports kommen auch in einer Verschiebung des optimalen Bereichs der superplastischen Deformation zu höheren Geschwindigkeiten und größeren Werten γ_{DM} im 3. Geschwindigkeitsintervall zum Ausdruck.

Der Beitrag des Versetzungsgleitens im Korninneren hängt ebenfalls von der Korngröße ab (Tabelle 8). Unter optimalen Bedingungen der superplastischen Deformation beträgt er bei Magnesiumlegierungen mit Korngrößen um 10 μm etwa 20 bis 25 %, während er bei der Legierung ZnAl 22 mit den um eine Größenordnung kleineren Kornabmessungen fast Null ist. Bei einer Temperaturerniedrigung von 250 auf 150 °C (d. h. unterhalb des Optimums) tritt jedoch auch bei der superplastischen Deformation der Legierung ZnAl 22 im 2. Geschwindigkeitsintervall ein bedeutender Anteil $\gamma_{VG} = 28\,\%$ von Versetzungsgleitung auf. Das läßt sich damit erklären, daß infolge der Korngrößenabnahme und der Temperaturverringerung die Ausbildung des diffusionsgesteuerten Massentransports erschwert wird und die Fließspannung wächst. Beides bedingt die Entstehung einer großen Zahl von Gitterversetzungen, deren Gleitung einen hohen Beitrag zur Gesamtumformung liefert.

3.6.2. Die Aktivierungsenergie der superplastischen Deformation

Die superplastische Deformation ist ein thermisch aktivierter Prozeß, und die Temperaturabhängigkeit ihrer Geschwindigkeit kann deshalb in sehr allgemeiner Form durch eine ARRHENIUS-Gleichung

$$\dot{\varphi} = \dot{\varphi}_0 \, e^{-Q/kT} \tag{64}$$

beschrieben werden. Hier ist $\dot{\varphi}_0$ eine Konstante, k die Gaskonstante und Q die Aktivierungsenergie der superplastischen Deformation.

Unabhängig davon, welchen Mechanismus oder welche Kombination von Mechanismen man bei der superplastischen Deformation als wirksam annimmt, wird jeder von ihnen (wie beim Kriechen) durch die Diffusion kontrolliert. Im stationären Zustand wird die Abhängigkeit der Kriechgeschwindigkeit vom Diffusionskoeffizienten D, der Spannung R und der Korngröße d befriedigend durch die halbempirische Formel

$$\dot{\varphi} = (aDGb/kT)\,(b/d)^p\,(R/G)^n \tag{65}$$

beschrieben. Hierbei sind a, p und n dimensionslose Konstanten, G ist der Schubmodul, b der Betrag des BURGERS-Vektors der Versetzungen des Materials und k die BOLTZMANN-Konstante. Die Beziehung (65) wird häufig zur Analyse von diffusionskontrollierten Deformationsprozessen, darunter auch der superplastischen Deformation, herangezogen. Unter Berücksichtigung der Temperaturabhängigkeit des Diffusionskoeffizienten kann man dem Ausdruck (65) die folgende Form geben:

$$\dot{\varphi} = aD_0 \, e^{-Q/kT} \, [(Gb/kT)\,(b/d)^p\,(R/G)^n] \tag{66}$$

Hier ist Q die wahre, mit der Aktivierungsenergie des konkreten, den Prozeß kontrollierenden Diffusionsvorganges identische Aktivierungsenergie der superplastischen Deformation. Alle im Abschnitt 3.2. betrachteten Kriechgesetze lassen sich auf die Form (66) bringen ([187], vgl. die Tabelle 9). Da der BURGERS-Vektor nicht nur ein Versetzungsparameter, sondern auch ein Atomabstand ist, kann man für das Atomvolumen $\Omega \approx b^3$ setzen und die Beziehungen (44) und (45) leicht in den allgemeineren Ausdruck (66) umformen.

Das Interesse an der Aktivierungsenergie der superplastischen Deformation ist dadurch bedingt, daß deren Berechnung aus den Ergebnissen mechanischer Untersuchungen und ihr Vergleich mit den bekannten Aktivierungsenergien von konkreten Diffusionsvorgängen die Ableitung von Vorstellungen über den geschwindigkeitsbestimmenden Prozeß der Superplastizität erlaubt. Wenn man annimmt, daß die Temperaturabhängigkeit der Geschwindigkeit der superplastischen Deformation in den Formeln (65) und (66) nur durch die Temperaturabhängigkeit des Diffusionskoeffizienten bestimmt wird, kann man diese in die einfachere Arrhenius-Gleichung (64) überführen, und es ist folglich

$$Q_s = -\mathrm{k}\,[\partial \ln \dot{\varphi}/\partial\,(1/T)]_{d,R} \tag{67}$$

In Wirklichkeit ist der Präexponentialfaktor der Gleichung (64) jedoch keine Konstante. Eine nach (67) ermittelte Größe Q_s wird deshalb als scheinbare Aktivierungsenergie der superplastischen Deformation bezeichnet. Um aus (66) die wahre Aktivierungsenergie Q zu erhalten, muß unbedingt die Temperaturabhängigkeit des Schubmodels G und der Faktor $1/T$ berücksichtigt werden. Unter der Voraussetzung, daß R, b, p und n Konstanten sind, erhält man dann die Beziehung

$$\ln(\dot{\varphi}\, G^{n-1} T) = C_1 - (Q/\mathrm{k})\,(1/T) \tag{68}$$

und die wahre Aktivierungsenergie der superplastischen Deformation ergibt sich zu

$$Q = -\mathrm{k}\,[\partial \ln(\dot{\varphi} G^{n-1} T)/\partial\,(1/T)]_{d,R} \tag{69}$$

Die scheinbare Aktivierungsenergie Q_s kann in Abhängigkeit von der Prüftemperatur kleiner oder größer als Q sein.

Die am weitesten verbreitete Methode zur Bestimmung der Aktivierungsenergie der superplastischen Deformation besteht in der Konstruktion von $\ln R$ — $\ln \dot{\varphi}$ — Diagrammen bei verschiedenen Temperaturen bzw. in der Ermittlung der bei verschiedenen Temperaturen in den Grenzen des 1., 2. und 3. Geschwindigkeitsintervalls für R = const. auftretenden Werte $\dot{\varphi}$. Aus (67) folgt dann für die scheinbare Aktivierungsenergie

$$Q_s = \mathrm{k} \ln(\dot{\varphi}_2/\dot{\varphi}_1)\,(1/T_1 - 1/T_2) \tag{70}$$

Wenn man den Schubmodul G (und den Parameter n) bei den Prüftemperaturen kennt, ergibt sich die wahre Aktivierungsenergie aus (69) zu

$$Q = \mathrm{k} \ln(\dot{\varphi}_2 G_2^{n-1} T_2/\dot{\varphi}_1 G_1^{n-1} T_1)\,(1/T_1 - 1/T_2) \tag{71}$$

Die Werte Q_s und Q lassen sich unmittelbar aus dem Neigungswinkel der Geraden ableiten, die man bei der graphischen Darstellung der ARRHENIUS-Gleichung für jedes der drei Geschwindigkeitsintervalle der Superplastizität in den Koordinatensystemen $\ln\dot{\varphi} - 1/T$ bzw. $\ln(\dot{\varphi}G^{n-1}T) - 1/T$ erhält. Dabei ist es wünschenswert, das Temperaturintervall der Untersuchungen so eng zu wählen, daß das Werkstoffgefüge praktisch unverändert bleibt. (Andernfalls ändert sich der Faktor $(b/d)^p$ in der Gleichung (66) und die Genauigkeit der Bestimmung von Q_s und Q wird beeinträchtigt.)

Eine andere Bestimmungsmethode für die Energien Q_s bzw. Q erweist sich in der Praxis als eine Variante des eben skizzierten Verfahrens: Während des Zugversuchs ändert man plötzlich die Probentemperatur von T_1 auf T_2 um einen geringen Betrag ($\Delta T <$ 20 °C) und mißt die Werte $\dot{\varphi}_1$ und $\dot{\varphi}_2$ vor und nach dem Temperaturwechsel. Unter der Voraussetzung, daß sich dabei weder die Spannung noch das Gefüge wesentlich verändert, kann man die Größen Q_s und Q dann ebenfalls anhand der Formeln (70) und (71) berechnen.

Bei der Bestimmung der Aktivierungsenergien der superplastischen Deformation sind verschiedene Fehler möglich, insbesondere aufgrund der Vernachlässigung des Temperatureinflusses auf den Exponenten n bei $R = \text{const.}$ [189] sowie die Löslichkeiten der Phasen [89], aber auch infolge von Nichtberücksichtigung des Kornwachstums bei der superplastischen Deformation [253]. Der Nachweis der geschwindigkeitsbestimmenden Mechanismen der superplastischen Deformation anhand von Messungen der Aktivierungsenergien in den verschiedenen Geschwindigkeitsintervallen ist außerdem mit einer Reihe von Einschränkungen verbunden, die z. T. prinzipieller Art und im Wesen der Methode selbst begründet sind. Aus der Tabelle 9 folgt, daß sogar im hypothetischen Fall einer präzisen Bestimmung der wahren Aktivierungsenergie der superplastischen Deformation keine eindeutige Aussage darüber abgeleitet werden kann, welcher Kriechmechanismus wirksam ist. Die Aktivierungsenergie Q_V der Volumenselbstdiffusion charakterisiert nämlich gleichzeitig so prinzipiell verschiedenartige Prozesse wie das NABARRO-HERRING-Kriechen und auch das Versetzungskriechen. Der geringe Unterschied der Aktivierungsenergien Q_{VS} und Q_{KG} erlaubt ohne zusätzliche Informationen keine Aussagen darüber, ob der Mechanismus des COBLE-Kriechens oder eines durch Pipe-Diffusion längs Versetzungslinien kontrollierten Versetzungskriechens wirksam ist.

In der Tabelle 9 wird das Korngrenzengleiten nicht angeführt, für das eine durch Korngrenzendiffusion kontrollierte Versetzungsumlagerung erforderlich ist. Dies hat eine zusätzliche Schwierigkeit bei der Identifizierung des dominierenden Mechanismus der superplastischen Deformation anhand der Größe Q zur Folge.

Bei alleiniger Gegenüberstellung der Aktivierungsenergien der superplastischen Deformation und der Diffusionsvorgänge kann man eigentlich keine Aussage darüber treffen, welcher Prozeß die Geschwindigkeit festlegt, sondern nur angeben, welche Vorgänge nicht geschwindigkeitsbestimmend sind (z. B. im Falle $Q \ll Q_V$). Ein wesentlicher Nachteil ist dabei das Fehlen von Daten zu den Aktivierungsenergien der verschiedenen Diffusionsprozesse.

Tabelle 9. Bedeutung der Parameter der Gleichung (66) bei verschiedenen Formen des Kriechens

Art des Kriechens	Formel	Q	p	n
Nabarro – Herring	(44)	Q_V	2	1
Coble	(45)	Q_{KG}	3	1
Durch Volumendiffusion gesteuertes Kriechen mit Erholung	(49)	Q_V	0	5
Durch Versetzungsdiffusion gesteuertes Kriechen mit Erholung	—	Q_{VS}	0	3

Tabelle 10. Scheinbare Aktivierungsenergie (Q_{II}) der superplastischen Deformation im 2. Geschwindigkeitsintervall im Vergleich zu den Aktivierungsenergien Q_V, Q_{KG} der Volumen- und der Korngrenzendiffusion

Legierung	Q_{II} (kJ/mol)	Literatur	Q_V (kJ/mol)	Q_{KG} (kJ/mol)
Zn—22% Al	83	[93]	Zn: 93,8;	Zn: 51,3;
	79[1])	[190]	Al: 143,8	Al: 72[2])
	79	[191]		
Zn—22,9% Al	64,6	[121]		
Zn—0,4% Al	62,5	[12]		
Zn—0,2% Al	41,7	[192]		
Sn—38,1% Pb	45	[60; 89; 193]	Sn: 104	Sn: 40
			Pb: 107	Pb: 65,4
	57[1])	[194]		
	31,2	[195]		
	54,2	[9]		
	44[1])	[266]		

Legierung	Q_{II} kJ/mol	Literatur	Q_V kJ/mol	Q_{KGD} kJ/mol
Sn—5% Bi	45,8	[193]	Sn: 104 Bi: —	Sn: 40 Bi: —
Sn—9,8% Zn	49,2	[196]	Sn: 104 Zn: 93,8	Sn: 40 Zn: 51,3
Pb—5% Cd	40	[197]	Pb: 107	Pb: 65,4
Pb—10% Cd	25...33,3	[198]	Cd: 79	Cd: 45,8
Pb—95% Cd	41,7	[192]		
Al—33% Cu	166,7	[199]	Al: 143,8	Al: 72[2])
	137,5	[11]		
	210	[200]		
Al—17% Cu	163	[202]		
Al—6,2% Cu—0,4% Zr	79	[265]		
Al—6% Mg	155	[209]	Al: 143,8	Al: 72[2])
Al—5,65% Zn—1,56% Mg—0,41% Zr	88,3	[210]	Al: 143,8	Al: 72[2])
Al—10,72% Zn—0,93% Mg—0,42% Zr	73,8	[210]		
Al—11,6% Si	170,8	[203]	Al:143,8	Al: 72[2])
Al—13% Si	100[1])	[267]	Si: 492	Si: 250[2])
Cu—10% P	179,2	[204]	Cu: 204	Cu: 100[2])
Cu—2,8% Al—1,8% Si—0,4% Co	140[1])	[144]		
Ti—6% Al—4% V	187,5	[205]	α-Ti: 149,6	
Ti—5% Al—2,5% Sn	208...271	[206]	β-Ti: 152	
Ni—26,2% Fe—34,9% Cr—0,58% Ti	254	[207]	Ni: 280	Ni: 117,5
Ni—39% Cr—10% Fe—1,75% Ti—1% Al	250	[132]		
Fe—0,03% C—25,5% Cr—6,2% Ni—0,32% Ti	221	[208]	α-Fe: 255,4	α-Fe: 172,9
Fe—26% Cr—6,5% Ni—0,2% Ti—0,05% Al	250	[207]	γ-Fe: 282,5	γ-Fe: 158,3
Fe—50% Cu	225	[207]		
Be	150	[101]	158	—

[1]) wahre Aktivierungsenergie der superplastischen Deformation

[2]) Experimentelle Daten sind nicht vorhanden. Der verwendete Zahlenwert entspricht der Schätzung $Q_{KG} \approx 0,5\, Q_V$.

Tabelle 11. Aktivierungsenergien der Deformation in den drei Geschwindigkeitsbereichen der Superplastizität im Vergleich zu den Aktivierungsenergien der Volumen- und der Korngrenzendiffusion

Legierung	Q_{I} (kJ/mol)	Q_{II} (kJ/mol)	Q_{III} (kJ/mol)	Literatur	Q_{V} (kJ/mol)	Q_{KG} (kJ/mol)
Zn—22% Al	119	79	96	[191]	Zn: 93,8	Zn: 51,3
	74,4	79	120	[190]	Al: 143,8	Al: 72[1])
	80	—	—	[253]		
Sn—38,1% Pb	83,3	57	—	[194]	Sn: 104	Sn: 40
		44	87	[266]	Pb: 107	Pb: 65,4
Cd—5% Pb >	(58,3)	41,7	—	[192]	Cd: 79	Cd: 45,8
					Pb: 107	Pb: 65,4
Sn—5% Bi	—	(45,8)	—	[193]	Sn: 104	Sn: 40
	—	—	(87,5)	[192]	Bi: —	Bi: —
Cu—2,8% Al—1,8% Si—0,4% Co	194	140	155	[144]	Cu: 204	Cu: 100[1])
Al—10,72% Zn—0,93% Mg—0,42% Zr	—	73,8	150,8	[210]	Al: 143,8	Al: 72[1])
Al—6,2% Cu—0,4% Zr	(147)	(79)	—	[265]		
Al—13% Si	—	100	137	[267]		

Anmerkung: Werte in Klammern sind scheinbare Aktivierungsenergien der superplastischen Deformation.

[1]) Experimentelle Daten sind nicht vorhanden. Der verwendete Zahlenwert entspricht der Schätzung $Q_{\mathrm{KG}} \approx 0{,}5\, Q_{\mathrm{V}}$.

Ungeachtet der erwähnten Unvollkommenheiten erweist sich ein Vergleich zwischen den Aktivierungsenergien der superplastischen Deformation und der konkreten Diffusionsvorgänge (vgl. die Tabellen 10, 11) zweifellos als nützlich und als eine gute Ergänzung der Gefügeuntersuchungen. Alle Angaben zur Diffusion von Legierungskomponenten in den Tabellen 10 und 11 wurden dem Handbuch [122] entnommen. Wenn die zweite Phase kein Mischkristall auf der Basis einer der Komponenten ist, wird die Aktivierungsenergie Q der Diffusion nur für das Matrixmetall der Legierung angegeben. Es muß auch in Betracht gezogen werden, daß die Werte Q der Tabelle 11 überhöht sein können, weil bei ihrer Berechnung das Kornwachstum während der Umformung nicht berücksichtigt wurde. In [253] ist z. B. gezeigt worden, daß die Energie Q_{I} der Legierung ZnAl 22 bei Beachtung des Kornwachstums nicht (wie in [191] angegeben) 119 kJ/mol, sondern 80 kJ/mol beträgt und damit $Q_{I} \approx Q_{II}$ ist.

3.6.3. Zur Rolle der verschiedenen Deformationsmechanismen in den drei Geschwindigkeitsintervallen der superplastischen Deformation

Eine quantitative Theorie der superplastischen Deformation, die sich mit allen wesentlichen experimentellen Fakten in Übereinstimmung befindet, ist bisher nicht aufgestellt worden. Eine solche Theorie müßte vor allem die sigmoidale Abhängigkeit der Fließspannung von der Formänderungsgeschwindigkeit bei verschiedenen Korngrößen und Temperaturen analytisch beschreiben. Ein rein phänomenologischer Ansatz erlaubt es ohne besondere Mühe, durch Kombination von zwei oder drei Deformationsmechanismen zu einer Sigmoidalen zu gelangen. Wie jedoch in der Darstellung [13] nicht ohne Ironie bemerkt worden ist, wird dabei eigentlich nur demonstriert, wie leicht man die Theorie und die Ergebnisse mechanischer Messungen durch Einführung einer hinreichend großen Zahl von passenden Faktoren in die Fließspannungsgleichung zur Übereinstimmung bringen kann. Auf der Grundlage der vorhandenen experimentellen und theoretischen Fakten läßt sich die Änderung der Mechanismen der Superplastizität bei einer Vergrößerung der Formänderungsgeschwindigkeit quantitativ nicht diskutieren; es gibt dafür auch keine allgemein anerkannten Erklärungen. Die nachfolgenden Ausführungen spiegeln den Standpunkt der Autoren dieses Buches wider, geben aber bei weitem keine erschöpfende Darstellung der Probleme.

Jeder der drei Mechanismen der superplastischen Deformation (Korngrenzengleiten, diffusionsgesteuerter Massentransport, Versetzungsgleiten im Korninneren) kann bei Überschreitung der entsprechenden Schwellspannung in mehr oder weniger ausgeprägtem Maße die Rolle eines selbständig, unter dem Einfluß der anliegenden Spannung gerichtet ablaufenden und unmittelbar zur Gesamtformänderung beitragenden Prozesses übernehmen (vgl. die Tabellen 6 bis 8). Gleichzeitig vermag jeder von ihnen auch eine reine (die kooperative Umlagerung von Körnern gewährleistende) Akkomodationsfunktion zu erfüllen. Das wesentliche Merkmal eines reinen Akkomodationsprozesses besteht darin, daß er lokal in Erscheinung tritt und durch örtliche Bedingungen, wie z. B. eine ungünstige Korngrenzengeometrie und die dadurch hervorgerufene Spannungskonzentration, bestimmt wird. Die Richtung einer reinen Anpassungsdeformation kann außerdem in verschiedenen Probenbereichen unterschiedlich sein und muß nicht notwendig von der Richtung der außen anliegenden Spannungen abhängen.

Die Bedeutung der Einzelmechanismen der Superplastizität wird durch die von außen vorgegebene Umformgeschwindigkeit (oder die angelegte Spannung) und durch Werkstoffparameter (Korngröße, Diffusionskoeffizienten usw.) bestimmt. Das System Maschine – Probe unterliegt zu Beginn der Querhauptsbewegung oder beim Aufbringen der äußeren Last einer elastischen Deformation, die sich mit Schallgeschwindigkeit ausbreitet und zur Entstehung von Spannungen in der Probe führt. Die anschließende plastische Deformation der Probe bewirkt die Relaxation dieser Spannungen[1]).

Alle drei Mechanismen der superplastischen Deformation besitzen eine charakteristische Schwellspannung R_S. Unter Beachtung der physikalischen Natur der verschiedenen Vorgänge kann man erwarten, daß die niedrigste Schwellspannung beim Diffusionskriechen auftritt, das durch Atomverschiebungen realisiert wird. Beim Korngrenzengleiten und beim Versetzungsgleiten im Korninneren muß die Schwellspannung höher sein, weil diese Prozesse über kollektive Platzwechsel von Atomen (d. h. über die Bewegung von Korngrenzen- oder Gitterversetzungen) erfolgen. Da die Burgers-Vektoren von Gitterversetzungen größer sind als die von Korngrenzenversetzungen [70, 71], muß die Schwellspannung im letztgenannten Falle auch noch höher sein als beim Korngrenzengleiten.

Alle diskutierten Mechanismen der superplastischen Deformation sind in der Lage, Spannungsrelaxation mit unterschiedlicher Geschwindigkeit zu veranlassen. Der langsamste von ihnen ist das Diffusionskriechen.

Das 1. Geschwindigkeitsintervall

Bei Vorgabe einer Umformgeschwindigkeit im 1. Intervall stellt sich, nachdem die elastischen Spannungen den Schwellwert R_S für das Diffusionskriechen erreicht haben, in der Probe ein Mechanis-

[1]) Unter Spannungsrelaxation wird hier und im folgenden eine im Vergleich zu rein elastischer Deformation eintretende Erniedrigung der Fließspannung infolge von plastischer Deformation verstanden.

mus ein, der die Relaxation der Normalspannungen an den Korngrenzen bewirkt. Die Folge davon ist nach [183] eine wesentliche Steigerung der Schubspannungen an den Korngrenzen (im ebenen Modell eines Aggregats von Kornsechsecken verdoppeln sich diese Spannungen). Bei einer solchen lokalen Vergrößerung der Schubspannungen wird der Schwellwert R_s für das Korngrenzengleiten erreicht und es setzt akkomodierendes, die Kohäsion der Kristallitkonfiguration gewährleistendes Gleiten dieser Art ein. Eine solche Bedeutung des Korngrenzengleitens im 1. Geschwindigkeitsintervall der Superplastizität wird durch die interessanten Ergebnisse der Arbeiten [83, 96] bestätigt, denen zufolge in den Legierungen ZnAl1 und MgMn2Ce maximale gegenseitige Kornverschiebungen an Quergrenzen auftraten. Im Gegensatz zu den von den Autoren der Arbeit [96] unter Annahme von anisotroper Korngrenzengleitung im 1. Geschwindigkeitsintervall gegebenen Erklärungen kann man daher auch die folgende Deutung vornehmen: Die maximalen Kornverschiebungen an den Quergrenzen der genannten Legierungen sind das direkte Ergebnis von akkomodierender Korngrenzengleitung (vgl. Abschnitt 3.5.).

Die Aktivierungsenergie der superplastischen Deformation liegt im 1. Geschwindigkeitsintervall nahe bei Q_{KG} oder Q_V bzw. auch zwischen diesen beiden Werten (vgl. Tabelle 11), was der Vorstellung entspricht, daß die Diffusion sowohl über Korngrenzen als auch über das Kornvolumen erfolgt.

Bei jeder Umformung eines vielkristallinen Werkstoffs, der sich aus realen Kristalliten mit irregulärer Korngrenzengeometrie zusammensetzt, bilden sich Spannungskonzentrationen nicht nur an Dreier-Kornzwickeln, sondern notwendigerweise auch an den Korngrenzen. Aufgrund der damit verbundenen, örtlich inhomogenen Spannungsverteilung im Problenvolumen müssen das Diffusionskriechen und das für dessen Akkomodation erforderliche Korngrenzengleiten ebenfalls lokal ungleichmäßig in Erscheinung treten. Wenn die Schubspannungsspitzen dabei den Schwellenwert für die Gleitung von Gitterversetzungen überschreiten, dann erfolgt ihr Abbau durch Gleitung im Korninneren. Dieser Prozeß wirkt akkomodierend und hat höchstwahrscheinlich sporadischen Charakter: Es fehlt das reguläre, unter dem Einfluß der anliegenden äußeren Spannung gerichtet ablaufende Versetzungsgleiten im Kornvolumen. Eine kristallographische Textur kann sich deshalb bei superplastischer Deformation unter solchen Bedingungen nur aufgrund von Kornwachstum bilden.

Das 2. Geschwindigkeitsintervall

Bei Erhöhung der Umformgeschwindigkeit vermag das Diffusionskriechen immer weniger zur Relaxation der elastischen Spannungen in der Probe beizutragen. Beginnend in speziellen Probenbereichen (in erster Linie an Korngrenzen, die einen Winkel von 45° mit der Zugachse einschließen) und bei höheren Geschwindigkeiten generell überschreiten die Schubspannungen den Schwellenwert für das Korngrenzengleiten, das nunmehr als der dominierende Prozeß der superplastischen Deformation zu betrachten ist. Das erklärt auch das Auftreten des Maximums der Korngrenzengleitung beim Übergang vom 1. zum 2. Intervall an den 45°-Grenzen anstatt an den Quergrenzen [83, 96]. Die Akkomodation dieser Korngrenzengleitung ist vermutlich rein diffusionsgesteuert und kann durch Gleitung von Gitterversetzungen realisiert werden.

Die Korngrößen superplastischer Werkstoffe schwanken in weiten Grenzen (von 0,5 bis 10 oder 15 μm). Ein Korngrößenunterschied von einer Größenordnung sollte einen Unterschied von 2 bis 3 Größenordnungen in den Geschwindigkeiten des Diffusionskriechens nach sich ziehen (vgl. die Formeln (44) und (45)). In superplastischen Werkstoffen mit Korngrößen unterhalb von 2 μm kann man deshalb im 2. Geschwindigkeitsintervall neben der Korngrenzengleitung auch diffusionsgesteuerten Massentransport erwarten [211, 212]. Die Gleitung im Korninneren spielt eine Nebenrolle. Sie tritt als zusätzlicher Akkomodationsmechanismus auf, der den Abbau der beim Korngrenzengleiten lokal entstehenden Spannungsspitzen gewährleistet. Die Akkomodation der Korngrenzengleitung durch Gleitung von Gitterversetzungen erfolgt hauptsächlich an der Peripherie der Körner (d. h. im Kornmantel) und merklich weniger ausgeprägt im Kornvolumen. Ein Beispiel dafür gibt die Legierung ZnAl 22.

Die kräftige Entwicklung von Korngrenzengleitung im 2. Geschwindigkeitsintervall, die die Funktion sowohl eines selbständigen Umformprozesses als auch eines Akkomodationsvorganges (für das Diffusionskriechen) hat, führt bei irregulären Kristallitformen zu intensiver Korndrehung. Bei dieser Drehung können einzelne Körner eine Orientierung einnehmen, die bei den anliegenden Spannungen für das Versetzungsgleiten im Korninneren günstig ist. Gleitung dieser Art leistet einen gewissen Beitrag zur Gesamtdehnung der Probe.

Bei superplastischen Werkstoffen mit Kristallitgrößen > 10 μm sollte die Versetzungsgleitung im Korninneren eine wichtigere Rolle spielen als bei Legierungen mit Ultrafeinkorn (d. h. mit Korngrößen um 1 μm). Sie ergänzt den schwächer ausgeprägten Anteil des diffusionsgesteuerten Massentransports an der Akkomodation und leistet, indem sie nicht nur in begrenzten Bereichen, sondern im gesamten Kornvolumen aktiv in Erscheinung tritt, einen bedeutenden Beitrag zur Gesamtdehnung. Da die Kristallite hierbei nicht sehr gestreckt werden, muß irgendein Mechanismus (z. B. eine beschleunigte Wanderung von Längsgrenzen) zur Erhaltung der Kornform wirksam sein. Man kann annehmen, daß in solchen relativ grobkörnigen Werkstoffen der diffusionsgesteuerte Massentransport sehr ausgeprägt ist, was durch das Auftreten von breiten Streifenbändern an den Quergrenzen der Körner belegt wird.

Der diffusionsgesteuerte Massentransport ist ein sehr universeller Mechanismus der superplastischen Deformation. Er vermag in Phasen mit beliebigem Bindungscharakter und beliebigem Gittertyp wirksam zu werden und die Vergrößerung der Probenoberfläche bei gleichzeitiger Erhaltung von Kornform und -größe zu gewährleisten. Infolge des diffusionsgesteuerten Massentransports wachsen bei superplastischer Deformation von feinkörnigen Werkstoffen nicht nur die vorhandenen Körner, sondern es bilden sich, wie mit Hilfe der Zielpräparation von Oberflächenabdrücken direkt bewiesen worden ist (Bild 32), auch neue Kristallite. Die Entstehung neuer Körner ermöglicht (im Gegensatz zum klassischen Diffusionskriechen) die Erhaltung eines feinkörnigen Gefüges mit äquiaxialen Kristalliten bei der superplastischen Deformation.

Der grundlegende Deformationsmechanismus des 2. Geschwindigkeitsintervalls ist die Korngrenzengleitung, und wenn diese über Gleitung und Umlagerung von Gitterversetzungen erfolgt, dann sollte sie durch die Korngrenzendiffusion kontrolliert werden. In Übereinstimmung damit liegt die Aktivierungsenergie der superplastischen Deformation im 2. Geschwindigkeitsintervall bei der Mehrheit der Werkstoffe nahe beim Wert Q_{KG}. Es gibt aber auch schwer erklärbare Ausnahmen (vgl. die Tabelle 10). Eine vollständige Übereinstimmung der verglichenen Aktivierungsenergien ist allerdings nicht nur deshalb nicht möglich, weil der Deformationsmechanismus außerordentlich komplex ist, sondern auch weil in der Tabelle 10 Zahlenwerte Q_V und Q_{KG} für die Diffusion reiner Metalle angegeben werden. Superplastische Legierungen können demgegenüber aus hochlegierten Mischkristallen bestehen. Wichtig ist jedoch, daß die Aktivierungsenergie der superplastischen Deformation im 2. Geschwindigkeitsintervall kleiner als im 3. Geschwindigkeitsbereich ist (vgl. Tabelle 11).

Das 3. Geschwindigkeitsintervall

Bei einer Erhöhung der Formänderungsgeschwindigkeit im 2. Intervall tragen die mit der Bewegung von Korngrenzenversetzungen verknüpfte Korngrenzengleitung und das Diffusionskriechen immer weniger zur Relaxation der elastischen Spannungen in der Probe bei, so daß, wenn letztere die kritische Schubspannung für intensives Gleiten von Gitterversetzungen überschreiten, der Übergang zum 3. Geschwindigkeitsbereich der Superplastizität erfolgt.

Die Hauptrolle in diesem Geschwindigkeitsbereich spielt das Versetzungskriechen. Die Bildung von Versetzungs-Subgrenzen spricht dafür, daß es ein Kriechen mit Erholung (d. h. mit Versetzungsumlagerung) ist. Auf einen solchen Prozeß weist auch die Analyse der Burgers-Vektoren der Versetzungen hin [142]. Vom klassischen Versetzungskriechen unterscheidet sich das Kriechen im 3. Geschwindigkeitsintervall der superplastischen Werkstoffe dadurch, daß in Legierungen mit Feinkorn eine sehr wesentliche Rolle auch die Korngrenzengleitung (vgl. Tabelle 6) spielt und einen selbständigen Beitrag zur Gesamtdehnung leistet. Außerdem vermag das Korngrenzengleiten im 3. Geschwindigkeitsbereich auch eine Akkomodationsfunktion zu übernehmen, was beim klassischen Versetzungskriechen nicht der Fall ist. Wenn das v. Mises-Kriterium für eine gemeinsame Deformation benachbarter Körner erfüllt ist (d. h., wenn 5 unabhängige Gleitsysteme betätigt werden), dann ist Korngrenzengleitung als Akkomodationsprozeß nicht notwendig. Die Versetzungsgleitung im Korninneren führt im 3. Geschwindigkeitsintervall zu einer Kornstreckung (welche die Korngrenzengleitung verringern muß) und zur Entstehung einer Deformationstextur. Die dominierende Rolle des Versetzungskriechens wird auch daran deutlich, daß die Aktivierungsenergie der superplastischen Deformation höher als im 2. Geschwindigkeitsintervall ist und sich dem Wert Q_V nähert (vgl. die Tabelle 11). Das Versetzungskriechen wird durch einen großen Faktor n und dementsprechend durch einen kleinen Wert m (es ist $m = 1/n$, d. h., bei $n = 5$ gilt $m = 0{,}2$; vgl. die Tabelle 9) gekennzeichnet.

Der Einfluß der Deformationsgeschwindigkeit auf die Parameter m, R und A kann zusammenfassend wie folgt diskutiert werden: Die gesamte, aus der selbständigen und der akkomodierenden resultierende Korngrenzengleitung bestimmt den numerischen Wert des Faktors m. Der Einfluß der Umformgeschwindigkeit auf die Entwicklung der Korngrenzengleitung diktiert daher die Geschwindigkeitsabhängigkeit des Faktors m und die entsprechende Geschwindigkeitsabhängigkeit der Fließspannung R.

Im 1. Geschwindigkeitsintervall ist das Korngrenzengleiten relativ schwach ausgeprägt, auf eine verhältnismäßig kleine Zahl von Korngrenzen beschränkt und hat vornehmlich akkomodierenden Charakter. Der Faktor m ist klein, und die Spannung wächst nur wenig mit der Deformationsgeschwindigkeit. Bei einer Zunahme dieser Geschwindigkeit erstreckt sich die Wirksamkeit des Korngrenzengleitens als eines wesentlichen Deformationsprozesses auf eine immer größere Zahl von Korngrenzen, und der Exponent m steigt ständig an. Das bedingt den Übergang zum 2. Geschwindigkeitsintervall, wo der Anstieg der Kurve $\lg R = f(\lg \dot{\varphi})$ viel steiler wird. Die Geschwindigkeit $\dot{\varphi}$, bei der das aus dem selbständigen und dem akkomodierenden resultierende Korngrenzengleiten maximal ausgeprägt ist, entspricht dem Maximalwert des Exponenten m und erweist sich in diesem Sinne als optimale Geschwindigkeit der superplastischen Deformation.

Bei einer weiteren Erhöhung der Umformgeschwindigkeit im 2. Intervall wird die Korngrenzengleitung über Korngrenzenversetzungen erschwert und das Diffusionskriechen sowie auch die für dessen Akkomodation erforderliche Korngrenzengleitung treten weniger in Erscheinung. Im 3. Geschwindigkeitsintervall schreitet die Abnahme der Korngrenzengleitung bei Erhöhung der Deformationsgeschwindigkeit auch wegen der zunehmenden Streckung der Körner beim Versetzungskriechen weiter fort. Dem entsprechen niedrige Werte m bzw. ein geringer Anstieg der Kurve $\lg R = f(\lg \dot{\varphi})$. Da der Exponent m die Stabilität des quasihomogenen Fließens bestimmt, geht die Bruchdehnung im 2. Geschwindigkeitsintervall ebenfalls über ein Maximum.

Es wäre verlockend, einen einzigen dominierenden Deformationsmechanismus angeben zu können. Im 2. Geschwindigkeitsintervall sind jedoch gleichzeitig die akkomodierende sowie auch die zur Gesamtdehnung beitragende Korngrenzengleitung, das Diffusionskriechen und die Versetzungsgleitung im Korninneren wirksam. Wenn diese Prozesse miteinander gekoppelt (d. h. nacheinander) ablaufen, dann sollte die Deformationsgeschwindigkeit der Probe gleich der Geschwindigkeit des langsamsten Teilvorganges sein. Im Falle voneinander unabhängiger (d. h. parallel ablaufender) Vorgänge muß die experimentelle Deformationsgeschwindigkeit hingegen gleich der Summe der Geschwindigkeiten der Teilprozesse sein [213]. Die Fragestellung nach einem einzigen kontrollierenden Mechanismus der superplastischen Deformation im 2. Geschwindigkeitsintervall ist deshalb nicht gerechtfertigt.

Zum Abschluß soll betont werden, daß zwischen den drei Geschwindigkeitsintervallen der Superplastizität keine scharfen Grenzen bestehen. Dies trifft insbesondere für den Übergang vom 1. in den 2. Bereich zu, die man bei der Analyse der wirksamen Deformationsmechanismen im allgemeinen nicht sinnvoll voneinander abgrenzen kann.

4. Technische superplastische Legierungen

4.1. Anforderungen an das Gefüge und die Eigenschaften von superplastischen Legierungen

Der Begriff »superplastische Legierung« entstand zu einer Zeit, als die Erscheinung der Superplastizität bei nichtkommerziellen speziellen Legierungen, d. h. bestimmten Eutektika, Eutektoiden und anderen gefunden wurde. Inzwischen ist klar, daß sich diese Legierungen hinsichtlich ihrer chemischen Zusammensetzung kaum von den normalen, nichtsuperplastischen Werkstoffen unterscheiden. Wenn keine Hindernisse für die Entwicklung des Korngrenzengleitens (z. B. Oxide an Korngrenzen) vorhanden sind, dann kann man jede beliebige metallische Legierung zumindest kurzzeitig in den superplastischen Zustand überführen. Den Ausführungen des Kapitels 3 über die Natur der Superplastizität entsprechend muß man dafür in der Legierung ein extrem feinkörniges Gefüge einstellen, das bis zu Temperaturen $T > 0{,}5\ T_s$ erhalten bleibt. Ein äquiaxiales ultrafeines Korn ist für die Ausbildung des Korngrenzengleitens und den Massentransport durch Diffusion notwendig. Das Erhitzen auf Temperaturen $T > 0{,}5\ T_s$ ist erforderlich

- für die Ausbildung des Massentransports durch Diffusion,
- für die Überführung der Gitterversetzungen in die Korngrenzen, d. h. zur Vermeidung von Aufstauungen, und
- für die Bewegung von Korngrenzenversetzungen, ohne die ein Korngrenzengleiten längs nichtebener Grenzen unmöglich ist.

Sogar weißes Gußeisen mit 3,5 % C (ein klassischer Vertreter der spröden Werkstoffe) besitzt Superplastizität bei 700 °C, wenn darin durch eine spezielle Behandlung Ferritkörner mit 2 μm und Fe_3C-Teilchen mit 1 μm Ausdehnung erzeugt worden sind [214]. Man sollte deshalb eigentlich nicht von einem superplastischen Werkstoff sprechen, sondern vom superplastischen Zustand eines Werkstoffs. Es ist allerdings zweckmäßig, den allgemein verwendeten Begriff einer »superplastischen Legierung« beizubehalten. Die superplastische Deformation kann nur dann praktisch genutzt werden, wenn der superplastische Zustand solange anhält, bis eine entsprechende technologische Operation durchgeführt wurde. Ein ultrafeines Korn allein reicht dafür nicht aus. Es ist unumgänglich, daß es stabil bleibt und während der Umformung nicht zu raschem Wachstum neigt. Zu den superplastischen Werkstoffen sollten deshalb zweckmäßigerweise alle Legierungen gezählt werden, die ein relativ stabiles kleines Korn aufweisen und bei denen die Superplastizität in einem bestimmten Temperatur-Geschwindigkeits-Intervall während einer technisch vertretbaren Zeitdauer (normalerweise bis zu einigen Zehntel Sekunden) existiert. Alle technischen superplastischen Werkstoffe haben ein Mikroduplex- oder ein Matrixgefüge.

Im Jahre 1946 stellte Bočvar [4] fest, daß es für die Ausbildung der Superplastizität zweckmäßig ist, wenn die Phasen einer Zweiphasenlegierung gleiche Volumenanteile haben. Später bezeichnete man diese Bedingung ungerechtfertigterweise als Krein-Effekt [215], obwohl Krein zu dieser Schlußfolgerung erst 23 Jahre nach der Entdeckung von Bočvar gelangte.

Bei einem Volumenverhältnis von 50:50 liegt ein Maximum der gegenseitigen Behinderung des Kornwachstums beider Phasen und eine maximale Ausdehnung der Phasengrenzen vor, an denen das Korngrenzengleiten sehr ausgeprägt ist. In Messing des Typs CuZn 41 ist das bei 600 °C der Fall, und bei dieser Temperatur nehmen auch A und $\dot{\varphi}_{opt}$ ihre Maximalwerte an (Tabelle 12).

Tabelle 12. Einfluß der Temperatur auf das Verhältnis K der Volumenanteile der α- und der β-Phase, die spezifische Gesamtphasengrenzfläche ΣS, die optimale Formänderungsgeschwindigkeit $\dot{\varphi}$ der superplastischen Deformation und die Maximaldehnung A_{max} von Messing CuZn 41 [116]

T (°C)	K	ΣS (mm^{-1})	$\dot{\varphi}_{opt}$ (s^{-1})	A_{max} (%)
500	69:31	240	1,2 10^{-3}	450
550	57:43	270	3,6 10^{-3}	550
600	50:50	300	7,2 10^{-3}	620
650	33:67	190	1,2 10^{-3}	450

Legierungen mit einem Mikroduplexgefüge stellen eine erste Gruppe von superplastischen Modell- und Industriewerkstoffen dar. Dazu gehören zahlreiche Eutektika, technische Zn-Al-Legierungen, zweiphasige Messinge und Titanlegierungen. Die Mehrzahl der Eutektika sind technologisch uninteressant, da sie geringe Gebrauchseigenschaften aufweisen. Die Metallkundler begannen deshalb wenig später superplastische Werkstoffe mit Matrixgefüge zu suchen, die sich hinsichtlich Struktur und Gebrauchseigenschaften analog den normalen technischen Legierungen verhielten.

Die wesentlichen Nachteile der technologischen Prozesse, die den Effekt der Superplastizität ausnutzen, sind die geringe Geschwindigkeit der superplastischen Deformation (die die Produktivität begrenzt) und die Notwendigkeit der Werkzeugerwärmung bis auf Temperaturen der superplastischen Umformung, die oft sehr hoch liegen. Für die Realisierung vieler technologischer Prozesse sind die hohen Dehnungen (z. B. 1000 %), die man bei der sehr niedrigen optimalen Umformgeschwindigkeit erzielen kann, jedoch nicht erforderlich. Wenn ein Umformgrad von 200 bis 300 % ausreicht, dann kann man zur Produktivitätssteigerung Deformationsgeschwindigkeiten auswählen, die um 1 bis 2 Größenordnungen über dem Wert $\dot{\varphi}_{opt}$ liegen. Im Zusammenhang damit ist anzustreben, superplastische Werkstoffe mit einem bei höheren Umformgeschwindigkeiten $\dot{\varphi}$ möglichst langsam abfallenden Ast der Kurven $A = A(\dot{\varphi})$ und $m = m(\dot{\varphi})$ zu verwenden.

Durch Temperaturerhöhung werden die Diffusionsprozesse beschleunigt, die eine Ausweitung der Superplastizität bewirken, aber gleichzeitig verschlechtert die Kornvergrößerung die Kennwerte der Superplastizität.

In superplastischen Legierungen mit eutektoider oder eutektischer Zusammensetzung und einem Volumenverhältnis der Phasen, das nicht wesentlich vom Wert 50:50 abweicht, bleibt die Stabilität der Kornabmessungen beider Phasen bis zur eutektischen bzw. eutektoiden Temperatur erhalten, in deren Nähe auch die besten Kennwerte der Superplastizität erreicht werden. Bei der Legierung SnPb 38 liegt T_{opt} z. B. bei 183 °C, und bei der Legierung ZnAl 22 ist $T_{opt} = 275$ °C. Bei reinem Beryllium mit ultrafeinem Korn gibt es keine effektiven Hindernisse für das Kornwachstum, so daß die optimale Temperatur für die superplastische Deformation weit entfernt von der Schmelztemperatur liegt. Bei $\dot{\varphi}_{opt} = 10^{-4}\,s^{-1}$ wird die maximale Dehnung eines solchen Berylliums z. B. bei 600 bis 650 °C erreicht [101], was 0,6 T_s entspricht.

Wenn das Kornwachstum durch eine zweite Phase behindert wird, deren Anteil sich bei einer Erwärmung sehr stark verringert (z. B. in zweiphasigen Messingen und Titanlegierungen), oder wenn das Kornwachstum behindernde Teilchen koagulieren, dann beobachtet man die besten Parameter der Superplastizität bei Temperaturen, die weit unter der Solidustemperatur bzw. Temperatur der Phasenumwandlung im festen Zustand liegen. Bei Messing CuZn 41 beträgt die Endtemperatur des $\alpha \rightarrow \beta$-Übergangs z. B.

720 °C und die optimale Temperatur 600 °C (vgl. Tabelle 12). Bei der Legierung MgMn2Ce ist die Solidustemperatur 645 °C und $T_{opt} = 400$ °C.

Wenn das Anfangskorn klein ist, während der superplastischen Deformation aber schnell wächst, dann kann der Werkstoff nach einiger Zeit seinen superplastischen Zustand verlieren. Ein Beispiel für ein Material mit einer solchen zeitweiligen Superplastizität stellt Beryllium dar. Bei 600 °C und $\dot{\varphi} = 10^{-4}\,s^{-1}$ verhält es sich bei einer Ausgangskorngröße von etwa 10 μm wie ein typisches superplastisches Material: Der Faktor m hat den Wert $m > 0{,}5$, die Körner behalten ihre Gestalt, das Korngrenzengleiten ist ausgeprägt, man beobachtet Wechsel von Nachbarkörnern, und die Deformation ist über die Meßlänge des Probekörpers homogen [101]. Während der superplastischen Deformation wachsen die Körner sehr schnell, die Fließspannung R nimmt zu und erreicht Werte, die für die Ausbildung des Versetzungsgleitens im Korninneren ausreichen. In den größten Körnern treten Gleitlinien auf, und bei Dehnungen von 100 bis 150 % beginnen sich an der Probe Einschnürungen zu entwickeln. Das Beryllium verliert den superplastischen Zustand. Die Grenzdehnung ist deshalb nicht sehr groß und beträgt 200 % bei einer Korngröße von 15 bis 20 μm und 350 % bei Kornabmessungen von 2 bis 3 μm. Die zeitweilige Superplastizität kann, obgleich sie keine Dehnungen von mehreren hundert Prozent zuläßt, in speziellen technologischen Prozessen genutzt werden.

Die Bedeutung der Art und der chemischen Zusammensetzung der Phasen für die Erreichung hoher Superplastizitätskennwerte ist zur Zeit noch wenig erforscht. Deshalb wäre es notwendig, die Rolle von Phasen (z. B. der krz. β-Phase in Titan- oder Magnesium-Gußlegierungen sowie in Messingen) zu klären, die sich durch hohe Diffusionsgeschwindigkeiten ihrer Legierungsbestandteile auszeichnen.

Es ist nicht ausgeschlossen, daß $(\alpha + \beta)$-Messinge oder Mg-Gußlegierungen (vgl. dazu 4.3. und 4.6.) infolge der raschen Diffusion in der krz. β-Phase auch bei relativ grobem Korn ausreichende Superplastizitätskennwerte besitzen.

Bei vorgegebener Legierungszusammensetzung ist der wichtigste die Superplastizität beeinflussende Gefügeparameter die Korngröße. Je kleiner das Korn ist, desto niedriger wird die Fließspannung R, desto höher werden m und A, und, was besonders wichtig ist, desto breiter wird das Geschwindigkeits- und desto enger ist das Temperaturintervall der superplastischen Deformation (vgl. Bild 3).

Die Merkmale der Superplastizität werden nicht nur von der mittleren Korngröße stark beeinflußt, sondern auch durch andere, nicht immer berücksichtigte Parameter des Gefüges: den Streckungsgrad der Körner, die Korngrößenverteilung, die Abmessungen von Kristallanhäufungen einer Phase, Zeiligkeit in der Phasenverteilung und die Aufweitung des Korngrenzennetzes der gedehnten Kristallite [34, 138, 221, 222, 262]. An gröberen und bereits gestreckten Körnern, auch wenn nur wenige vorhanden sind, können aus verschiedenen Ursachen (erschwerte Umwandlung solcher Körner, Vergrößerung der Diffusionswege usw.) Bruchkeime auftreten, die zu einem vorzeitigen Zerreißen der Probe, d. h. zu einer Verringerung von A führen. Der Wert m kann dabei hoch bleiben.

Die Kennwerte der Superplastizität können auch von der Ausgangstextur abhängen. Ihre Rolle wird bei der Erörterung der Zink-Legierungen und der Messinge diskutiert.

Zur Überführung einer Legierung in den superplastischen Zustand wendet man oftmals eine spezielle Behandlung an. Die wichtigsten technischen Verfahren zur Einstellung eines Gefüges mit äquiaxialen kleinen Körnern sind Warmpressen mit hohen Stichabnahmen, Rekristallisationsglühen, Härten, eine thermomechanische Behandlung und das Verdichten von Pulvern.

Einige Legierungen besitzen »natürliche« Superplastizität, d. h., sie sind im normalen Anlieferungszustand superplastisch. Dazu gehören die $(\alpha + \beta)$-Titanlegierungen. Auch in diesem Falle kann sich jedoch eine spezielle Gefügebehandlung als zweckmäßig erweisen, um die Kennwerte der Superplastizität zu verbessern (vgl. 4.4.).

Die wichtigsten Anwendungsmöglichkeiten der Superplastizität in der Industrie sind das isotherme Gesenkschmieden und die Pneumoumformung. Das erste Verfahren nutzt man zur Erhöhung des Metallausbringungskoeffizienten und zur Verringerung des Arbeitsaufwandes bei der mechanischen Bearbeitung. Das zweite Verfahren, bei dem geringe Gasüberdrücke verwendet werden, dient zur Herstellung von gehäuseartigen Hohlkörpern mit komplizierter Gestalt aus Blechen. Bei der Umformung von Thermoplasten werden auch Unterdrücke angewendet. Die Anforderungen an die Werkstoffe sind bei diesen Prozessen verschiedenartig. Beim Schmieden vieler Teile reicht eine relativ geringe Dehnung (200 bis 300 %) aus, während Blech für eine Pneumoumformung hohe Dehnungswerte (nicht unter 500 %) besitzen soll. Die Probleme der Theorie und Praxis der Nutzung der Superplastizität beim Strangpressen sind in einer Monographie von Smirnov [268] zusammengefaßt worden.

In den folgenden Abschnitten werden technische superplastische Legierungen und ihre Eigenschaften sowie Methoden ihrer Überführung in den superplastischen Zustand betrachtet. Zu ihrer Kennzeichnung und Gegenüberstellung werden folgende Kennwerte ausgewählt; die optimale Geschwindigkeit der superplastischen Deformation $\dot{\varphi}_{opt}$ (normalerweise 10^{-4} bis $10^{-3}\,s^{-1}$), die Größen R, m und A bei dieser Geschwindigkeit und die Werte R und A bei Geschwindigkeiten von 10^{-2} bis $10^{-1}\,s^{-1}$. Als optimale Geschwindigkeit der superplastischen Deformation wird diejenige bezeichnet, bei der m ein Maximum ist. Bei einigen Legierungen weicht die Formänderungsgeschwindigkeit, bei der die maximale Dehnung erreicht wird, von $\dot{\varphi}_{opt}$ ab.

4.2. Zinklegierungen

Eine technische Zinklegierung, deren Superplastizität von Bočvar und Sviderskaja [2] entdeckt wurde, ist das sog. Zinkal mit der eutektoiden Zusammensetzung ZnAl 22. Seit 1945 dient diese Legierung als klassisches Untersuchungsobjekt für das Studium der Natur der Superplastizität. Sie und ihr (ausländisches) Analogon Piestal (SPZ – superplastic zinc) sind die ersten superplastischen Werkstoffe, bei denen die industriellen Methoden der Pneumoumformung zur Herstellung von Teilen mit komplizierter Gestalt genutzt werden. Die Legierung wird in Form superplastischer Bleche mit 1 bis 10 mm Dicke angeboten, die für die Pneumoumformung vorgesehen sind. Alle technologischen Zyklen zur Erzeugung solcher Bleche schließen das Abschrecken aus dem Einphasengebiet zur Erzielung ultrafeiner, äquiaxialer Körner ein.

Der Bildungsmechanismus des extrem feinkörnigen Gefüges wurde in [217] erforscht. Bei der in-situ-Beobachtung des Zerfalls der Hochtemperatur-α-Phase einer Folie im Elektronenmikroskop wurde festgestellt, daß die Gebiete des Zerfalls, deren innerer Aufbau unter einem Lichtmikroskop und auf Abdrücken nicht sichtbar ist, zweiphasige Bereiche mit sehr feinen Lamellen (Dicke: 1 nm) sind. Die primären Gebiete wandeln sich allmählich in Sekundärbereiche mit merklich gröberem Aufbau um. Zuerst an den Grenzen der Sekundär-Bereiche und anschließend überall beginnen die Lamellen zu zerfallen und sich (analog zur Bildung von körnigem Zementit in Stahl [140]) einzuformen.

Gleichzeitig nähert sich bei 20 °C, wie aus Gitterkonstantenmessungen hervorgeht, die Zusammensetzung des Al-Mischkristalls mit Vergrößerung der Haltezeit (τ) nach dem Abschrecken langsam dem Gleichgewichtszustand

τ	16 min	26 min	4 h	11 h	20 h	15 Tage
Zn-Gehalt (Ma. %)	52	47	35	17	3	3

Eine Haltezeit von 16 min entspricht der Beendigung des Zerfalls der α'-Phase mit der Bildung feinlamellarer Primärgebiete.

Während des anschließenden Überganges der Primär- in die Sekundärbereiche und bei der Sphäroidisierung der Lamellen verarmt der α-Mischkristall sehr stark an Zink. Das globulare Gefüge tritt in der Zn-Al-Legierung demzufolge nicht aufgrund von spinodaler Entmischung auf, wie das in der Arbeit [218] behauptet wurde, sondern infolge von Sekundärprozessen bei der Transformation der feinlamellaren zweiphasigen Bereiche, die sich nach dem Abschrecken der Legierung wie bei einem normalen eutektischen Zerfall bilden.

Moderne technologische Produktionszyklen mit superplastischem Blech aus der Legierung ZnAl 22 schließen notwendigerweise ein Walzen nach dem Abschrecken ein, da sich bei dieser Bearbeitung die Kennwerte der Superplastizität bedeutend verbessern. Ein Kaltwalzen der Legierung mit technischer Reinheit ist infolge des Aufreißens der Ränder nicht anwendbar. Nach dem Abschrecken sollte sich deshalb ein Warmwalzen bei 150 °C (Fields, D. S.: USA-Pat. Nr. 3420717, 1969) bzw. bei 250 °C (Cervals, E., Chollet, P., Ronger, R.: USA-Pat. Nr. 3793091, 1971) anschließen. Um dünne Bleche nach diesem Verfahren zu produzieren, sind Ausrüstungen für ein isothermes Walzen erforderlich.

Einfacher ist ein Verfahren zur Herstellung von superplastischen Blechen [219, 220], das ein Abschrecken von erhitztem Walzgut mit 15 bis 30 mm Dicke und anschließendem Walzen während der Selbsterwärmung vorsieht, die den eutektoiden Zerfall begleitet. Die Selbsterwärmungstemperatur erreicht 100 bis 120 °C und bleibt während der gesamten Walzdauer bis zur Erzeugung eines dünnen Blechs erhalten. Dadurch kann man z. B. Bleche mit 1 mm Dicke auf normalen Walzstraßen (ohne zusätzliche Erwärmung der Walzen und Rollenbahnen) unter Verwendung von dicken Halbzeugen herstellen, die in einem Härteofen mit geringen Abmessungen erwärmt werden. Das Walzen muß nach dem Erreichen der maximalen Selbsterwärmungstemperatur (d. h. etwa 4 bis 10 min nach dem Abschrecken) des Halbzeuges beginnen. Beim Walzbeginn endet der eutektoide Zerfall mit der Bildung eines feinlamellaren Gemisches der Phasen, und es erfolgt die Transformation des lamellaren in ein körniges Subgefüge sowie die Annäherung der Phasen-

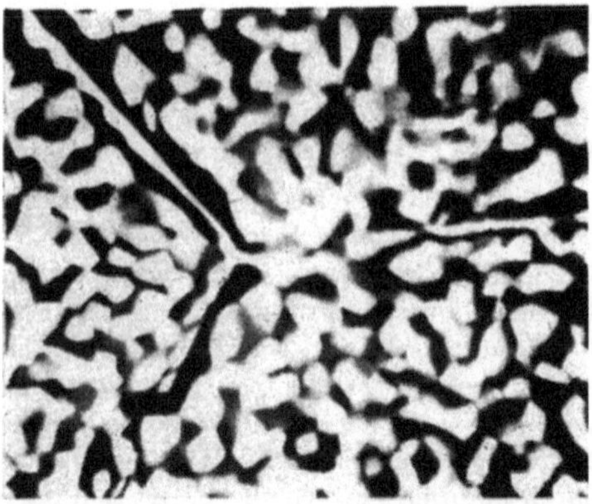

Bild 49. Ausgedehnte Teilchen der α'-Phase an den Korngrenzen einer von 350 °C abgeschreckten, zerfallenden Legierung ZnAl 22 (TEM; Vergrößerung 11000×) nach Untersuchungen von *Novikov*, *Portnoj* und *Žuravleva*

zusammensetzung an den Gleichgewichtszustand. Die Ausbildung eines Mikroduplexgefüges findet folglich während und unter Wirkung der plastischen Deformation statt, d. h., es liegt eine thermomechanische Behandlung (TMB) vor. Im Unterschied zur TMB von Stahl ruft eine TMB der Legierung ZnAl 22 jedoch keine Verfestigung hervor.

Nachfolgend werden die Ursachen der Verbesserung der Superplastizität beim Walzen einer abgeschreckten Legierung betrachtet. In der Arbeit [221] wird diese Verbesserung mit einer Texturverstärkung durch Zunahme der Stichabnahme beim Walzen erklärt. In der Arbeit [222] wurde jedoch festgestellt, daß ein anderer Faktor die Hauptrolle spielt. Es zeigt sich, daß sich an den Korngrenzen der α'-Ausgangsphase der abgeschreckten Legierung ZnAl 22 immer ein kontinuierliches Netz von Lamellen der α- und β-Phase bildet (Bild 49). Zu einer Beobachtung unter dem Lichtmikroskop wurden folgende Maßnahmen ergriffen. Eine abgeschreckte und polierte Zugprobe wurde unter für die superplastische Deformation optimalen Bedingungen bis zu kleinen Dehnungen (20 %) gereckt. Ohne zusätzliches Ätzen erschien infolge der Reliefbildung beim Korngrenzengleiten auf der Oberfläche eine homogene feinkörnige Struktur, und im Hintergrund wurde ein ausgeprägtes Netz von Grenzen sichtbar. Durch spezielle Versuche [220] konnte gezeigt werden, daß dieses Netz genau mit der Anordnung der Korngrenzen der vorher zerfallenden α'-Phase zusammenfällt.

Das Netz der Lamellen an den Korngrenzen der Ausgangsphase ist sehr beständig. Es bleibt trotz einer langen Glühung bei Temperaturen im Zweiphasengebiet erhalten. Allerdings konnte in abgeschreckten Legierungen, die im $(\alpha + \beta)$-Bereich bei beliebigen Temperaturen mit ausreichend großem Walzstich gewalzt werden, kein Lamellennetz festgestellt werden. Die plastische Deformation bewirkt folglich die Zerkleinerung und Einformung der Lamellen.

Es wurde festgestellt, daß ein im Ausgangshalbzeug vorhandenes Lamellennetz an den Korngrenzen der Hochtemperaturphase beim Kaltwalzen mit steigendem Umformgrad allmählich verschwindet und bei einer anschließenden superplastischen Deformation bei 25 °C sinkt; *R* und *A* steigen (Kurven 3 und 4 im Bild 50). Wenn das Halbzeug jedoch vor dem Kaltwalzen kein Lamellennetz aufwies (ein solches Halbzeug wurde durch die oben beschriebene thermomechanische Behandlung erzeugt), dann konnte bei der Kaltumformung keine Verbesserung der superplastischen Eigenschaften (Kurven 1, 2 des Bildes 50) mit der Steigerung des Umformgrades beobachtet werden. Nach der thermomechanischen Behandlung fehlte im Blech die Textur der α-Phase, und die β-Phase besaß eine schwache Textur. Beim Kaltwalzen eines solchen Blechs mit einer Stichabnahme von 60 % erschien in der α-Phase eine Textur, und die Textur der β-Phase verstärkte sich, aber das wirkte sich weder auf *R* (Kurven 1, 2 des Bildes 50a) noch auf die Dehnung *A* parallel zur Walzrichtung (Kurve 1 im Bild 50b) aus. In der Querrichtung verringerte sich die Dehnung geringfügig

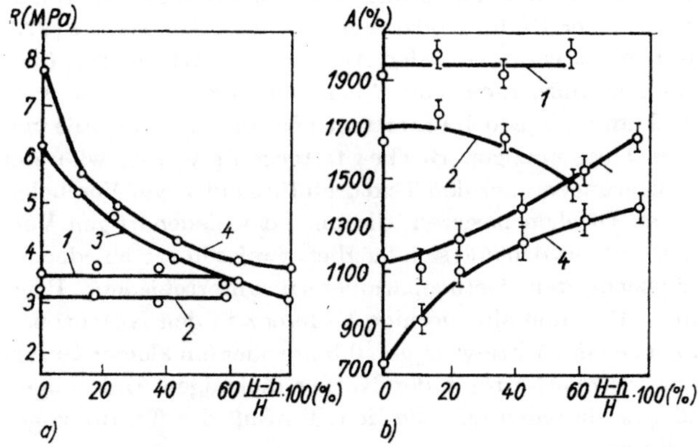

Bild 50. Einfluß des Walzgrades $(H - h)/H$ auf die Fließspannung (a) und die Bruchdehnung (b) der Legierung ZnAl 22 bei 250 °C und $\dot{\varphi} = 2{,}8\ 10^{-2}\ s^{-1}$ [222]
Meßwerte parallel (1) und quer (2) zur Walzrichtung

(Kurve 2). Aus diesen Angaben kann man schlußfolgern [222], daß die Ursache der Dehnungszunahme und der Verringerung von R durch das Walzen einer abgeschreckten Legierung nicht in der Verstärkung der Textur, sondern in der Beseitigung des Lamellennetzes an den Korngrenzen der Ausgangsphase zu suchen ist. Die Autoren der Arbeiten [223, 224] versuchten, den spezifischen Einfluß der Textur auf die superplastischen Kennwerte aufzuklären. Sie prüften die Legierung ZnAl 22 in vier Zuständen (Tabelle 13) und kamen zu der Schlußfolgerung, daß die Bildung oder Verstärkung einer Textur eine Vergrößerung von A, eine Verringerung von R und eine Verschiebung des optimalen Intervalls der superplastischen Deformation zu höheren Geschwindigkeiten hervorruft. Aus den experimentellen Ergebnissen kann man aber auch eine andere Schlußfolgerung ziehen. Die Tabelle 13 zeigt, daß in einem Walzblech mit dem schädlichen Lamellennetz, unabhängig davon, ob eine Textur vorhanden ist oder nicht (Zustände 1, 2), A etwas kleiner ausfällt als bei einem Blech, in dem das Lamellennetz an den Korngrenzen des Ausgangsmaterials nicht auftritt (Zustände 3, 4). Bei einem durch das Kaltwalzen texturierten Blech (Zustand 3) ist die Dehnung bei den Winkeln $\psi = 0°$, $45°$ und $90°$ um den Faktor 2,8; 2,1 und 3,9 höher als bei einem texturierten, aber nicht überalterten Blech. Bei einem texturierten überalterten Blech (Zustand 2) ist die Bruchdehnung für $\psi = 0°$ und $45°$ nur um den Faktor 1,3 bzw. 1,7 größer als bei einem texturfreien überalterten Blech (Zustand 1), und bei $\psi = 90°$ besitzt das texturfreie Material die höhere Dehnung. Die Folgerung, daß die Verringerung von R als das Resultat der Bildung oder Verstärkung einer Textur [223, 224] anzusehen ist, würde mit den Angaben der Arbeit [224] über das Fehlen einer Anisotropie von R bei texturierten Blechen vereinbar sein. Man muß jedoch unterstreichen, daß die Isotropie von R an Proben eines einzigen Bleches festgestellt wurde, während die Schlußfolgerungen über den Textureinfluß auf R auf Versuchsergebnissen an Blechen basieren, die mit verschiedenartigen Verfahren hergestellt wurden und sich möglicherweise in verschiedenen, nicht berücksichtigten Gefügeparametern unterschieden. Prinzipiell kann z. B. schon eine geringe Differenz in den Korngrößen von 0,1 μm bei einem Mittelwert von 0,5 μm oder ein kleiner Unterschied in der Formanisotropie der Körner diejenigen Änderungen von R und $\dot{\varphi}_{\text{opt}}$ hervorrufen, die dem Einfluß der Textur zugeschrieben werden.

Unabhängig davon, welche Antwort weitere Untersuchungen geben werden, ist schon jetzt klar, daß eine Steigerung von A bei 250 °C während einer Warm- und Kaltumformung der abgeschreck-

Tabelle 13. Fließspannung R und Bruchdehnung A unter verschiedenen Winkeln ψ zur Walzrichtung von Blechen der Legierung ZnAl 22 mit verschiedenen Ausgangszuständen [223, 224] nach superplastischer Deformation bei 250 °C und $\dot{\varphi} = 2{,}8 \cdot 10^{-2}\ s^{-1}$

Zustand	Werkstoffbehandlung	Textur	R_m (MPa)	A (%) bei $\psi =$ 0°	45°	90°
1	Abschrecken, Walzen bei 250 °C, Abschrecken von 350 °C	keine	166	680	680	680
2	Abschrecken, Walzen bei 20 °C ($\varepsilon = 96{,}6\,\%$), Abschrecken von 350 °C	in beiden Phasen	134	900	730	570
3	Abschrecken, Walzen bei 20 °C ($\varepsilon = 96{,}9\,\%$)	in beiden Phasen	94	2200	1530	2200
4	Abschrecken, Walzen bei 20 °C ($\varepsilon = 96{,}6\,\%$)	nur in der β-Phase	117	2000	2200	1700

ten Legierung ZnAl 22 in der Hauptsache eine Folge der Vermeidung des Lamellennetzes an den Korngrenzen der Ausgangsphase ist. Die Textur beeinflußt die Größe A nur schwach und kann sogar nachteilig sein, indem sie eine Anisotropie von A hervorruft (vgl. Bild 50b, Kurven 1 und 2 und Tabelle 13). Der Einfluß der Textur auf die Dehnung läßt sich mit ihrem Einfluß auf die Korngrenzenstruktur und auf das Korngrenzengleiten [224] erklären.

Auf die Gegenüberstellung unterschiedlicher technologischer Verfahren zur Herstellung von superplastischen Blechen zurückkommend muß man feststellen, daß eine thermomechanische Behandlung durch Walzen während der Selbsterwärmung nach dem Abschrecken ein Minimum von R sowie Maxima von A und m liefert [220]. Das läßt sich damit erklären, daß im Vergleich zum Warmwalzen bei 150 und 250 °C bei der thermomechanischen Behandlung feinere Körner ($\sim 0{,}7\ \mu m$) entstehen, da sie sich unter der Wirkung der plastischen Deformation während der Phasenumwandlung bilden.

Im Vergleich zu beliebigen anderen technischen Legierungen besitzt der Werkstoff ZnAl 22 einzigartige Kennwerte der Superplastizität. Er hat die bei weitem höchste Dehnung A und das größte Geschwindigkeitsintervall der superplastischen Deformation (Tabelle 14). Selbst bei Formänderungsgeschwindigkeiten von 1 s^{-1} beträgt $A = 1000\,\%$.

Die Solidustemperatur der Legierung beträgt 420 °C, ihre Dichte 5,3 g/cm³. Der Wärmeausdehnungskoeffizient liegt bei $25{,}6 \cdot 10^{-6}$

Tabelle 14. Parameter der Superplastizität der Legierung ZnAl 22 bei 250 °C (Probenabmessungen 6 × 3,5 × 1 mm³; Korngröße 0,7 μm; Probenherstellung durch TMB nach [219])

$\dot{\varphi}$ (s^{-1})[1]	$R_{p0,2}$ (MPa)	A (%)
3,5 10^{-2}	4,3	2000
1 10^{-1}	13,4	2400
1 10^{0}	34	1000

[1] $\dot{\varphi}_{opt} \cdot m = 0{,}44$

grd⁻¹, der Elastizitätsmodul ist $E = 88$ GPa. Nach einer superplastischen Deformation findet man die Werte $R_m = 300$ MPa, $R_{p0,2} = 150$ MPa und $A = 15$ bis 20 %.

Man kann die Legierung wesentlich verfestigen, indem man nach der superplastischen Deformation ein Glühen anschließt: Erhitzen auf 350 °C, 1 h Halten, Abkühlen an Luft. Dabei wandelt sich das körnige in ein lamellares Gefüge um. Nach dem Normalisieren erreicht man die Werte $R_m = 420$ MPa, $R_{p0,2} = 280$ MPa, $A = 10$ % und $HB = 120$ (1 200 MPa). Solange sich die Legierung während des Erwärmens bei der Glühung noch im superplastischen Zustand befindet, muß man die Werkstücke vor einer Deformation unter der Eigenmasse schützen.

Die Legierung besitzt ausreichende Schweißbarkeit und läßt das Aufbringen von Schutz- und Dekorativüberzügen zu. Im Unterschied zu den häufig verwendeten Plasten ist die Legierung ZnAl 22 ein unbrennbarer Stoff. Ihr Hauptnachteil ist eine geringe Kriechfestigkeit auch im normalisierten Zustand. Für beanspruchte Werkstücke muß man deshalb eine Werkstoffvariante verwenden, die zusätzlich mit Cu und Mg legiert wurde. Die Kriechfestigkeit steigt dadurch beträchtlich an.

4.3. Kupferlegierungen

Die Superplastizität der Messinge wurde von Presnjakov und Starikova [225, 226] entdeckt. Beim Erwärmen auf Temperaturen T > 700 °C steigert sich die Dehnung bei den $(\alpha + \beta)$-Messingen bis auf 180 %, was durch das Eintreten der diffusionsgesteuerten $\alpha \rightarrow \beta$-Umwandlung erklärt wird. Das plötzliche Anwachsen der Plastizität bei 470 bis 480 °C brachten die Autoren des Artikels [226] mit der intensiven $\beta' \rightarrow \beta$-Unordnungsumwandlung in Zu-

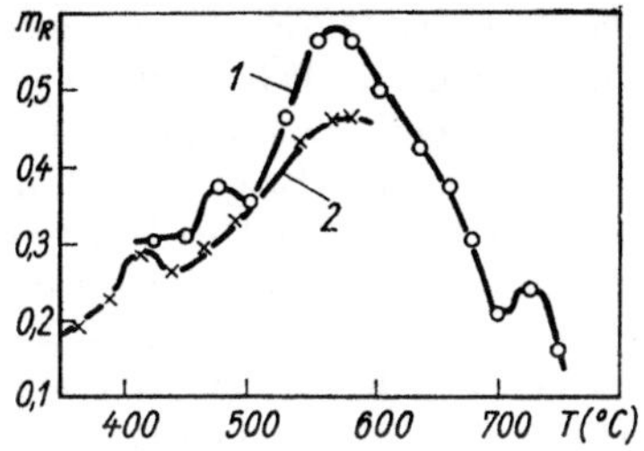

Bild 51. Nach der Methode der Spannungsrelaxation bestimmte Temperaturabhängigkeit des Exponenten m_R von Messing CuZn 41 bei Erwärmung (1) und Abkühlung (2) [269]

sammenhang. Mit der Methode der Spannungsrelaxation (vgl. 1.3.) ließen sich bei den zweiphasigen Messingen mit Mikroduplex= gefüge 3 Maxima auf der Kurve der Temperaturabhängigkeit des Faktors m nachweisen (Bild 51). Die Maxima bei niedrigeren und bei hohen Temperaturen kann man in Übereinstimmung mit [225, 226] der Umwandlungs- Superplastizität zuschreiben, während das mittlere Maximum eine Folge von Gefüge-Superplastizität bei derjenigen Temperatur ist, wo α- und β-Phase ungefähr gleiche Volumenanteile haben. Bei der Abkühlung beobachtete man eine Hysterese der Niedertemperaturumwandlung.

Die Umwandlungs-Superplastizität bedingt eine relativ kleine Dehnung, während bei der gefügebedingten Superplastizität der feinkörnigen Legierung eine sehr hohe Dehnung erzielt werden kann. Ein Mikroduplex-Gefüge der $(\alpha + \beta)$-Messinge kann man auf verschiedenen Wegen erhalten. Das Messing CuZn 40 schreckt man aus dem β-Gebiet ab, erwärmt es auf 500 °C mit 20 min Haltezeit und preßt es mit einer Formänderung $\varphi = 20$, so daß im Halbzeug Körner mit Abmessungen von 3 μm entstehen [44]. Durch Walzen läßt sich ein Gefüge wie beim Pressen nur sehr schwer erzielen. Deshalb stellt man superplastische Bleche durch eine thermomechanische Behandlung her. In der Arbeit [227] wurde vorgeschlagen, das Halbzeug aus dem β-Gebiet abzuschrecken, anschließend mit einem Umformgrad von 90 % kaltzuwalzen und bei 380 °C 1 h lang zu glühen. Das superplastische Blech hatte danach eine Korngröße von etwa 3,5 μm. Der Hauptnachteil einer solchen Technologie ist die Notwendigkeit des Einsatzes ausreichend leistungsfähiger Walzwerke und das Aufreißen der Ränder des Walzgutes, was die Erzeugung von Blechen für das Pneumoumformen erschwert.

Wesentlich günstiger ist eine thermomechanische Behandlung, die das Warmwalzen einschließt [137, 138]. Das warmgewalzte Halbzeug wird aus dem β-Gebiet mit 800 bis 850 °C in Wasser abgeschreckt und anschließend bei 300 bis 500 °C mit einem Umformgrad von 80 % gewalzt. Ohne die plastische Deformation durchläuft die β-Phase im abgeschreckten Messing bei 300 bis 500 °C eine bainitische Umwandlung mit der Bildung einer inhomogenen Lamellenstruktur, die sich bei der anschließenden Erwärmung auf Temperaturen der superplastischen Deformation (600 °C) lediglich vergröbert. Während des Warmwalzens bei 300 bis 500 °C läuft die Bainitumwandlung dagegen unter der Wirkung der plastischen Deformation ab, und es entstehen sehr kleine Körner (1 bis 3 μm), die allerdings auch gestreckt sind. Ein Erwärmen von 10 min im Temperaturgebiet der Superplastizität stellt das Gefüge der superplastischen Bleche endgültig ein. Die Körner vergrößern sich auf etwa 6 μm und werden äquiaxial. Superplastisches Messingblech, das mit einer solchen thermomechanischen Behandlung produziert wird, besitzt eine hohe relative Dehnung, bei 600 °C z. B. bis zu 620 % [216].

Bei Vergrößerung des Warmumformungsgrades auf 80 % nimmt die Dehnung bei der superplastischen Deformation zu und gleichzeitig verstärkt sich ihre Anisotropie. Die Werte R und m hängen jedoch nicht von der Richtung der Probennahme ab, d. h., in dieser Beziehung verhält sich das Messing CuZn 41 wie die Legierung ZnAl 22.

In thermomechanisch behandeltem Messing CuZn 41 sind an den Ausgangskorngrenzen der β-Phase Ketten von α-Kristalliten sichtbar, die sich während des Erwärmens aus der β-Phase ausscheiden. Im Gegensatz zur Legierung ZnAl 22 wird das Netz dieser gestreckten Kristalle an den Korngrenzen beim Walzen nach dem Abschrecken nicht beseitigt. Dies erklärt sich damit, daß die β-Phase des Messings nach dem Abschrecken nicht zerfällt. Mit Erhöhung des Walzgrades werden die β-Körner abgeplattet und strecken sich, und die Dichte der β-Korngrenzen wird quer zur Walzrichtung größer als in Walzrichtung. Wie man im Bild 52a erkennt, wo mehrere Einschnürungen zwischen den Makrogrenzen der β-Phase auftreten, behindern die β-Korngrenzen das superplastische Fließen. Die Anisotropie der Dehnung ist bei Walzgraden von 50 % sehr stark ausgeprägt, weil sich die β-Körner merklich strecken (Bild 53a).

Wenn die β-Körner bis zu einer Größe anwachsen, die die Meßlänge des Probekörpers überschreitet, dann verschwindet der ungünstige Einfluß der Ausgangskorngrenze auf die Plastizität vollständig. Die Anisotropie der Dehnung bleibt teilweise erhalten, was sich durch die Bildung und Verstärkung einer Umformtextur während des Walzens erklären läßt (Bild 53b). Die Ursache des Textureinflusses auf die superplastische Dehnung ist offenbar

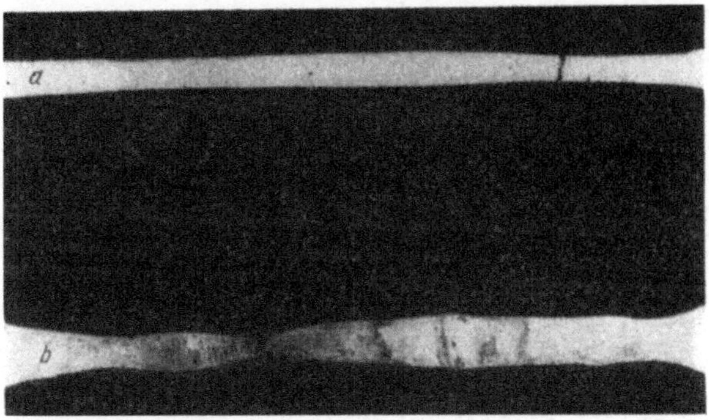

Bild 52. Beanspruchte Teile von Zerreißproben aus Messing CuZn 41 nach superplastischer Deformation bei 600 °C mit $\dot{\varphi} = 1{,}2\ 10^{-3}\ s^{-1}$ [138]
Querschliffe parallel (a) und senkrecht (b) zur Walzrichtung der Probenbleche, Vergrößerung 3×

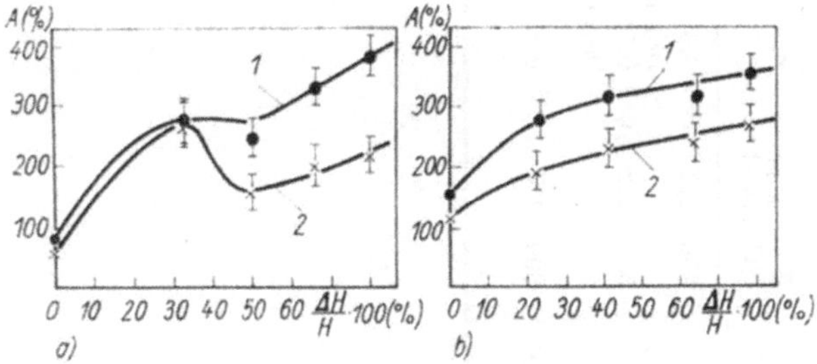

Bild 53. Abhängigkeit der Bruchdehnung von Messing CuZn 41 bei 600 °C und $\dot{\varphi} = 1{,}2\ 10^{-3}\ s^{-1}$ vom Walzgrad des Probenbleches bei feinem (a) und grobem (b) Korn der β-Phase [138]
Meßwerte parallel (1) und quer (2) zur Walzrichtung

die gleiche, die bei der Legierung ZnAl 22 auftritt: Änderung der Korngrenzenanordnung und eine entsprechende Änderung des Korngrenzengleitens. Die Anisotropie der Dehnung in texturierten Proben bedingt eine Anisotropie des Korngrenzengleitens. Bei superplastischer Deformation des Messings CuZn 41 mit einem Walzgrad von 26 % (600 °C, $\dot{\varphi} = 7{,}2 \cdot 10^{-3}\ s^{-1}$) ist z. B. die mittlere Größe der Kornverschiebung an den Grenzen in Walzrichtung um den Faktor 1,4 größer als in der Querrichtung (gemessen wurde die Verschiebung von Ritzmarken an den Grenzen, die parallel zur Zugachse der superplastischen Deformation lagen).

Bei Proben mit kleinem Anfangskorn der β-Phase wird die Anisotropie von A durch die Textur und das Netz der lamellaren Kristal-

Tabelle 15. Kennwerte der Superplastizität von Kupferlegierungen

Legierung	Ausgangszustand		Versuchsbedingungen		Optimale Eigenschaften				$\dot{\varphi} = 0{,}01\ s^{-1}$		$\dot{\varphi} = 0{,}1\ s^{-1}$	Literatur
	Behandlung	d_0 (μm)	Probenab-messungen	T (°C)	$\dot{\varphi}_{opt}$ (s^{-1})	m	R (MPa)	A (%)	R (MPa)	A (%)	A (%)	
Messing CuZn41	TMB	2...3	14 × 6 × 1	600	$1{,}2 \cdot 10^{-3}$	0,6 (m_{B20})	2,5	600	60	500	—	[216]
Messing CuZn41 mit 0,5 Al-0,2 Cr	TMB	1...2	14 × 6 × 1	550	$1{,}2 \cdot 10^{-3}$	0,55 (m_{B100})	9	950	≈ 30	800	600	Autoren
Aluminium-bronze	Kaltwalzen, 800°C/0,5%	—	12,7 × 2,5 × 1	800	$1{,}7 \cdot 10^{-3}$	0,5	4	>800	10	500	—	[39]

lite an den β-Korngrenzen bedingt. Nach Bild 53a ist der Unterschied in der Dehnung in Längs- und Querrichtung ungefähr doppelt so groß wie im Falle von Bild 53b).

In unlegiertem binärem Messing wächst das Korn bei der superplastischen Deformation stark an, was die Erzielung von Dehnungen $A > 600\,\%$ begrenzt. Bei den legierten Messingen kann manbessere Kennwerte der Superplastizität erzielen, indemman die gleiche thermomechanische Behandlung wie beim Werkstoff CuZn 41 anwendet (Tabelle 15).

In Messing mit Fe- und Mn-Zusatz behindern die Teilchen einer Fe-Mn-Phase das Kornwachstum geringfügig. Besonders effektiv ist, wie schon im Abschnitt 3.4. diskutiert wurde, die Zugabe von Cr und Al. Blech aus der Legierung CuZn 41 AlCr mit 0,5 % Al und 0,2 % Cr besitzt besonders gute Parameter der Superplastizität: $A = 1\,000\,\%$ bei relativ niedrigen Umformtemperaturen von 500 bis 550 °C. Außerdem ist wichtig, daß die mechanischen Eigenschaften nach einer Umformung bei 550 °C nur wenig durch Porosität beeinträchtigt werden (vgl. die Tabelle 5).

Aluminiumbronze des Typs CuAl 10 Fe 4 besitzt nach Kaltwalzen und Glühen bei 800 °C ein Mikroduplexgefüge [39]. Für eine superplastische Deformation ist eine Temperatur von 800 °C optimal, bei der das Verhältnis der Volumenanteile der α- und β-Phasen 50:50 beträgt. Die mit Fe angereicherte α-Phase behindert das Kornwachstum bei der superplastischen Deformation. Im Vergleich zu den Messingen haben die Aluminiumbronzen eine relativ hohe Temperatur der superplastischen Deformation (Tabelle 15). Eine Textur ruft eine Anisotropie der Dehnung hervor, wobei im Gegensatz zum $(\alpha + \beta)$-Messing die Plastizität in der Querrichtung größer als in Längsrichtung ist [228].

Industrielle Anwendung findet das Warmziehen von Schweißdrähten einer annähernd eutektischen Cu-P-Legierung mit 7 % P bei 600 °C. Das superplastische Halbzeug mit Kornabmessungen von etwa 1 μm erhält man durch Pressen bei 500 °C. Das Drahtziehen wird im dritten Geschwindigkeitsbereich der superplastischen Deformation durchgeführt [61, 229].

4.4. Titanlegierungen

Viele $(\alpha + \beta)$-Titan-Legierungen (z. B. des Typs Ti-Al-Mo-Cr und andere) haben ohne spezielle Behandlung des Gefüges nach einer normalen Umformung durch Strangpressen im Zweiphasengebiet bei Temperaturen von etwa 900 °C und Formänderungs-

Tabelle 16. Kennwerte der Superplastizität von Titanlegierungen
(Werkstoffe des Typs VT sind Ti-Al-Legierungen mit Zusätzen von Cr, V, Mo oder Zr (1 bis 5 %) sowie auch Si oder Fe (< 1%). Die Bezeichnung richtet sich nach GLAZUNOV, S. G., und MOISEEV, V. N.: Konstrukcionnye titanovye splavy. Moskau: Izdat. Metallurgija 1972)

Legierung	Ausgangszustand		Versuchsbedingungen		Optimale Eigenschaften				$\dot\varphi = 0{,}01\,s^{-1}$		$\dot\varphi = 0{,}1\,s^{-1}$		Literatur
	Behandlung	d_0 µm	Probenabmessungen	T °C	$\dot\varphi_{opt}$ s^{-1}	m 1)	R MPa	a %	R MPa	a %	R MPa	a %	
VT 3-1	Warmwalzen, Glühung bei 800 °C/1 h	—	∅ 5 × 25	940	$7 \cdot 10^{-4}$	0,8(m_B)	≈ 7	950	30	—	—	—	[205]
	Walzen im $(\alpha + \beta)$-Gebiet	≈ 2,5	∅ 5 × 30	850	$4 \cdot 10^{-4}$	0,7 bis 0,8	20	≈ 700	80	400	—	—	[230]
	Walzen im $(\alpha + \beta)$-Gebiet	Plättchen	∅ 5 × 20	925	$7{,}4 \cdot 10^{-4}$	0,46	22,5	1350	≈ 80	400	—	—	[231]
	Walzen im β-Gebiet		∅ 5 × 20	925	$7{,}4 \cdot 10^{-4}$	0,4	30,4	900	≈ 100	400	—	—	[231]
	TMB	≈ 2,5	∅ 5 × 12,5	850	$1{,}2 \cdot 10^{-2}$	0,48	22	> 2000	22	> 2000	70	1650	2)
VT 6	—	5 bis 10	2,5 × 10 × 40	875	$2 \cdot 10^{-3}$	—	10	600	90	< 200	—	—	[234]
	Walzen im $(\alpha + \beta)$-Gebiet	2,5	∅ 5 × 30	850	$1{,}5 \cdot 10^{-3}$	0,85	30	≈ 600	—	—	—	—	[235]
	TMB	≈ 1	∅ 5 × 12,5	900	$1 \cdot 10^{-3}$	0,67	4	1800	20	2000	70	300	2)

VT 9	Walzen im ($\alpha + \beta$)-Gebiet	2,5	∅ 5 × 30	900	$1{,}5 \cdot 10^{-3}$	0,8	40	1000	—	—	—	—	[230]
	Warmwalzen	—	∅ 5 × 20	950	$2 \cdot 10^{-3}$	0,6	29	>1800	75	1000	—	—	[233]
VT 14	Warmwalzen	5 bis 7	2,5 × 10 × 40	850	$4 \cdot 10^{-4}$	0,8(m_B)	10	1000	—	≈400	—	—	[236]
	Warmwalzen	5 bis 10	2,5 × 10 × 40	875	$8 \cdot 10^{-4}$	—	10	>1200	60	200	—	—	[234]
	TMB	1,2	∅ 5 × 12,5	875	$5 \cdot 10^{-3}$	0,7	6	>2000	16	1900	50	870	[232]
VT 16	Walzen im ($\alpha + \beta$)-Gebiet	—	∅ 5 × 30	800	$3 \cdot 10^{-4}$	0,35	30	190	—	—	—	—	[235]
VT 20	—	—	—	900	$1{,}6 \cdot 10^{-3}$	0,32(m_B)	≈ 40	400	—	—	—	—	[237]
VT 22 (TiAl5 Mo5V5Cr)	Walzen im ($\alpha + \beta$)-Gebiet	—	∅ 5 × 30	860	$5 \cdot 10^{-4}$	0,5	20	250	—	—	—	—	[235]

1) Bestimmungsmethode von *m* i. allg. nicht angegeben.
2) *Novikov, Portnoj* und *Panfilova*

geschwindigkeiten von $10^{-3}\,s^{-1}$ hohe Dehnungswerte (> 600 bis 700 %), eine niedrige Fließspannung (10 bis 40 MPa) und einen hohen Faktor m (Tab. 16). Diese »natürliche« Superplastizität ist dadurch bedingt, daß sich aufgrund der $\beta \rightarrow \alpha$-Umwandlung während der Abkühlung und der ungewöhnlich hohen Diffusionsgeschwindigkeit in der krz. β-Phase zu Beginn und (oder) während der superplastischen Deformation ein Mikroduplexgefüge ausbildet. Bei einem Volumenverhältnis der Phasen von etwa 50:50 vergröbern sich die α- und β-Kristalle relativ langsam.

Bei der Legierung VT 9 (Ti-Al-Zr-Mo) mit einem feinfaserigen Ausgangsgefüge stellt sich schon nach einer Dehnung um 20 % bei 900 °C ein körniges Gefüge ein [230]. In der Legierung VT 3-1 (Ti-Al-Mo-Cr) wandelt sich das disperse, lamellare Ausgangsgefüge schon nach einer Erwärmung auf 925 °C 30 min in eine Anordnung von äquiaxialen Körnern um, und das wabenartige Gefüge bleibt bei einer superplastischen Deformation nach Dehnungen der Probekörper um 50 bis 70 % erhalten [231]. Bei der Legierung VT 14 (Ti-Al-Mo-V) geht das lamellare Gefüge durch Anlassen bei 875 °C/20 min in ein äquiaxiales über [232].

In einer der ersten Untersuchungen der Superplastizität von Ti-Legierungen [206] wurde ein bestimmter Einfluß der Korngröße auf die Kennwerte der Superplastizität festgestellt. In der Arbeit wurde bemerkt, daß außer den mittleren Abmessungen der Körner sowohl ihr Streckungsgrad als auch die Korngrößenverteilung von Bedeutung für die superplastischen Kennwerte der technischen Legierung TiAlV 6.4 ist. Blech aus dieser Legierung hat trotz eines kleinen Mittelwertes der Korngröße infolge einer geringen Zahl von Anhäufungen grober α-Körner eine relativ niedrige Dehnung. Der Faktor zu m bleibt jedoch hoch. Ein Einfluß der kristallographischen Textur der α-Phase auf die superplastischen Kennwerte konnte nicht beobachtet werden.

In der Arbeit [233] wurde richtig darauf hingewiesen, daß nicht die Phasenumwandlung in $(\alpha + \beta)$-Legierungen die Superplastizität bedingt, sondern ein stabiles, feinkörniges Gefüge dafür maßgebend ist. Nicht einverstanden sein kann man mit den Aussagen der Arbeiten [10, 155], wonach die Superplastizität in den zweiphasigen Ti-Legierungen durch eine diffusionsgesteuerte Phasenumwandlung hervorgerufen wird. Unter isothermen Bedingungen, ohne zyklische Wärmebehandlung, könnte eine Umwandlungsplastizität keinesfalls eine Dehnung der Probekörper von 1000 bis 2000 % gewährleisten.

Bei der Deformation der $(\alpha + \beta)$-Legierungen sind die Größen A und R im normalen Lieferzustand vollkommen ausreichend für eine industrielle Nutzung des superplastischen Effekts. Nachteilig ist die geringe Geschwindigkeit der superplastischen Deformation, die nicht nur die Produktivität begrenzt, sondern auch die Qualität von Werkstücken infolge der Bildung von Oberflächenfehlern und der Haftung der Teile am Werkzeug mindert. Außerdem lassen nichtspezialisierte hydraulische Pressen nur eine minimale Verformungsgeschwindigkeit von 10^{-1} bis $10^{0}\,s^{-1}$ zu, so daß man mit solchen Ausrüstungen nicht alle Vorteile der superplastischen Deformation nutzen kann. Wenn man mit diesen Pressen arbeitet, wird im wesentlichen ein normales isothermes Schmieden ohne superplastische Deformation [238] oder bestenfalls ein Schmieden am Ende des 3. Geschwindigkeitsbereiches der Superplastizität realisiert, wo die Plastizität nicht sehr groß und die Fließspannung erheblich ist.

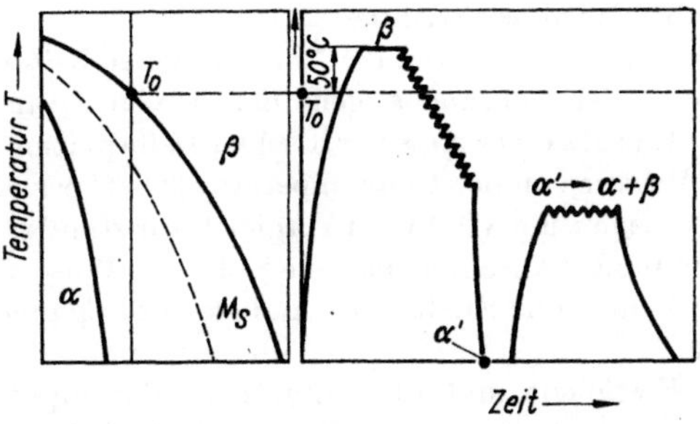

Bild 54. Schematische Darstellung der thermomechanischen Behandlung zur Einstellung von Ultrafeinkorn in einer zweiphasigen Titanlegierung

Der Geschwindigkeitsbereich der superplastischen Deformation läßt sich bedeutend erweitern, wenn eine thermomechanische Behandlung nach folgendem Schema verwendet wird (Bild 54, [232]). Halbzeug aus der Legierung VT 14 erwärmt man auf eine Temperatur von 50 bis 150 °C oberhalb der α-β-Umwandlung, formt es während der Abkühlung im Existenzbereich der β-Phase 30 bis 50 % um und schreckt von der Umformtemperatur ab, so daß ein feinnadeliger α-Martensit erhalten wird. Danach führt man im Zweiphasengebiet eine zweite Umformung durch (50 bis 80 %), bei der der Martensit in ein feindisperses Gemenge der α- und β-Phasen zerfällt. Nach Erwärmung auf 875 °C hat der durch die TMB erzeugte Werkstoff eine zweimal kleinere Korngröße (1,2 μm) als das Material, das nach der üblichen Technologie hergestellt wurde. Bei der Erwärmung auf 875 °C und einer Umformgeschwindigkeit von $5{,}10^{-2}\,s^{-1}$ bleibt das Niveau von A und R daher so groß wie bei einem durch Walzen im $(\alpha + \beta)$-Gebiet erhaltenen Werkstoff [232]. Selbst bei $\dot{\varphi} = 10^{-1}\,s^{-1}$ besitzt die Legierung VT 14 nach der thermomechanischen Behandlung noch die Kennwerte A = 900 % und R = 50 MPa (Tabelle 16).

Eine Gefügebehandlung mit Hilfe einer analogen thermomechanischen Behandlung erweitert das Geschwindigkeitsintervall der superplastischen Deformation bei den Legierungen VT 6 und VT 3-1 um Größenordnungen (Tabelle 16). Den Hauptprozeß der thermomechanischen Behandlung der abgeschreckten Legierung stellt das Walzen (oder Schmieden) dar, bei dem sich das Dispersionsgefüge bildet. Bei Verringerung der Temperatur der zweiten superplastischen Deformation verbessern sich die Eigenschaften [232]. Die erste Deformation kann man nicht durchführen, wenn nur aus dem β-Gebiet abgeschreckt wurde. Die superplastischen Materialkennwerte verschlechtern sich in diesem Falle infolge der Bildung besonders großer Martensitkristalle.

Besondere Aufmerksamkeit schenkten die Autoren der Arbeiten [239, 240] der Erhöhung der Gebrauchseigenschaften von Titanlegierungen durch den Einsatz einer superplastischen Deformation. Nach Abschrecken in Wasser von der Preßtemperatur 900 °C besaß eine nicht ausgelagerte Legierung VT 14 im Vergleich zur standardisierten Wärmebehandlung (Abschrecken von 870 °C in Wasser, Auslagerung bei 480 °C) eine hohe Fließgrenze und gleichzeitig eine höhere Bruchdehnung.

Die Erhöhung der Festigkeit und Plastizität nach der superplastischen Deformation wurde in den Arbeiten [155, 240] damit erklärt, daß die metallischen Werkstoffe bei der superplastischen Deformation durch ausgeprägte Phasengrenzen, eine erhöhte Versetzungsdichte und ein entwickeltes Subgefüge gekennzeichnet sind. Diese Aussage steht mit dem vielfach festgestellten Fakt in Widerspruch, wonach in den Legierungen mit extrem kleinen Körnern nach einer superplastischen Deformation im 2. Geschwindigkeitsintervall kein Subgefüge mit dem Elektronenmikroskop nachgewiesen werden kann und Versetzungen im Korninnern nur dann sichtbar sind, wenn besondere Maßnahmen gegen ihr Abwandern in die Grenzen getroffen werden (vgl. Abschnitt 3.3.). Nach normalem Abschrecken von der Temperatur der superplastischen Deformation ist das Kornvolumen frei von Versetzungen. Etwas anders wirkt eine Deformation im 3. Geschwindigkeitsintervall, wo sich tatsächlich ein Subgefüge bildet. Sie kann eine Verfestigung infolge einer erhöhten Versetzungsdichte hervorrufen; doch ist das kein spezifischer Effekt der Superplastizität, sondern die gut bekannte Verfestigung infolge einer hochtemperaturthermomechanischen Behandlung (HTMB), die man bei Titanlegierungen im Zweiphasengebiet durchführt.

Wenn nach einer superplastischen Deformation im 2. Geschwindigkeitsintervall die Festigkeit höher ist als nach normalem Warmpressen, dann ist die Ursache dafür nicht ein Effekt der Superplastizität, sondern einfach das Vorhandensein von Ultrafeinkorn. Die oben betrachtete thermomechanische Behandlung der Legierung VT 14 bringt z. B. ein so kleines Korn hervor, daß nach einer superplastischen Deformation mit Abkühlung an Luft die mechanischen Eigenschaften den Anforderungen genügen, die man im Normalfall nur durch Abschrecken im Wasser und eine Auslagerung erreichen kann [232].

Die mechanischen Eigenschaften, insbesondere die Plastizitätskennziffern, können auch durch die superplastische Deformation selbst (d. h. im wesentlichen durch Behinderung der Kornstreckung bzw. durch Sphäroidisierung der Kristallite während der Umformung) verbessert werden. In den Arbeiten von SALIŠČEV und KAJBYŠEV [116, S. 30] wurde festgestellt, daß man nach einer superplastischen Deformation im Gegensatz zu einer normalen Warmumformung homogene mechanische Eigenschaften über den gesamten Querschnitt erhält, da keine Gefügeinhomogenitäten auftreten. Es ist auch schon lange bekannt, daß die Anisotropie der Eigenschaften nach einer superplastischen Deformation geringer ist als nach einer normalen Umformung durch Strangpressen, und Restspannungen fehlen vollkommen.

4.5. Aluminiumlegierungen

Alle technischen Aluminiumknetlegierungen haben ein Matrixgefüge. Halbzeuge, die nach einer Serientechnologie gefertigt werden, weisen in der Regel Korngrößen von 20 bis 30 μm auf und sind nicht superplastisch bzw. zeigen nur bestimmte Kennzeichen der Superplastizität (vgl. die Legierung AlCu4Mg im warmgepreßten Zustand, Tabelle 17). Für viele Halbzeuge ist bei Erwärmung auf Temperaturen, bei denen Superplastizität möglich ist, ein sehr starkes Kornwachstum des Al-Mischkristalles charakteristisch.

Das wesentliche Verfahren zur Erzeugung von Feinkorn in den Aluminiumlegierungen ist eine Kalt- oder Warmumformung (normalerweise Walzen) mit hoher Stichabnahme. Beim nachfolgenden kurzzeitigen Glühen oder beim direkten Erwärmen auf die Temperatur der superplastischen Deformation ruft die Primärrekristallisation (wegen der großen Zahl von Keimen) ein feinkörniges

Gefüge hervor. Nach Kaltwalzen mit einer Stichabnahme von 70 % und einem anschließenden Glühen konnten in einem Blech der Legierung AlMg 6 (Dicke: 2 mm) Korngrößen von 9 bis 10 μm erzielt werden [242]. Beim Erwärmen auf die Temperatur und während der Durchführung der superplastischen Deformation wuchsen die Körner jedoch offenbar stark, so daß $\dot{\varphi}_{opt}$ sehr klein war ($< 10^{-4}\,s^{-1}$) und die Dehnung bei $\dot{\varphi} = 10^{-2} s^{-1}$ nur 230 % betrug.

Bei den meisten standardisierten Aluminiumlegierungen liegt $\dot{\varphi}_{opt}$ nahe den Werten von $5{,}10^{-4}$ bis $10^{-3}\,s^{-1}$, und A beträgt 200 bis 400 %. Eine Ausnahme bildet die Legierung V 96z, die 0,15 % Zr (d. h. einen starken Rekristallisationsinhibitor) enthält. Nach Warmwalzen bis zu einem Umformgrad von 90 % hatte ein Band (Dicke: 1 mm) aus dieser Legierung eine Dehnung von 850 % [245].

Bei Umformgeschwindigkeiten von etwa $10^{-2}\,s^{-1}$ liegt die Dehnung bei allen Standardlegierungen unterhalb von 250 %. Für eine Pneumoumformung reicht das jedoch nicht aus. Speziell für dieses Formgebungsverfahren wurde die Legierung AlCu 6 mit 0,5 % Zr entwickelt. Sie weist Rekordwerte der Superplastizitätskennwerte auf und hat bei 20 °C Eigenschaften, wie sie für Aluminium-Legierungen mittlerer Festigkeit typisch sind [247—249]. Der Handelsname dieser Legierung lautet Supral. Von anderen technischen Al-Werkstoffen unterscheidet sie sich durch den überhöhten Zirkongehalt.

Die Technologie zur Herstellung superplastischer Bleche aus Supral umfaßt folgende Schritte:

- Gießen mit hohen Abkühlungsgeschwindigkeiten, um einen mit Zirkon übersättigten Al-Mischkristall zu erhalten,
- Heterogenisierungsglühen der Barren bei 370 °C zur Ausscheidung einer großen Zahl feindispers verteilter Teilchen einer metastabilen Phase nahe der Zusammensetzung $ZrAl_3$ mit Kristallitabmessungen von 10 bis 30 μm und
- Warmwalzen bei 300 °C, das zu einem faserigen, nichtrekristallisierten Gefüge führt.

Ein feinkörniges Material mit Korngrößen von 5 bis 6 μm erhält man dann durch Erhitzen auf 480 °C und in den ersten Stadien der superplastischen Deformation infolge von dynamischer Rekristallisation. Die Bildung des feindispersen Gefüges erfolgt im gesamten Probenvolumen bei Dehnungen von 200 bis 250 %.

Die wichtigste technologische Operation bei der Produktion der superplastischen Bleche aus Supral ist das Gießen, durch das ein besonders stark mit Zirkon übersättigter Mischkristall erzielt werden soll.

Dazu sind hohe Gießtemperaturen (800 bis 900 °C) und Abkühlungsgeschwindigkeiten (höher als beim Stranggießen von Blöcken mit normalem Querschnitt) erforderlich. Nur unter diesen Bedingungen wird eine Primärkristallisation des $ZrAl_3$ aus der Schmelze in Form relativ großer Kristalle verhindert und die Bildung des stark mit Zr übersättigten Mischkristalls gewährleistet. Die primären $ZrAl_3$-Kristallite dienen als Fremdkeime für die Körner des AL-Mischkristalls. Je mehr davon aus der Schmelze ausgeschieden werden, desto kleiner sind die Körner im Block und um so weniger Zr befindet sich im Mischkristall, und infolge der verringerten Dichte der Sekundärausscheidungen der Zirkonphase sind die rekristallierten Körner größer und die superplastischen Kennwerte kleiner. In der Arbeit [246] wurde gezeigt, daß die Dehnungswerte eines Bleches bei der superplastischen Deformation mit steigender Korngröße im Gußblock anwachsen. Man kann daher schon anhand der Korngröße im Block feststellen, ob sich ein sehr stark mit Zirkon übersättigter Mischkristall gebildet hat.

Der Hauptunterschied der Legierung AlCu 6 mit 0,5 % Zr (Supral) gegenüber den standardisierten Aluminiumlegierungen besteht darin, daß ein sehr breites Geschwindigkeitsintervall der Superplastizität auftritt (vgl. Tabelle 17). Bei Formänderungsgeschwindigkeiten von etwa $10^{-1}\,s^{-1}$ hat der Werkstoff eine sehr hohe Bruchdehnung von 800 %, aber auch bei $\dot{\varphi} = 10^{-1}\,s^{-1}$ stellt sich noch eine Dehnung ein, wie sie die Legierung AlMg 6 bei um drei Größenordnungen niedrigeren Geschwindigkeiten aufweist. Der ausgedehnte Bereich der Superplastizität der Legierung AlCu6Zr liegt bei Temperaturen von 450 bis 540 °C, was die Technologie vereinfacht.

Das superplastische Blech hat eine Dehnungsanisotropie; aber auch der minimale Dehnungswert (in der Querrichtung) liegt mit 620 % noch sehr hoch. Zum Schutz gegen Korrosion kann man das Blech mit einer dünnen Aluminiumschicht bedecken, die die Dehnung um 150 bis 200 % verringert [247].

Während die Bedeutung des Zirkonzusatzes aus der Erzeugung kleiner rekristallisierter Körner resultiert, hat die Zugabe von 6 % Kupfer eine doppelte Bedeutung. Das Kupfer gewährleistet nämlich erstens die notwendige Festigkeit von Teilen nach einer Pneumoumformung und einer verfestigenden Wärmebehandlung (Abschrecken und Auslagern bei 165 °C/16 Stunden), die zu den Parametern $R_{p0,2} = 310$ MPa, $R_m = 410$ MPa und $A = 9\,\%$ führt (im unbehandelten Zustand erhält man nach der Pneumoumformung $R_{p0,2} = 120$ MPa, $R_m = 230$ MPa und $A = 15\,\%$). Zweitens ist das Kupfer für die Einstellung von hohen Kennwerten der

Tabelle 17. Kennwerte der Superplastizität von Aluminiumlegierungen

Legierung	Ausgangszustand		Versuchsbedingungen		Optimale Eigenschaften				$\dot{\varphi} = 0{,}01\,s^{-1}$		$\dot{\varphi} = 0{,}1\,s^{-1}$		Literatur
	Behandlung	d (μm)	Probenabmessungen	T (°C)	$\dot{\varphi}_{opt}$ (s^{-1})	m	R (MPa)	a (%)	R (MPa)	a (%)	R (MPa)	a (%)	
AlMg 6	Kaltwalzen, Anlassen	9 bis 10	60 × 18 × 2	420	$<1 \cdot 10^{-4}$	0,45(m_{B50})	5	400	24	230	—	—	[242]
D 20 (AlCu 4 Mg)	Warmpressen	—	—	450 bis 475	$1 \cdot 10^{-3}$	0,45	25	180	—	—	—	—	[116, S. 99]
AK 6 AlCu 2 Si 1 Mg Mn	Kalt-Strangpressen, Anlassen	9	∅ 5 × 20	515	$4 \cdot 10^{-4}$	0,55	3	270	—	—	—	—	[116, S. 72]
AK 4-1 (AlCu 2 Mg 1 Ni 1)	Kalt-Strangpressen, Anlassen	10	∅ 5 × 20	530	$4 \cdot 10^{-4}$	0,45	9	230	—	—	—	—	[116, S. 72]
V 96 z AlCu 2 MgZn	Warmwalzen	≈ 5	—	470	$1 \cdot 10^{-3}$	0,6(m_{B25})	5	850	14	250	—	—	[245]
AlCu 6 Zr	Anlassen des Vormaterials bei 370 °C, Warmwalzen bei 300 °C	≈ 5	6 × 3,5 × 1	480	$1 \cdot 10^{-3}$	0,42(m_{H50})	3	700	8,5	800	12	400	[246]

Superplastizität notwendig. Die binäre Legierung AlZr 1 hat wesentlich ungünstigere Parameter der Superplastizität. Das Wesen der Einflußnahme des Kupfers auf die Superplastizität ist noch nicht geklärt. In der Arbeit [248] wird angenommen, daß es die Bildung von Feinkorn durch dynamische Rekristallisation begünstigt, weil es die Stapelfehlerenergie des Aluminium-Mischkristalls herabsetzt und zum Auftreten von $CuAl_2$-Partikeln Anlaß gibt. Der Autor der Arbeit [250] gelangte auf der Grundlage von elektronenmikroskopischen Untersuchungen zu Aussagen über die Bildung eines stabilen feinkörnigen Gefüges. Danach hemmen die feindispersen, sekundären $ZrAl_3$-Einschlüsse das Wachstum der Subkörner. Während der superplastischen Deformation wachsen diese jedoch langsam, vergrößern ihre Desorientierung und wandeln sich allmählich in Kristallite um. Die $CuAl_2$-Teilchen sind, beginnend bei 200 bis 300 % Dehnung, von entscheidender Bedeutung für die Hemmung des Kornwachstums. Die Korngröße entspricht nämlich etwa dem Abstand zwischen den $CuAl_2$-Partikeln. Die starke Übersättigung des Mischkristalls mit Zr kann in Analogie zur Supral-Legierung auch für die Herstellung von superplastischen Legierungen auf der Grundlage anderer Systeme wie z. B. Al-Mg-Zr [209] und Al-Mg-Zn [248] genutzt werden.

Von Interesse ist auch die Legierung AlCuZn 5.5, aus der ultrafeinkörnige, superplastische Bleche nach einer für standardisierte Aluminiumbleche vorgesehenen Technologie erzeugt werden können. Die Festigkeitseigenschaften dieser Legierung entsprechen den Werten von technischen Al-Legierungen.

4.6. Magnesiumlegierungen

Technische Mg-Legierungen neigen im Gegensatz zu den Al-Legierungen nur sehr wenig zum Kornwachstum. Deshalb können die Körner in Halbzeugen, die nach einer Serientechnologie erzeugt wurden, bereits relativ klein sein (6 bis 15 μm). Wenn warmgepreßtes Halbzeug nicht oder nur teilweise rekristallisiert, dann bildet sich während einer superplastischen Deformation ein feinkörniges Gefüge [251]. Das Korn der Mg-Legierungen wächst hierbei nur wenig, was die Erhaltung des superplastischen Zustands begünstigt. Die in der Tabelle 18 dargestellten Eigenschaften der Legierungen weisen auf deren Eignung für das Gesenkschmieden unter den Bedingungen der Superplastizität hin.

Eine superplastische Deformation verringert die Korngrößenunterschiede der Legierung MA 21, erbringt aber keine Ver-

Tabelle 18. Kennwerte der Superplastizität von Magnesiumlegierungen (Bezeichnung nach GOST 2581/55)

Legierung	Ausgangszustand		Versuchsbedingungen		Optimale Eigenschaften				$\dot{\varphi} = 0{,}01\ s^{-1}$		$\dot{\varphi} = 0{,}1\ s^{-1}$		Literatur
	Behandlung	d_0 (μm)	Probenabmessungen	T (°C)	$\dot{\varphi}_{opt}$ (s^{-1})	m	R (MPa)	a (%)	R (MPa)	a (%)	R (MPa)	a (%)	
MA 2-1 MgAl 3 Zn	Warmwalzen	15	∅ 5 × 25	425	$5 \cdot 10^{-4}$	0,42	17	250	—	—	—	—	[252]
MA 8 MgMn 2 Ce	Kaltwalzen, Anlassen bei 400 °C	9,6	—	400	$5 \cdot 10^{-3}$	0,43	20	300	30	300	50	230	[83]
MA 14	Warmpressen	0,55	—	270	$3 \cdot 10^{-3}$	0,5(m_B)	—	>1000	—	—	—	—	[118]
MA 15	Warmpressen	6	∅ 5 × 25	450	$4 \cdot 10^{-3}$	0,6	15	500	30	200	—	—	[251]
MA 21	Warmpressen	7[1]	∅ 4 × 10	345	10^{-3}	0,5	3	> 700 [2]	14	1000	25	300	[3]

[1] innerhalb der Phasen keine Korngrenzen erkennbar
[2] bei kleinen Geschwindigkeiten der superplastischen Deformation Probenoxydation
[3] *Novikov*, *Portnoj*, *Elkin* und *Bablojan*

besserung der mechanischen Eigenschaften bei 20 °C [252]. Die Legierung MA 21, die fast die eutektische Zusammensetzung hat, weist nicht wie alle anderen Mg-Legierungen ein Matrix-, sondern ein Duplexgefüge auf. Gepreßte Stangen mit einem Volumenverhältnis der Phasen von $v_\alpha : v_\beta = 55:45$ besitzen gute superplastische Kennwerte (Tabelle 18). Schon nach dem Stranggießen, ohne zusätzliche Behandlung, befindet sich die Legierung MA 21 trotz eines grobkörnigen Gefüges bei 350 °C im superplastischen Zustand. In der Arbeit [116] wurde festgestellt, daß die Legierung MA 21 nach einer superplastischen Deformation durch ein homogenes Gefüge mit äquiaxialen Körnern gekennzeichnet ist.

4.7. Nickellegierungen

Warmfeste Nickellegierungen gehören zu den schwer umformbaren Werkstoffen, so daß ihre Überführung in den superplastischen Zustand besonderes Interesse beansprucht (Tabelle 19). Die Legierungen bestehen aus einem hochlegierten, nickelreichen γ-Mischkristall und einer γ'-Phase des Typs (Al, Ti)Ni_3, deren Volumenanteil 50 bis 60 % erreichen kann. Bei Erwärmung löst sich die γ'-Phase in der Matrix, und oberhalb einer bestimmten Temperatur geht die Legierung, wenn man von einer geringen Menge von Karbiden und anderen Phasen an den Korngrenzen absieht, in den einphasigen Zustand über.

Bei Umformung im $(\gamma + \gamma')$-Gebiet wird die Stabilität eines feinkörnigen Gefüges durch eine große Menge an γ'-Phase garantiert. Die Hauptaufgabe besteht deshalb darin, ein solches Gefüge einzustellen.

Man verwendet zwei Typen von Ausgangshalbzeugen: Gußblöcke oder Werkstücke, die nach dem Verdüsen von Schmelze durch Verdichten von Pulver erzeugt werden. Im zweiten Falle ist die (beim Gießen sehr ausgeprägte) Makroinhomogenität verringert, und man hat die Möglichkeit, die warmfesten Legierungen im superplastischen Zustand für die Herstellung von Teilen durch isothermes Schmieden zu benutzen [116, 115, 229, 254].

Kornfeinung bis zur Größenordnung 1 μm erzielt man bei Warmumformung mit großem Umformgrad durch Pressen [229, 254, 257], Walzen [257] und Strangpressen [257—259]. Der Mechanismus der Kornfeinung ist noch nicht völlig klar. Man nimmt an [229], daß die Anwesenheit einer großen Teilchenzahl der zweiten Phase bei einer Bearbeitung nahe der Rekristallisationstemperatur einerseits eine große Keimbildungsgeschwindigkeit infolge der

Tabelle 19. Kennwerte der Superplastizität von warmfesten Nickellegierungen

Legierung	Ausgangszustand		Versuchsbedingungen		Optimale Eigenschaften				Literatur
	Behandlung	d_0 µm	Probenabmessungen	T °C	$\dot{\varphi}_{opt}$ s^{-1}	m	R MPa	A %	
ŽS 6 KP	Warm-Strangpressen	—	∅ 4 × 20	1 100	$6 \cdot 10^{-4}$	0,55	15	>500	[258]
	Warm-Strangpressen	≈ 10	∅ 2,9 × 28,5	1 100	$3 \cdot 10^{-3}$	0,7	—	280	[259]
	Warmwalzen	—	—	1 100	$1{,}66 \cdot 10^{-3}$	0,5	50	650	[257]
	Warmpressen	—	—	1 100	$1{,}66 \cdot 10^{-3}$	0,38	80	390	[257]
Typ ŽS 6 KP (NiCr 11 Al 6 Co 5 Mo 5 W 5 Ti 3)	Strangpressen	≈ 1	—	1 100	$8 \cdot 10^{-3}$	0,5	—	1 100	[116, S. 109]

starken Deformation der Martix in der Umgebung der Partikeln gewährleistet und andererseits das Wachstum dieser Körner hemmt. Nach einer Umformung der beschriebenen Art stellte man Koagulation der γ'-Teilchen fest [116, 260]. Diese hält während einer superplastischen Deformation an. Sekundäre Ausscheidungen, die sich bei der Abkühlung des Materials von der Umformtemperatur bilden, sind ungleichmäßig verteilt. Man findet ausscheidungsfreie Zonen; nur in den Probenköpfen ist die Verteilung der Sekundärausscheidungen gleichmäßig [116, 260].

Zur Wiederherstellung der Warmfestigkeit nach der superplastischen Deformation muß man die Körner durch Glühen des Werkstoffs im Einphasengebiet vergröbern und anschließend eine normale, verfestigende Aushärtung durchführen [116, 229].

Abschließend sei bemerkt, daß die oben betrachteten Kennwerte der Superplastizität im Zugversuch erzielt wurden, während bei vielen industriellen Prozessen Druckspannungen anliegen. In den Arbeiten [116, 144, 155, 239, 252, 268] wurde gezeigt, daß bei Stauchversuchen eine Verschiebung des Intervalls der Superplastizität zu (im Vergleich zur Zugbeanspruchung) höheren Umformgeschwindigkeiten eintritt. Dieser Effekt läßt sich nicht nur durch den Einfluß des Spannungszustandes [155, 268] erklären, sondern auch damit, daß beim Stauchen das Ausgangsgefüge eines Materials oftmals in einen für die superplastische Deformation günstigeren Zustand überführt wird.

4.8. Stähle

Eutektoider Kohlenstoffstahl weist ein ungünstiges, weit vom Verhältnis 50:50 entferntes Verhältnis der Volumenanteile der Phasen auf. Er enthält nur 12 % Fe_3C und Ferritkörner, die im Anfangszustand zwar ausreichend klein sein können, bei einer superplastischen Deformation jedoch schnell wachsen. Ein weiterer Nachteil des eutektoiden Stahls ist das sehr enge Temperaturintervall der superplastischen Deformation (650 °C bis A_1). Ein Erhitzen über A_2 führt zu schnellem Kornwachstum im γ-Gebiet und zum Verlust der Superplastizität, und bei Temperaturen $T < 700$ °C ist offenbar die Diffusionsgeschwindigkeit der Eisenatome nicht ausreichend.

Kornfeinung wurde im eutektoiden Stahl nach [271] durch zweimaliges Abschrecken von 760 °C in Öl erreicht. Die Bruchdehnung bei 670 bis 710 °C überstieg jedoch nicht 300 %. Analoge Resultate ergaben sich in der Arbeit [272]:

Nach Abschrecken und einem Hochtemperaturanlassen wurde der eutektoide Stahl erneut abgeschreckt, und nach einem weiteren schnellen Aufheizen auf 820 °C und Anlassen bei 600 °C/1 Stunde ließ sich danach bei 710 °C eine maximale Dehnung von 320 % erreichen.

Durch Zerstäuben von Schmelze in einer inerten Atmosphäre mit anschließender Verdichtung des Pulvers und thermomechanischer Behandlung konnten in eutektoidem Stahl Ferritkorngrößen von 0,5 bis 1 μm und Abmessungen der eingeformten Zementitteilchen von 0,1 bis 0,5 μm erhalten werden [214]. Bei Temperaturen von 650 bis 700 °C betrug die Dehnung 300 bis 550 %, der Faktor $m = 0{,}35$ bis 0,6.

Übereutektoide Stähle mit erhöhtem Kohlenstoffgehalt sind für die Überführung in die Superplastizität besser geeignet: Sie enthalten erstens einen größeren Anteil an Zementit und zweitens ist das Temperaturintervall der Superplastizität breiter (Bild 55). Beim Erwärmen von solchem Stahl mit ultrafeinem Ferritkorn treten oberhalb A_1 viele Austenitkeime auf und das Austenitkorn wird ebenfalls sehr fein, wobei der nichtaufgelöste Zementit das Wachstum der Austenitkörner hemmt.

Zur Einstellung von Ultrafeinkorn im Stahl mit hohem C-Gehalt wurde eine Druck-Warmumformung mit hohen Deformationsgraden ausgenutzt [273]. Stahlblöcke mit 1,3 bis 1,9 % C bzw. 20 bis 29 Vol.-% Fe_3C wurden nach dem Austenitisieren bei 1150 °C mit einer Stichabnahme von 10 % bis zu einer Gesamtformänderung $\varphi = 2$ gewalzt. Dabei sank die Temperatur kontinuierlich auf 600 bis 650 °C. Anschließend wurde das Halbzeug mit einer Stichabnahme von 5 % bei 650 °C bis zu einer Formänderung $\varphi = 1{,}5$ gewalzt. Durch solch eine Behandlung stellte sich im Stahl ein Gefüge mit äquiaxialen Ferritkörnern (0,5 bis 1,5 μm) und (sowohl eutektoiden als auch sekundären) sphäroidisierten Zementit-

Tabelle 20. Kennwerte der Superplastizität des zweiphasigen Stahles X5CrNiTi26,6 [208]

Korngröße d	Versuchsbedingungen		Optimale Eigenschaften				$\dot{\varphi} = 2{,}5 \cdot 10^{-3}\,s^{-1}$	
μm	Probenabmessungen	T °C	$\dot{\varphi}$ s^{-1}	m	R MPa	A %	R MPa	A %
3,2	∅ 3 × 30	925	$6{,}7 \cdot 10^{-4}$	0,5	25	1050	50	650
4,5	∅ 3 × 30	925	$1 \cdot 10^{-4}$	0,5	15	900	70	200

teilchen mit Abmessungen von 0,1 bis 0,5 μm ein. Superplastizität trat im Temperaturintervall von 600 bis 850 °C auf. Die Dehnung betrug 300 bis 750 % bei Umformgeschwindigkeiten von 10^{-3} bis 10^{-4} s^{-1}. Der Faktor m erreichte den Wert 0,5. Die Fließspannung (die mehrere MPa betrug) nahm während der superplastischen Deformation infolge von Kornvergröberung zu. In einem Stahl mit 1,6 % C erhöht sich z. B. während einer Zugbeanspruchung bei 650 °C um 300 % die Ferritkorngröße in der Meßlänge der Probe von 0,5 auf 3 μm, während in den Probenköpfen das Kornwachstum schwächer ausgeprägt war. Die Dehnung im (α + Fe_3C)-Gebiet ist etwas geringer als im (γ + Fe_3C)-Bereich, da sich die Körner der α-Phase bei Temperaturen oberhalb A_1 wegen der geringen Zahl der Zementitteilchen schneller vergröbern.

Durch Legieren des übereutektoiden Stahls mit Chrom ließen sich Werkstoffe mit höheren Dehnungen herstellen [274]. Ein Stahl mit 1,6 % C und 1,6 % Cr wurde analog zu dem oben angeführten Verfahren warmgewalzt. Bei 650 °C und einer Deformationsgeschwindigkeit von $\sim 10^{-4}$ s^{-1} erreicht die Dehnung 1 200 %. Mit Cr legierter Zementit $(Fe, Cr)_3C$ besitzt eine höhere thermische Stabilität als Fe_3C, so daß er das Wachstum der Ferritkörner bei der superplastischen Deformation stärker behindert und die Erzielung sehr großer Bruchdehnungen gewährleistet.

Extrem hohe Werte der Dehnung von Stählen mit hohen Kohlenstoffgehalten werden nach Angaben der Arbeit [275] bei folgender Behandlung erreicht. Ein 50 mm dickes Schmiedestück wurde nach einem Halten bei 1 100 °C bei sinkender Temperatur (bis auf 600 °C) in insgesamt 40 Stichen mit je 2 % Umformgrad gewalzt. Anschließend wurde das Halbzeug mit 30 Stichen mit einer Stichabnahme von 3 % isotherm gewalzt. Die Gesamtformänderung betrug 2,8. Die Dehnung bei 650 °C erreichte danach bei $\dot{\varphi} = 1{,}67\ 10^{-4}$ s^{-1} Beträge von 1 500 % (Bild 56). Kohlenstoffgehalte von 1,6 bis 1,8 % erwiesen sich als optimal.

Ein Legieren von übereutektoidem Stahl mit Cr verringerte die Fließspannung durch Stabilisierung der Karbide und Behinderung des Ferritkornwachsens bei der superplastischen Deformation erheblich. So hat z. B. mit Stahl 1,6 % C und 1,5 % Cr nach einer Zugumformung von 300 % bei 650 °C und $\dot{\varphi} = 1{,}67\ 10^{-4}$ s^{-1} um den Faktor 1,7 kleinere Ferritkörner (1,3 μm) und eine um den Faktor 1,5 geringere Fließspannung als ein Stahl ohne Chromzusatz.

Zur Verhinderung von Graphitbildung bei der superplastischen Deformation, die die Hinderniswirkung der Zementitteilchen

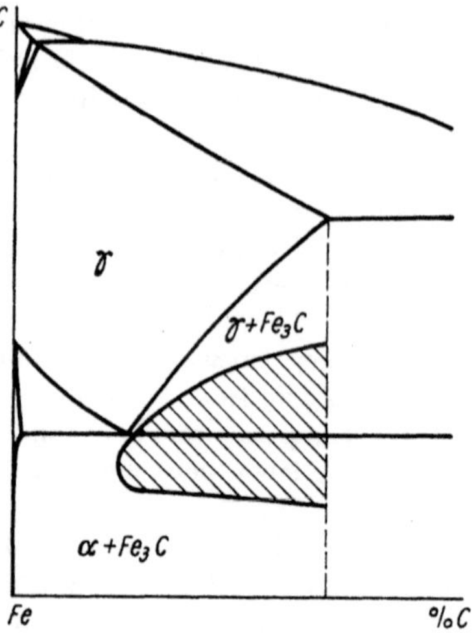

Bild 55. Temperaturbereich der Superplastizität im System Eisen – Kohlenstoff [273].

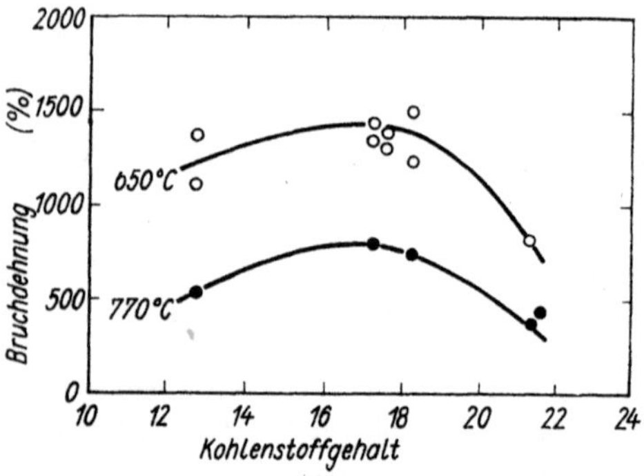

Bild 56. Bruchdehnung von Stahl als Funktion des Kohlenstoffgehaltes (in 10^{-1} Masse-%) im Temperaturgebiet um A_1 bei der Formänderungsgeschwindigkeit $\dot{\varphi} = 1{,}67\ 10^{-4} s^{-1}$ [275]

schwächt, sollte der Si-Gehalt in den hochkohlenstoffhaltigen Stählen nicht größer als 0,2% sein [275]. Aus den gleichen Gründen ist auch eine Ti-Zugabe nicht erwünscht.

Die betrachteten Technologien erlauben die Herstellung superplastischer Bleche aus hochkohlenstoffhaltigen Stählen mit Dicken von 2 bis 5 mm, da für die Ausbildung eines Gefüges mit ultrafeinem Korn eine Gesamtformänderung $\varphi = 2{,}5$ erforderlich ist. In der Arbeit [277] konnte am Beispiel eines Kugellagerstahls mit 1% C und 1,4% Cr gezeigt werden, daß es möglich ist, dickere

Bleche mit extrem feinkörnigem Gefüge durch Warmpreßschweißen eines Paketes von dünnen Blechen bei 650 °C herzustellen. Die mechanischen Eigenschaften eines auf diese Weise erzeugten Kugellagerstahls unterscheiden sich nicht von den Eigenschaften monolithischer Stähle mit analogem Gefüge, und die Grenzflächen zwischen den einzelnen Schichten sind unter dem Mikroskop nicht zu erkennen. (Es ist bekannt, daß der superplastische Zustand von Halbzeugen ein Diffusionsschweißen unter geringen Drücken ermöglicht.)

Übereutektoiden Gußstahl kann man in den superplastischen Zustand überführen, indem man nur eine Wärmebehandlung ohne Druckbelastung durchführt [276]. Dazu muß man einen Block des Stahls mit 1,6 % C nach Austenitisierung bei 1150 °C in Öl abschrekken, anschließend etwas über A_1 erwärmen und in Wasser abschrekken. Nach 14 Abschreckzyklen und abschließendem Anlassen bei 650 °C/30 min ist das Gefüge vollständig eingeformt und die Abmessungen der Ferritkörner betragen 2 bis 3 μm. Bei 650 °C und einer Formänderungsgeschwindigkeit von $10^{-4}\,s^{-1}$ betrug die Bruchdehnung 330 %, der m-Wert lag bei 0,45.

Großes Interesse beansprucht auch eine superplastische Druckumformung von Schmiedestählen mit mittleren Kohlenstoffgehalten [278]. Ein Schmiedestahl mit 0,55 % C, 0,65 % Cr, 1,5 % Ni und 0,26 % Mo besitzt nach dem konventionellen Härten und einem Hochtemperaturanlassen ein feinkörniges Ferrit-Karbid-Gefüge, durch das bei 710 °C und $\dot{\varphi} = 1{,}5\ 10^{-4}\,s^{-1}$ ein Exponent $m = 0{,}55$ und eine Fließspannung von 50 MPa erzielt wird. Das eröffnet z. B. die Möglichkeit zur Herstellung von Gesenkschmiedeteilen mit einem komplizierten Profil durch das Einpressen eines Urmodellabdruckes aus einer warmfesten Legierung des Typs NIMONIC in Halbzeug aus dem Schmiedestahl, das sich im superplastischen Zustand befindet [278].

Wolframlegierte Schnellarbeitsstähle (z. B. X82WV9,2 und andere, die im Lieferzustand ein sorbitisches Gefüge mit zusätzlichen feindispersen Karbiden aufweisen, haben ein Temperaturintervall der Superplastizität der Breite $T = 20$ bis 30 °C unmittelbar unterhalb von A_{c1} [279—281]. Bei Temperaturen von 790 bis 820 °C und $\dot{\varphi} = 10^{-3}\,s^{-1}$ haben diese Stähle folgende Eigenschaften: $m = 0{,}30$ bis 0,45, $R_{p0,2} = 50$ bis 70 MPa und $A = 100$ bis 130 % [281]. Obwohl solche Dehnungswerte im Vergleich zu den ausgeprägt superplastischen Werkstoffen nicht sehr hoch sind, hat die bei geringen Umformgeschwindigkeiten im Temperaturbereich und 800 °C eintretende Plastizitätserhöhung doch eine sehr große praktische Bedeutung. In Verbindung mit der ziemlich niedrigen Fließspannung erlaubt sie es, Schneidwerkzeuge aus schwer deformierbarem Stahl durch eine isotherme Umformung zu erzeugen. Dabei ist es bedeutsam, daß die Temperatur der superplastischen Deformation merklich niedriger liegt als bei einer normalen Warmumformung.

Legierte Stähle mit ferritisch-austenitischem Gefüge besitzen gegenüber den perlitischen Stählen den Vorteil, daß in ihnen ein großer Volumenanteil einer zweiten Phase auftritt, wobei Verhältnisse von 50:50 bei hohen homologen Temperaturen und in einem breiten Temperaturintervall realisiert werden und die Technologie der Herstellung eines feinkörnigen Materials einfacher ist. Ein aussichtsreicher superplastischer Werkstoff ist säurebeständiger zweiphasiger Stahl des Typs X5CrNiTi26.6 [152, 208]. Dieser Stahl hat von Raumtemperatur bis 1280 °C ein $(\delta + \gamma)$-Gefüge. Oberhalb davon stellt sich ein rein ferritisches Gefüge ein. Körner mit Abmessungen von 2 bis 4 μm kann man auf zwei Wegen erhalten: durch Warmwalzen im $(\delta + \gamma)$-Gebiet oder durch Kaltwalzen mit anschließendem Rekristallisationsglühen im $(\delta + \gamma)$-Gebiet. In beiden Fällen behindert der sich aus dem Ferrit ausscheidende Austenit das Kornwachstum der Ferritmatrix. Hohe Kennwerte der Superplastizität (Tabelle 20) beobachtet man bei Temperaturen von 800 bis 1000 °C (oberhalb 1000 °C wachsen die Körner sehr schnell).

Die zweiphasigen Stähle mit Feinkorn besitzen nicht nur sehr gute technologische Parameter, sondern auch ausgezeichnete Gebrauchseigenschaften. Hinsichtlich der Korrosionsbeständigkeit und der Festigkeit sind sie sogar besser als die säurebeständigen austenitischen Stähle [282].

Stähle des Typs X5CrNiTi26.6 sind hochlegiert. Die Autoren der Arbeit [151] untersuchten Möglichkeiten zur Entwicklung von weniger legierten zweiphasigen Stählen mit Superplastizität, wobei sie von folgenden Überlegungen ausgingen: Die Stabilität des feinkörnigen Gefüges ist um so höher, je größer die Differenz in der chemischen Zusammensetzung des Ferrits und des Austenits ist. Die Zugabe von γ-Stabilisatoren wie z. B. Nickel liefert eine genügend große Differenz dieser Art allerdings nur bei Temperaturen, die für eine superplastische Deformation zu gering sind. Die Zugabe von α-Stabilisatoren wie z. B. Molybdän oder Titan erhöht die Temperaturen des Zweiphasengebietes; dieses ist aber sehr eng. Die Erzeugung eines zweiphasigen Gefüges mit erheblichen Unterschieden in der Zusammensetzung der Phasen bei hohen Temperaturen ermöglicht gleichzeitiges Legieren mit γ- und mit α-Stabilisatoren. Eine Modell-Legierung mit der Zusammensetzung FeNiMoTi4.3.2 besaß ein $(\alpha + \gamma)$-Gefüge im Intervall von 850 bis

1050 °C. Korngrößen von 3 bis 4 μm erreichte man entweder durch ein Warmwalzen im $(\alpha + \gamma)$-Bereich oder aber durch Kaltwalzen mit anschließendem Rekristallisationsglühen bei 960 °C. Bei 900 bis 960 °C war das Verhältnis der Volumenanteile etwa 50:50 und für Umformgeschwindigkeiten von etwa $10^{-3}\,s^{-1}$ ergaben sich Exponenten $m = 0{,}55$ bis 0,65 und Dehnungen A um 800 %.

In ferritisch-austenitischen Stählen der Art X10MnCrNiAl14.12.4.2 und X10MnCrNiV14.12.4.3 ließ sich ein Feinkorn (~ 2 μm) durch Abschrecken des Ferrits von 1250 °C, ein Kaltwalzen mit Stichabnahmen von 80 % und ein Erwärmen auf 800 °C erzielen [283]. Bei Temperaturen von 800 bis 950 °C und Formänderungsgeschwindigkeiten von $5 \cdot 10^{-3}$ bis $5 \cdot 10^{-4}\,s^{-1}$ ergab sich im $(\alpha + \gamma)$-Gebiet eine Dehnung von 150 bis 420 %. Der m-Wert betrug 0,25 bis 0,5. Bei der superplastischen Deformation dieser Stähle vergröberten sich die Körner, wobei die Ferrit- und die Austenitkörner nach der superplastischen Deformation Konglomerate bildeten, während sie im Ausgangsmaterial statistisch angeordnet waren [284].

Literaturverzeichnis

[1] PEARSON, C. E.: J. Inst. Met. 54 (1934) 111

[2] BOČVAR, A. A., und Z. A. SVIDERSKAJA: Izv. Akad. Nauk SSSR, OTN, 1945, No. 9, 821

[3] BOČVAR, A. A., und Z. A. SVIDERSKAJA: Izv. Akad. Nauk SSR, OTN, 1946, No. 7 1001

[4] BOČVAR, A. A.: Izv. Akad. Nauk SSSR, OTN, 1946, No. 5, 743

[5] BOČVAR, A. A.: Izv. Akad. Nauk SSSR, OTN, 1948, No. 5, 649

[6] PRESNJAKOV, A. A.: Sverchplastičnost metallov i splavov. Izdat, Nauka, Alma Ata 1969

[7] PRESNJAKOV, A. A., und G. V. STARIKOVA: Izv. Akad. Nauk SSSR. Metallurgija i gornoe delo 1963, No. 4, 127

[8] BACKOFEN, W. A., I. R. TURNER, und D. H. AVERY: Trans. ASM 57 (1964) 980

[9] JOHNSON, R. H.: Metals and Materials 4 (1970) 115

[10] Autorenkollektiv: Sverchplastičnost metalličeskich materialov. Izdat. Nauka, Moskva 1973

[11] GRABSKIJ, M. V.: Strukturnaja sverchplastičnost metallov Izdat. Metallurgija, Moskva 1975 (Übersetzung aus dem Polnischen)

[12] KAJBYŠEV, O. A.: Plastičnost i sverchplastičnost metallov. Izdat. Metallurgija, Moskva 1975

[13] EDINGTON, J. W., K. N. MELTON und C. P. CUTLER: Progr. Mat. Sci 21 (1976) 61

[14] DAVYDOV, V. A.: Itogi nauki i techniki. Metallovedenie i termičeskaja obrabotka (VINITI, Moskva) 10 (1976) 5

[15] KOLESNIKOV, G. N., V. A. PAVLOV, E. S. JAKOVLEVA und M. V. JAKUTOVICH: Z. Techn. Fiz. 19 (1949) 62

[16] HART, E. W.: Acta Metall. 15 (1967) 351

[17] CONSIDÉRE, A.: Ann. Ponts Chaussées 9 (1885) 574

[18] HUTCHINSON, J. W., und K. W. NEALE: Acta Matall. 25 (1977) 839

[19] JONAS, J. J., R. A. HOLT und C. E. COLEMAN: Acta Metall. 24 (1976) 911

[20] GHOSH, A. K.: Acta Metall 25 (1977) 1413
[21] PRESNJAKOV, A. A., V. V. POLJUCHOV, P. K. AUBAKUROVA et.al. Zavodskaja Lab. 44 (1973) Nr. 6, 751
[22] PRESNJAKOV, A. A.: Lokalisazija plastičeskoi deformazii. Alma-Ata: Izdat. Nauka Kasachskoi SSR, 1981, 120 s.
[23] DEMERY, M. Y., und H. CONRAD: Scripta Metall. 12 (1978) 389
[24] JONAS, J. J., und N. CHRISTODOULOU: Scripta Metall. 12 (1978) 393
[25] JONAS, J. J., N. CHRISTODOULOU und C. G'SELL: Scripta Metall. 21 (1978) 565
[26] RAGAB, A. R., B. BAUDELET und L. DUNCAN: Mem. Sci. Rev. Met. 72 (1975) 205
[27] JONAS, J. J. und B. BAUDELET: Acta Metall. 25 (1977) 43
[28] WOODFORD, D. A.: Trans. ASM 62 (1969) 291
[29] GHOSH, A. K. und E. A. AYRES: Metall. Trans. A 7 (1976) 1589
[30] MORRISON, W. B.: Trans. ASM 61 (1968) 423
[31] MORRISON, W. B.: Trans. AIME 242 (1968) 2221
[32] RAI, G., und N. J. GRANT: Metall. Trans. A 6 (1975) 385
[33] MÜLLER, P., und G. RASSMANN: Z. Metallkde. 66 (1975) 213
[34] PORTNOJ, V. K., I. I. NOVIKOV, N. KUIN und V. S. LEVČENKO: Zavodskaja Lab. 43 (1977) Nr. 4, 493
[35] LANGDON, T. G.: Scripta Metall. 11 (1977) 997
[36] MOLES, M. D. C., und G. J. DAVIES: Scripta Metall. 10 (1976) 455
[37] DUCHEYNE, P., und P. DE MEESTER: J. Mat. Sci. 9 (1974) 109
[38] HEDWORTH, J., und M. J. STOWELL: J. Mat. Sci. 6 (1971) 1061
[39] DUNLOP, G. L., und D. M. R. TAPLIN: J. Mat. Sci. 7 (1972) 84
[40] POVOLO, F.: J. Nucl. Mat. 78 (1978) 309
[41] LEE, D.: Metall. Trans. 1 (1970) 1607
[42] OCHRIMENKO, Ja. M., O. M. SMIRNOV und M. F. SURMAČ: Fizika i chimija obrabotki materialov, 1971, No. 6, 37
[43] ARIELE, A., und A. ROSEN: Scripta Metall. 10 (1976) 471
[44] SAGAT, S., P. BLENKINSOP und D. M. R. TAPLIN: J. Inst. Metals 100 (1972) 268
[45] KAJBYSEV, O. A., und S. Ja. SALICHOV: Zavodskaja Lab. 43 (1977) Nr. 5, 612
[46] NISHIMURA, H., M. MIYAGAWA und Y. NAKANISHI: J. Jap. Soc. Technol. Plast. 15 (1974) 563
[47] HART, E. W.: Acta Metall. 18 (1970) 599
[48] LEE, D., und E. W. HART: Metall. Trans. 2 (1971) 1245
[49] LEE, D., und D. A. WOODFORD, in: The inhomogeneity of plastic

deformation. Ohio, American Society for Metals, 1973, 113—134
[50] RAMAN, V., und P. MUKHOPADHYAY: phys. stat. sol. (a) 46 (1978) K 5
[51] BORNIER, L., P. DELOBELLE und C. OYTANA: Mat. Sci. Eng. 34 (1978) 13
[52] MURTY, G. S.: J. Mat. Sci. 8 (1973) 611
[53] GUIU, F., und P. L. PRATT: phys. stat. sol. 6 (1964) 111
[54] SCHEIBEL, J. H., und P. M. HAZZLEDINE: Scripta Metall. 11 (1977) 953
[55] LLOYD, D. J., und J. D. EMBURY: Metal Sci. J. 4 (1970) 6
[56] KEARNS, J. J., I. E. MCCAULEY und F. A. NICHOLS: J. Nucl. Mat. 61 (1976) 169
[57] MIKLJAEV, P. G., und V. M. DUDENKOV: Soprotivlenie deformacii i plastičnost aljuminievych splavov. Izdat. Metallurgija, Moskva 1979
[58] MURTY, G. S., U. P. SINGH und N. G. R. IYENGAR: J. Eng. Mat. Technol. 4 (1975) 187
[59] NEWBURY, D. E., und D. C. IOY: Scripta Metall. 4 (1970) 825
[60] BAUDELET, B., und M. SUERY: J. Mat. Sci. 7 (1972) 512
[61] HERRIOT, G., M. SUERY und B. BAUDELET: Scripta Metall. 6 (1972) 657
[62] GUTHRIE, A. M. S., D. E. NEWBURY und P. M. HAZZLEDINE: Scripta Metall. 6 (1972) 841
[63] NEWBURY, D. E.: J. Mat. Sci. 8 (1973) 145
[64] SUERY, M., und B. BAUDELET: J. Mat. Sci. 8 (1973) 363
[65] SAGAT, S., und D. M. R. TAPLIN: Metal. Sci. 3 (1976) 94
[66] SAGAT, S., und D. M. R. TAPLIN: Acta Metall. 24 (1976) 307
[67] FIELDS, D. S., und T. J. STEWART: J. Mech. Sci. 13 (1971) 63
[68] NAZIRI, H., und R. PEARCE: J. Inst. Met. 101 (1973) 197
[69] ROSENBERG, V. M.: Polzučest metallov. Izdat. Metallurgija, Moskva 1967
[70] NOVIKOV, I. I.: Defekty kristalličeskogo stroenija metallov. Izdat. Metallurgija, Moskva 1975
[71] Autorenkollektiv: Atomnaja struktura mežzerennych granic. Izdat. Mir, Moskva 1978
[72] HORTON, C. A. P.: Scripta Metall. 8 (1974) 1
[73] RACHINGER, W. A.: J. Inst. Met. 81 (1953) 33
[74] LEE, D.: Metall. Trans. 1 (1970) 309
[75] ASHBY, M. F., und R. A. VERRALL: Acta Metall. 21 (1973) 149
[76] CHADWICK, G. A., D. A. SMITH u. a.: Academic Press. London 1976

[77] MATSUKI, K., H. MORITA, M. YAMADA und Y. MURAKAMI: Metals Sci. (1977) 156
[78] ASHBY, M. F., G. H. EDWARD, I. DAVENPORT und R. A. VERRALL: Acta Metall. 26 (1978) 1379
[79] GIFKINS, R. C.: J. Mat. Sci. 13 (1978) 1926
[80] GORELIK, S. S.: Rekristallizacija metallovi i splavov. Izdat. Metallurgija, Moskva 1978
[81] HOLT, D. L.: Trans. Met. Soc. AIME 242 (1968) 25
[82] LEE, D.: Acta Metall. 17 (1964) 1057
[83] VALIEV, R. Z., und C. A. KAJBYŠEV: phys. stat. sol. (a) 44 (1977) 65
[84] ALDEN, T. H.: Acta Metall. 15 (1967) 469
[85] NOVIKOV, I. I., V. K. PORTNOJ, T. E. TERENTEVA und G. S. PALAČEVA: Izv. VUZ: Cvetnaja metallurgija 1973 No. 5, 120
[86] NOVIKOV, I. I., V. K. PORTNOJ und T. E. TERENTEVA: Acta Metall. 25 (1977) 1139
[87] DINGLEY, D. J., und H. H. WILLS, in: Scanning Electron Microscopy
Proceedings of the third annual scanning electron microscope symposium. Chicago, 1970, 329
[88] HOTZ, W., E. RUEDL und P. SCHILLER: J. Mat. Sci. 10 (1975) 2003
[89] GECKINLI, A. E., und C. A. BARRETT: J. Mat. Sci. Y1 (1976) 510
[90] ISHIDA, Y., A. W. MULLENDORE und N. J. GRANT: Trans. Met. Soc. AIME 230 (1964) 1454
[91] GATES, R. S., und R. N. STEVENS: Metall. Trans. 5 (1974) 505
[92] ALGELTINGER, E. H., und R. C. GIFKINS: J. Mat. Sci. 10 (1975) 1889
[93] NAZIRI, H., R. PEARCE, M. H. BROWN und K. F. HALE: J. Microscopy 97 (1973) 229
[94] NAZIRI, H., R. PEARCE, M. H. BROWN und K. F. HALE: Acta Metall. 23 (1975) 489
[95] ALGELTINGER, E. H., und R. C. GIFKINS: J. Mat. Sci. 12 (1977) 915
[96] KAJBYŠEV, O. A., R. Z. VALIEV und V. V. ASTANIN: phys. stat. sol. (a) 35 (1976) 403
[97] NOVIKOV, I. I., V. K. PORTNOIJ und T. E. TERENTEVA: Izv. VUZ: Cvetnaja metallurgija 1975, No. 3, 127
[98] CHANDRA, T., J. J. JONAS und D. M. R. TAPLIN: J. Mat. Sci. 13 (1978) 2380
[99] VASTAVA, R. B. und T. G. LANGDON: Acta Metall. 27 (1979) 251

[100] STARIKOVA, G. V., und V. N. STARIKOV: Fiz. Metallov Metalloved. 42 (1976) 770
[101] Autorenkollektiv: Priroda plastičeskoj deformacii berillija. Naukova Dumka, Kiev 1977
[102] KAJBYŠEV, O. A.; B. V. RODIONOV und R. Z. VALIEV: Acta Metall. 26 (1978) 1877
[103] AVERY, D. H., und W. A. BACKOFEN: ASM Trans. Quarterly 58 (1965) 551
[104] BURTON, B.: Diffusion Creep of Polycrystalline Materials Diffusion and defect monograph series, No. 5, 1977., 119 Trans. Tech. Publications, Switzerland
[105] BOKŠTEJN, S. Z.: Diffuzija i structura metallov. Izdat. Metallurgija, Moskva 1973
[106] ASHBY, M. F.: Acta Metall. 20 (1972) 887
[107] CAHN, R.: Physical Metallurgy
[108] TOWLE, D. J. und H. JONES: Acta Metall. 24 (1976) 399
[109] LIFŠIC, I. M.: Ž. eksp. techn. fiziki 44 (1963) 1349
[110] CROSSLAND, I. G., und R. B. JONES: Metals Sci 11 (1977) 504
[111] KARIM, A., D. L. HOLT und W. A. BACKOFEN: Trans. Met. Soc. AIME 245 (1969) 1131
[112] SQUIRES, R. L., R. T. WEINER und M. PHILLIPS: J. Nucl. Mat. 8 (1963) 77
[113] VICKERS, W., und P. GREENFIELD: J. Nucl. Mat. 24 (1976) 249
[114] KARIM, A., D. L. HOLT und W. A. BACKOFEN: Trans. Met. Soc. AIME 245 (1969) 2421
[115] KARIM, A., und W. A. BACKOFEN: Metall. Trans. 3 (1972) 709
[116] NOVIKOV, I. I., V. K. PORTNOJ und V. S. LEVČENKO: Acta Metall. 29 (1981) 1077
[117] LEE, D.: Scripta Metall. 3 (1969) 893
[118] BACKOFEN, W. A., D. S. MURTY und S. W. ZEHR: Trans. Met. Soc. AIME 242 (1968) 329
[119] NOVIKOV, I. I., V. K. PORTNOJ und T. E. TERENTEVA, in: Problemy metallovedenija cvetnych splavov. Izdat. Nauka, Moskva 1978, S. 92
[120] BALL, A., und M. M. HUTCHINSON: Metals Sci. J. 3 (1969) 1
[121] FRIEDEL, J.: Dislocations. Pergamon-Press, Oxford 1964
[122] SMITHELLS, C. J. (Editor): Metals Reference Book. Butterworth, London 1976
[123] SPINGARN, I. R., und W. D. NIX: Acta Metall. 26 (1978) 1389
[124] ISHIDA, Y., K. SUZUKI und M. ICHIHARA: Scripta Metall. 12 (1978) 999

[125] Kobayashi, Y., Y. Ishida und M. Kato: Scripta Metall. 11 (1977) 51
[126] Zemskij, S. V., und G. K. Malceva, in: Diffuzionnye processy v metallach. Tulskij Politechniŝeskij Institut, Tula 1974, 78
[127] Zemskij, S. V., N. E. Pomin, G. K. Malceva und V. A. Karpelev: Fizika i chimija obrabotki materialov. 1978, No. 4, 91
[128] Karim, A, in: Sverchmelkoe zerno v metallach. Izdat. Metallurgija, Moskva 1973, S. 275 (Übersetzung aus dem Englischen)
[129] Crossland, T. G., in: Proc. Int. Conf. »Physical Metallurgy of Reactor Fuel Elements«, Berkeley Nuclear Laboratories 1975, 66
[130] Mukherjee, A. K., in: Plastic Deformation of Materials. Academic Press, New York 1975, 163
[131] Mukherjee, A. K.: Mat. Sci. Eng. 8 (1971) 83
[132] Hayden, H. W., R. C. Gibson, H. F. Merrick und J. H. Brophy: Trans. ASM 60 (1967) 3
[133] Packer, Ch. M., R. H. Johnson und O. D. Sherby: Trans. Met. Soc. AIME 242 (1968) 2485
[134] Valliev, R. Z., und O. A. Kajbyšev: phys. stat. sol. (a) 44 (1977) 477
[135] Kajbyšev, O. A., und T. V. Kazačkov: Fiz. Metallov Metalloved. 34 (1972) 396
[136] Portnoj, V. K., I. I. Novikov und B. N. Efremov: Doklady Akad. Nauk SSSR 230 (1976) 1142
[137] Novikov, I. I., V. K. Portnoj und B. N. Efremov: Avt. svid. No. 503938 – Otkrytija, izobretenija, promyšlennye obrazcy, tovarnye znaki. 1976, No. 7, 84 (Patentschrift)
[138] Portnoj, V. K., I. I. Novikov, B. N. Efremow und V. A. Kožanov: Izv. VUZ: Cvetnaja metallurgija. 1979, No. 5, 103
[139] Portnoj, V. K., I. I. Novikov und I. I. Nikiforova: Dokl. Akad. Nauk SSSR 248 (1979) 854
[140] Novikov, I. I.: Teorija termičeskoj obrabotki metallov. Izdat. Metallurgija, Moskva 1978
[141] Bricknell, R. H., und J. W. Edington: Acta Metall. 25 (1977) 447
[142] Samuelsson, L. C. A., K. N. Melton und J. W. Edington: Acta Metall. 24 (1976) 1017
[143] Kajbyšev, O. A., B. V. Rodionov und R. Z. Valiev: Dokl. Akad. Nauk SSSR 235 (1977) 1293
[144] Shei, S.-A. und T. G. Langdon: J. Mat. Sci. 13 (1978) 1084

[145] DUNLOP, G. L., E. SHAPIRO, D. M. R. TAPLIN und J. CRANE: Metall. Trans. 4 (1973) 2039
[146] FLECK, R. G., C. J. BEEVERS und D. M. R. TAPLIN: J. Mat. Sci. 9 (1974) 1737
[147] EFREMOV, B. N., I. I. NOVIKOV, V. K. PORTNOJ und E. K. ZAVARZUNA: Izv. VUZ: Cvetnaja metallurgija, 1976, No. 5, 96
[148] LANGDON, T. G. und D. M. R. TAPLIN: SM Archives 2 (1977) 329
[149] HUMPHRIES, C. W., und N. RIDLEY: J. Mat. Sci. 13 (1978) 2477
[150] HUMPHRIES, C. W., und N. RIDLEY: J. Mat. Sci. 9 (1974) 1429
[151] SMITH, C. T., und N. RIDLEY: Metals Technol. 4 (1974) 191
[152] SMITH, C. I., B. NORGATE und N. RIDLEY: Metals Sci. 10 (1976) 182
[153] STEWART, M. J.: Metall. Trans. 7A (1976) 399
[154] OSIPOV, V. G., A. S. TICHONOV und M. Ch. SORSOROV: Fizika i chimija obrabotki materialov. 1970, No. 6, 76
[155] TICHONOW, A. S.: Effekt sverchplastičnosti metallov i splavov. Izdat. Nauka, Moskva 1978
[156] MATSUKI, K., Y. UENO, M. YAMADA und Y. MURAKAMI: J. Japan. Inst. Metals 41 (1977) 1136
[157] TAPLIN, D. M. R., und R. F. SMITH in: Fracture 1977, Waterloo/Canada 1977, Vol. 2, 541
[158] BOČVAR, A. A., I. I. NOVIKOV, V. K. PORTNOJ und V. I. BELSKAJA: Dokl. Akad. Nauk SSSR 202 (1972) 147
[159] ISHIKAWA, H., D. BHAT, F. A. MOHAMED und T. G. LANGDON: Metall. Trans. 8A (1977) 523
[160] MILLER, D. A., und T. G. LANGDON: Metall. Trans. 9A (1978) 1688
[161] RIDLEY, N., und D. W. LIVESEY in: Fracture 1977, Waterloo/Canada 1977, Vol. 2, 533
[162] ROSENBERG, V. M.: Osnovy žaropročnosti metalličeskich materialov. Izdat. Metallurggija, Moskva 1973
[163] LIVESEY, D. W., und N. RIDLEY: J. Mat. Sci. 13 (1978) 825
[164] AUBAKUROVA, R. K., V. A. LICHAČEV, Ju. I. POLIEKTOV, A. A. PRESNJAKOV und V. V. RYBIN in: Problemy pročnosti. 9 (1977) 100
[165] KUZNECOVA, R. I.: Fiz. Metallov Metalloved. 45 (1978) 641
[166] KUZNECOVA, R. I., und N. N. ŽUKOV: phys. stat. sol. (a) 50 (1978) 385
[167] BOČVAR, A. A.: Izv. Akad. Nauk SSSR: Metally 1979, No. 2, 3

[168] Speight, M. V.: Acta Metall. 24 (1976) 725
[169] Gates, R. S.: Phil. Mag. 31 (1975) 367
[170] Gifkins, R. C., T. G. Langdon und D. McLean: Metals Sci. 9 (1975) 141
[171] Aigeltinger, E. H., und R. G. Gifkins: Scripta Metall. 10 (1976) 161
[172] Aigeltinger, E. H.: J. Mat. Sci. 9 (1974) 644
[173] Bell, R. L., C. Graeme-Barber und T. G. Langdon: Trans. Met. Soc. AIME 239 (1967) 1821
[174] Bell, R. L., und T. G. Langdon, in: Interface Conference, Butterworths, Melbourne, 1969, 120
[175] Parker, J. D., und B. Wilshire: Mat. Sci. Eng. 29 (1977) 219
[176] Langdon, T. G.: Metall. Trans. 3 (1972) 797
[177] Gifkins, R. C.: Metals Sci. J. 7 (1973) 15
[178] Stevens, R. N.: Metall. Rev. 11 (1966) 129
[179] Stevens, R. N.: Trans. Met. Soc. AIME 236 (1966) 1762
[180] Cannon, W. B., und W. D. Nix: Phil. Mag 27 (1973) 9
[181] Gifkins, R. C., und T. G. Langdon: Scripta Metall. 4 (1970) 563
[182] Gibbs, G. B.: Metals Sci. (1977) 65
[183] Beere, W.: Metals Sci. (1976) 133
[184] Ahlquist, C. N., und R. Y. Menezes: Mat. Sci. Eng. 7 (1971) 223
[185] Matsuki, K., Y. Ueno und M. Yamada: J. Japan Inst. Metals 38 (1974) 219
[186] Hori, S., N. Furushiro und S. Kawaguchi in: Proc. 19-th Japan Congr. Materials Research, Kyoto 1976, 1
[187] Langdon, T. G., und F. A. Mohamed: Mat. Sci. Eng. 32 (1978) 103
[188] Mohamed, F. A., und T. G. Langdon: phys. stat. sol. (a) 33 (1976) 375
[189] Gifkins, R. C.: Scripta Metall. 10 (1976) 433
[190] Vaidya, M. L., K. L. Murty und J. E. Dorn: Acta Metall. 21 (1973) 1615
[191] Mohamed, F. A., S.-A. Shei und T. G. Langdon: Acta Metall. 23 (1975) 1443
[192] Alden, T. H.: J. Austr. Inst. Metals 14 (1969) 207
[193] Cleine, H. E., und T. H. Alden: Trans. Met. Soc. AIME 239 (1967) 710
[194] Mohamed, F. A., und T. G. Langdon: Phil. Mag. 32 (1975) 697
[195] Horiuchi, R., A. B. El-Sebai und M. Otsuka: phys. stat. sol. (a) 21 (1974) K 89

[196] Prematta, R. J., P. S. Venkatesan und A. Pense: Metall. Trans. 7A (1976) 1235
[197] Alden, T. H.: Trans. ASM 61 (1968) 559
[198] Chaudhari, P., und S. Mader: Appl. Polymer Symposia 16 (1969) 1
[199] Holt, D. L., und W. A. Backofen: Trans. ASM 59 (1966) 755
[200] Gifkins, R. C.: J. Mat. Sci. 5 (1970) 156
[201] Padmanabhan, K. A.: Mat. Sci. Eng. 29 (1977) 1
[202] Cahoon, J. R.: Metals Sci. 9 (1979) 346
[203] Delobelle, P., A. Mermet und C. Oytana: Mem. Sci. Rev. Mét. 72 (1975) 329
[204] Herriot, G., B. Baudelet und J. J. Jonas: Acta Metall. 24 (1976) 687
[205] Ariel, A., und A. Rosen: Metall Trans. 8A (1977) 1591
[206] Lee, D., und W. A. Backofen: Trans. Met. Soc. AIME 239 (1967) 1034
[207] Hayden, H. W., S. Floreen und P. D. Goodell: Metall. Trans. 3 (1972) 833
[208] Hildebrand, H., G. Michalzik und B. Simmen: Metals Technol. 4 (1977) 32
[209] Matsuki, K., Y. Uetani, M. Yamada und Y. Murakami: Metals Sci. 10 (1976) 235
[210] Matsuki, K., und M. Yamada: I. Japan. Inst. Metals 37 (1973) 448
[211] Novikov, I. I., und V. K. Portnoj: Metalloved. i termičeskaja obrabotka metallov 1977, No. 8, 28
[212] Novikov, I. I., und V. K. Portnoj, in: Freiberger Forschungshefte B 200 (1978) 21
[213] Langdon, T. G., und R. C. Gifkins: J. Materials Sci. 13 (1978) 1820
[214] Bočvar, A. A. V. A. Davydov und L. K. Družinin: Dokl. Akad. Nauk SSSR 230 (1976) 318
[215] Taplin, D. M. R., und T. M. Chandra: J. Materials Sci. 10 (1975) 1642
[216] V. K. Portnoj, B. N. Efremov und I. I. Novikov: Izv. VUZ: Cvetnaja metallurgija 1976 No. 4, 108
[217] Novikov, I. I., V. K. Portnoj, N. S. Žuravleva und E. G. Smurigin: Dokl. Akad. Nauk SSSR, 230 (1976) 642
[218] Ardell, A. J., K. Nuttall und R. B. Nicholson, in: The Mechanism of Phase Transformations in Crystalline Solids. Monograph and Report Series No. 33, Institute of Metals, 1969, 22

[219] NOVIKOV, I. I., V. K. PORTNOJ, Ju. P. KOSICHIN et. al: Avt. svid. No. 435304 – Otkrytija, izobretenija, promyšlennoe obrazcy, tovarnye znaki. 1974, No. 25, 93 (Patentschrift)
[220] NOVIKOV, I. I., V. K. PORTNOJ, N. S. ŽURAVLEVA, V. M. ILENKO und V. S. LEVČENKO: Izv. VUZ: Cvetnaja metallurgija 1976, No. 4, 98
[221] KAYBYŠEV, O. A., I. V. KAZAČKOV und S. Ja. SALICHOV: Izv. VUZ: Cvetnaja metallurgija 1975, No. 2, 108
[222] NOVIKOV., I. I., V. K. PORTNOJ, N. S. ŽURAVLEVA und I. E. ALEJKINA: Izv. VUZ: Cvetnaja metallurgija 1976, No. 5, 85
[223] KAJBYŠEV, O. A., I. V. KAZAČKOV und S. Ja. SALICHOV: Izv. VUZ: Cvetnaja metallurgija 1978, No. 3, 124
[224] KAJBYSEV, O. A., I. V. KAZAČKOV und S. Ja. SALICHOV: Acta Metall. 26 (1978) 1887
[225] PRESNJAKOV, A. A., und G. V. STARIKOVA: Izv. Akad. Nauk SSSR. Metallurgija i toplivo. 1960, No. 1, 123
[226] PRESNJAKOV, A. A., und G. V. STARIKOVA: Fiz. Metallov. Metalloved. 12 (1961) 873
[227] KANEHIRA, H., C. KAWAMURA, E. YUASA und T. MORDOKA, in: Proc. 20-th Japan Congr. Materials Research, Kyoto 1977, 12
[228] DUNLOP, G. L., I. D. REID und D. M. R. TAPLIN: Metall. Trans. 2 (1971) 2308
[229] EDINGTON, J. W.: Metals Technol. 3 (1976) 138
[230] ELAGINA, L. A., V. G. KUDRJASOV, B. F. BRAILOVSKAJA und V. M. DUDENKOV: Technologija legkich splavov 1975, No. 11, 30
[231] SALISČEV, G. A., O. A. KAJBYŠEV, E. G. GORDENKO und M. I. ČERNJAKOV: Izv. VUZ. Cvetnaja metallurgija, 1976, No. 4, 104
[232] PORTNOJ, V. K., Ju. V. GUSEV und O. V. PANFILOVA: Technologija legkich splavov 1980, No. 3, 41
[233] SALISČEV, G. A., O. A. KAJBYŠEV, A. S. BATYEV und O. Ju. EFIMOV: Technologija legkich splavov 1976, No. 7, 60
[234] SKURIDIN, B. V., Ju. V. GUSEV, O. M. SMIRNOV und O. P. PANFILOVA: Kuznecn. stampov. proizvodstvo. 18 (1976) 17
[235] ELAGINA, L. A., B. F. BRAILOVSKAJA und B. A. KAPITONOV: Cvetnye metally 52 (1979) 63
[236] OCHRIMENKO, Ja. M., O. M. SMIRNOV, Ju. V. GUSEV et. al., in: Teorija i technologija obrabotki metallov davleniem. Izdat. Metallurgija, Moskva 1975
[237] ZOLOTOV, M. A., V. A. SKUDNOV, V. E. VINOGRADOVA und L. D. SOKOLOV: Metallovedenie i termičeskaja obrabotka metallov 1977, No. 5, 52

[238] Autorenkollektiv: Izotermičeskoe deformirovanie metallov. Izdat. Mašinostroenie, Moskva 1978
[239] Sorsorov, M. Ch., A. S. Tichonov und G. N. Kofanova: Fizika i chemija obrabotki materialov. 1972, No. 6, 89
[240] Tichonov, A. S., I. I. Prochorova, Ju. A. Gaponov, G. N. Kofanova und S. Ja. Becofen: Metallovedenie i termičeskaja obrabotka metallov. 1974, No. 8, 9
[241] Kajbyšev, O. A., V. V. Astanin und R. Z. Valiev: Dokl. Akad. Nauk SSSR 245 (1979) 1356
[242] Rabinovič, M. Ch., O. A. Kajbyšev, Ju, B. Timošenko, V. G. Trifonov und G. Ja. Svijažskij: Technologija legkich splavov (1979) 11
[243] Presnjakov, A. A., R. K. Aubakurova, L. K. Gorbačeva und A. S. Degtjareva: Fiz. Metallov Metalloved. 47 (1977) 1075
[244] Gromovoj, A. P., N. N. Morfa und A. A. Presnjakov: Vlijanie nadresa na rasvitie sverchplastišeskovo tečenija. Alma-Ata. Akad. Nauk Kasachskoj SSR, 1979, 15 s.
[245] Rabinovič, M. Ch., O. A. Kajbyšev und V. G. Trifonov: Metallovedenie i termičeskaja obrabotka metallov. 1978, No. 3, 55
[246] Novikov, I. I., V. K. Portnoj und I. I. Nikiforova: Technologija legkich splavov 1979, No. 10, 10
[247] Grimes, R., C. Baker, M. J. Stowell und B. M. Watts: Aluminium 51 (1975) 720
[248] Grimes, R., M. J. Stowell und B. M. Watts: Metals Technol. 3 (1976) 154
[249] Watts, B. M., M. J. Stowell, B. L. Baikie und D. G. E. Owen: Metals Sci 10 (1976) 189
[250] Nes, E.: Metals Sci. 13 (1979) 189
[251] Gusev, Ju. V., B. I. Ovečkin, B. V. Skuridin, N. K. Gribova und L. G. Kumovič: Technologija legkich splavov 1978, No. 1, 9
[252] Smirnov, O. M., Ju. V. Gusev, B. V. Skuridin, M. A. Cepin und S. F. Marinin: Technologija legkich splavov 1975, No. 11, 7
[253] Arieu, A., und A. K. Mukherjee: Scripta Metall. 13 (1979) 331
[254] Belov, A. F., M. S. Gildengorn und O. Ch. Fatkullin: Izv. Akad. Nauk SSSR – Metally 1974, No. 2, 149
[255] Valiev, R. Z., O. A. Kajbyšev, Z. Ch. Chananov: phys. stat. sol. (a) 52 (1979) 447
[256] Smidoda, K., C. Gottschalk und H. Gleiter: Metals Sci. 13 (1979) 146

[257] Kaligin, V. F., E. I. Razuvaev und L. P. Medvedovskaja: Metallovedenie, termičeskaja obrabotka metallov. 1975, No. 10. 32
[258] Grafov, B. G., Ja. M. Ochrimenko, O. M. Smirnov et. al.: Izv. VUZ: Černaja metallurgija 1974, No. 11, 78
[259] Kolpasnikov, A. I., V. F. Kalugin, V. A. Vjalov et. al.: Technologija legkich splavov 1975, No. 9, 15
[260] Brodskaja, R. I., B. G. Grafov, L. V. Surmač und T. I. Markova: Metallovedenie i termičeskaja obrabotka metallov. 1975, No. 10, 39
[261] Ghosh, A. K., und C. H. Hamilton: Metall. Trans. 10A (1979) 699
[262] Paton, N. E., und C. H. Hamilton: Metall. Trans. 10A (1979) 241
[263] Bricknell, R. H., und J. W. Edington: Acta Metall. 27 (1979) 1303
[264] Aran, A.: Scripta Metall. 13 (1979) 843
[265] Bricknell, R. H., und A. P. Bentley: J. Mat. Sci. 14 (1979) 2547
[266] Lam, S. T., A. Arieli und A. K. Mukherjee: Mat. Sci. Eng. 40 (1979) 73
[267] Chung, D. W., und J. R. Cahoon: Metals Sci. 13 (1979) 635
[268] Smirnov, O. M., Obrabotka metallov davleniem v sostojanii sverchplastičnosti. Izdat. Mašinostroenie, Moskva 1979
[269] Portnoj, V. K., V. A. Kožanov und E. I. Drozdova: Izv. VUZ: Cvetnaja metallurgija 1981, No. 1, 84
[270] Makurov, V. S., L. A. Kernienko, A. A. Nikolaenko und I. I. Papirov: Fiz. Metallov. Metalloved. 50 (1980) 1293
[271] Karatušin, S. I., G. A. Worobjova und S. M. Baranov: Metally (1979) No. 4, 152
[272] Pohl, E., M. L. Bernstein und L. M. Kaputkina: Neue Hütte 26 (1981) 2, 59
[273] Walser, B., und O. D. Sherby: Met. Trans. 10 A (1979) 1461
[274] Wadsworth, J., und O. D. Sherby: J. Mat. Sci. 13 (1978) 2645
[275] Oyama, T., J. Wadsworth, M. Kerchynsky und O. D. Sherby: Proc. 5-th. Int. Conf. Strength of Metals and Alloys, Aachen 1 (1979) 381
[276] Kayali, E. S., H. Sunada, T. Oyama, J. Wadsworth und O. D. Sherby: J. Mat. Sci. 14 (1979) 2688
[277] Iton, T., M. Tokizane, J. Wadsworth und O. D. Sherby: J. Mech. Working Tech. 5 (1981) 105

[278] MILLER, E. W. J., und R. PEARCE: Metallurgia (1981) No. 5, 206

[279] GULJAEV, A. P., und L. M. SARMANOVA: Metallovedenie i termičeskaja obrabotka metallov (1969) No. 7, 2

[280] GULJAEV, A. P., und L. M. SARMANOVA: Metally (1970) No. 6, 140

[281] BAZYK, A. S., A. S. PUSTOVGAR, M. V. KAZAKOV und A. E. GVOZDEV: Metallovedenie i termičeskaja obrabotka metallov No. 3, 21

[282] PEARCE, R.: Met. Construction (1979) Nr. 9, 506

[283] BANNYCH, O. A., und T. N. PEDAN: Metally (1975) No. 6, 138 bis 142

[284] BANNYCH, O. A., L. I. KARTAŠOVA und T. N. PEDAN: Metallovedenie i termičeskaja obrabotka metallov (1978) No. 12, 8

Symbolverzeichnis

A	Bruchdehnung
b	*Burgers*-Vektor von Versetzungen
C_M	elastische Nachgiebigkeit
d	Korngröße
D	Diffusionskoeffizient
E	Elastizitätsmodul
G	Schubmodul
k	*Boltzmann*-Konstante
K	Steifigkeitsmodul
L	Probenlänge
$\dot{L}$	Geschwindigkeit der Probenverlängerung
m	Koeffizient der Geschwindigkeitsempfindlichkeit
n	Koeffizient der Verformungsverfestigung
P	Last (Nennkraft)
Q, U	Aktivierungsenergien
R	Spannung (vgl. TGL 471-77)
R_0	Schwellspannung
S	Oberfläche/Querschnittsfläche
T	Temperatur
v	Umformgeschwindigkeit (Werkzeuggeschwindigkeit)
ε	Dehnung/technischer Umformgrad
φ	Formänderung
$\dot{\varphi}$	Formänderungsgeschwindigkeit
Ω	Atomvolumen

Sachwortverzeichnis

GPSR Compliance

The European Union's (EU) General Product Safety Regulation (GPSR) is a set of rules that requires consumer products to be safe and our obligations to ensure this.

If you have any concerns about our products, you can contact us on ProductSafety@springernature.com

In case Publisher is established outside the EU, the EU authorized representative is:

Springer Nature Customer Service Center GmbH
Europaplatz 3
69115 Heidelberg, Germany

Batch number: 10577915

Printed by Printforce, the Netherlands